Helmuth Heid, Wolfgang Imhof,
Jürgen Reith

Malerfachrechnen

Helmuth Heid, Wolfgang Imhof,
Jürgen Reith

Malerfachrechnen

4., vollständig überarbeitete Auflage

Mit 686 Aufgaben und zahlreichen
Bildern und Tabellen

Teubner

B. G. Teubner Stuttgart · Leipzig · Wiesbaden

Die Deutsche Bibliothek – CIP-Einheitsaufnahme
Ein Titeldatensatz für diese Publikation ist bei
Der Deutschen Bibliothek erhältlich.

StD Helmuth Heid
Helmuth Heid, Abteilungsleiter an der Ferdinand-Braun-Schule, Fulda, Vorstandsmitglied im Arbeitskreis Schulen beim Hauptverband Farbe, Gestaltung, Bautenschutz, Mitglied in Prüfungskommissionen und in der Koordinierungsgruppe im Hessischen Kultusministerium, Lehrer in der Berufsschule, und Fachschule für Technik und Gestaltung.

OstD a. D. Wolfgang Imhof
Wolfgang Imhof, ehemals Schulleiter der Ferdinand-Braun-Schule, Fulda, Vorstandsmitglied im Arbeitskreis Schulen, Leiter der Lehrerfortbildung in Hessen, Mitglied der Rahmenlehrplankommission auf Bundesebene.

Fl. Jürgen Reith
Jürgen Reith, Koordinator an der Ferdinand-Braun-Schule, Fulda, Mitglied in den Erstellungsausschüssen für Zwischen-, Gesellen- und Meisterprüfungsaufgaben beim Hauptverband Farbe, Gestaltung, Bautenschutz, Mitglied im Arbeitskreis Schulen, im Bildungsauschuss LIV Hessen, und im Gesellenprüfungsausschuss Maler und Lackiererinnung, Lehrer in der Berufsschule und Fachschule für Technik und Gestaltung.

4., vollst. überarb. Auflage Oktober 2001

Der Verlag B. G. Teubner ist ein Unternehmen der Fachverlagsgruppe BertelsmannSpringer.
teubner@bertelsmann.de
www.teubner.de

Umschlaggestaltung: Ulrike Weigel, www.CorporateDesignGroup.de
Druck und buchbinderische Verarbeitung: Lengericher Handelsdruckerei, Lengerich
Gedruckt auf säurefreiem und chlorfrei gebleichtem Papier.
Printed in Germany

ISBN 3-519-35908-1

Vorwort

Das Fachrechenbuch "Malerfachrechnen" soll vorwiegend in den berufsbildenden Schulen Verwendung finden.
Es dient dem Mathematikunterricht in den Maler- und Lackiererklassen - einschließlich Fahrzeuglackierer - der Berufsschule. Ebenso kann es auch in der Fachschule bzw. Technikerschule für Farb- und Lacktechnik sowie zur Vorbereitung auf die Meisterprüfung eingesetzt werden. Es entspricht den Rahmenlehrplänen für Maler- und Lackierer auf Bundes- und Landesebene.
Das Fachrechenbuch erscheint in der 4. grundlegend überarbeiteten Auflage unter Berücksichtigung der heutigen technischen, wirtschaftlichen und sozialen Veränderungen und Entwicklungen. Das Buchformat und die Buchgestaltung wurden verändert.
Die lesefreundliche, zweispaltige, zum Teil grau unterlegte und bebilderte Buchgestaltung steigert den Aufmerksamkeitswert für den Benutzer. Die einzelnen Stoffgebiete sind übersichtlich und systematisch gegliedert. Übersichten, Tabellen und Abbildungen unterstützen die textlichen Ausführungen und das Erarbeiten der Sachgebiete. Merksätze, Fragen und Aufgaben zu den jeweiligen Themenabschnitten dienen der Lernzielkontrolle bzw. der Vertiefung und Festigung der Lernbereiche. Es erfolgte eine komplette Überarbeitung aller Themen und die generelle Umstellung der Währungsangaben auf den EURO. Aufmaß- und Abzugsregeln entsprechen der gültigen VOB. Abbildungen und Tabellen erfuhren teilweise erforderliche Veränderungen. Alle Material- und Lohnkosten wurden aktualisiert. Somit entsprechen die Materialkosten dem derzeitigen Preisgefüge und die Lohnberechnungen den aktuellen Tarifabschlüssen. Zudem wurden Lohn- und Gehaltsberechnungen erweitert. Kostenberechnungen für Fahrzeuglackierungen beziehen sich auf neue Kalkulationslisten.
Zu jedem Kapitel erfolgen fachliche Einführungen in die Sachthemen.
Ein schnelles Auffinden von Begriffen und Sachbereichen ermöglicht das Nachschlagen im Sachwort- und Tabellenverzeichnis am Ende des Buches.

Wir, die Unterzeichner, haben dieses Fachrechenbuch zum dritten Male überarbeitet und aktualisiert. Wir wünschen den Benutzern des Buches ein erfolgreiches Arbeiten beim Bemühen um fachliche Qualifikationen. Wir danken Firmen und Fachkollegen für ihre Anregungen und Unterstützung. Dank sagen wir dem Teubner Verlag - besonders Herrn Meissner - für die Herausgabe dieses Mathematikbuches für den Fachbereich Farbtechnik und Gestaltung.

Fulda, August 2001 — Helmuth Heid, Wolfgang Imhof, Jürgen Reith

Inhaltsverzeichnis

Seite

Hinweise auf Euro (EN)- und DIN-Normen in diesem Werk entsprechen dem Stand der Normung bei Abschluss des Manuskriptes. Maßgebend sind die jeweils neuesten Ausgaben der Normblätter.
Sinngemäß gilt das gleiche für alle amtlichen Richtlinien, Bestimmungen, Verordnungen, Tabellen und Formblätter sowie Lohntarife, Steuern und Abgaben.

1 Grundlagen

1.1 Grundlagen und Wiederholungen

Wozu muss der Maler und Lackierer rechnen bzw. etwas berechnen? Denken Sie an die unterschiedlich geformten Flächen und Körper, die Sie bearbeiten müssen, an den Werkstoffbedarf, die nötigen Wandbekleidungen (Tapeten) und Bodenbeläge. Und sicher wollen Sie selbst ausrechnen können, wie aus Ihrem Bruttolohn der erheblich niedrigere Nettolohn geworden ist.
Grundlagen für das Fachrechnen des Malers und Lackierers sind wie in allen Berufen die Grundrechenarten: Addieren und Subtrahieren (Zusammenzählen und Abziehen), Multiplizieren und Dividieren (Malnehmen und Teilen). Wenn Sie diese vier Grundrechenarten beherrschen, fällt Ihnen das Berechnen von Flächen, Körpern und Räumen nicht schwer.

1.1.1 Zahlen und Ziffern

Zahlen. Unter der Zahl versteht man einen Wert (3 Tore sind mehr als 2). Wir zählen unsere Werkzeuge, Werkstoffbehälter (Gebinde), die zu beschichtenden Türen und Fenster, die Arbeitsstunden, unseren Lohn und vieles andere. Dabei gibt es ganze Zahlen und Dezimalzahlen (z.B. 4, 107 - 0,2; 4,375).
Ziffern sind Zeichen für Zahlen. Man unterscheidet römische und arabische Ziffern.
Die römischen Ziffern benutzen wir nur noch in bestimmten Fällen: als Jahreszahlen an Gebäuden und Denkmälern, als Stockwerkbezeichnungen, bei Herrscher- und Papstnamen (z.B. Kaiser Friedrich II., Papst Johannes XXIII.). Diese Ziffern werden von links nach rechts angeordnet und zusammengezählt. Abgezogen wird ein Wert, wenn er links von einem größeren steht (z.B. IL = 49, nämlich 50 weniger 1). Das gilt für I, X und C. Die Zeichen V, L und D können dagegen nicht links von einem größeren Wert stehen. Dasselbe Zeichen darf nur dreimal rechts aneinandergereiht werden (z.B. VI, VII und VIII, dann IX). Tabelle **1**.1 zeigt uns die römischen Ziffern.

Tabelle **1**.1 **Römische Ziffern**

1	**2**	**3**	**4**	**5**	**6**	**7**	**8**	**9**	**10**	**89**
I	II	III	IV	V	VI	VII	VIII	IX	X	LXXXIX
10	**20**	**30**	**40**	**50**	**60**	**70**	**80**	**90**	**100**	**1991**
X	XX	XXX	XL	L	LX	LXX	LXXX	XC	C	MCMXCI
100	**200**	**300**	**400**	**500**	**600**	**700**	**800**	**900**	**1000**	**2001**
C	CC	CCC	CD	D	DC	DCC	DCCC	CM	M	MMI

Die **arabischen Ziffern** haben etwa im 16. Jahrhundert die römischen bei uns abgelöst. Sie bauen auf dem Zehnersystem auf (Dezimalsystem, lat. decem = 10). Zu den Ziffern 1 bis 9 kommt die 0. Beim Dezimalsystem erhält jede Ziffer den zehnfachen Wert, wenn man sie eine Stelle nach links rückt oder eine Null anfügt (z.B. 0,5 - 5 - 50 - 500 - 5000). Umgekehrt hat jede Ziffer nur den zehnten Teil ihres Wertes, wenn man sie eine Stelle nach rechts rückt (z.B. 5 - 0,5 - 0,05 - 0,005).

Die Grenze zwischen ganzen Zahlen und Dezimalzahlen wird durch ein Komma gekennzeichnet.

Statt des Kommas einen Punkt zu setzen, wäre falsch. Der Punkt trennt nämlich Werte, bei denen kein Dezimalsystem vorliegt.

Beispiel 5.30 Uhr = $5\frac{30}{60}$ Stunden (nicht $\frac{30}{100}$!), aber

5,30 € = $5\frac{30}{100}$ €

Größen. Indem wir eben zu den Ziffern die Einheiten "Uhr" und "€" zugefügt haben, bekamen wir Größen. Sie bestehen aus einer Zahl (Maßzahl) und der Einheit, sind also ein Produkt aus Zahlenwert und Einheit. Damit jeder weiß, was zu berechnen ist, sind die Einheiten DIN festgelegt.

Beispiele	20 cm	5,000 kg	15 min
	1,40 m	12,400 l	193 K
	12,50 cm²	55,50 €	0,800 kW

1.1.2 Rechenzeichen

Im Grundrechnen brauchen wir vor allem vier Rechenzeichen (mathematische Zeichen).

Addieren	**Subtrahieren**	**Multiplizieren**	**Dividieren**
+	-	·	:
plus (und)	minus (weniger)	mal	geteilt durch
Strichrechnen		Punktrechnen	

In der Technischen Mathematik kommen noch andere Mathematische Zeichen vor. Sie sind international einheitlich und nach DIN genormt.

Beispiele	=	gleich	>	größer als	( )	runde Klammer
	≈	nahezu gleich	<	kleiner als	[ ]	eckige Klammer
	≠	nicht gleich		(7 < 9) (9 > 7)	{ }	geschweifte Klammer
	≙	entspricht	≤	kleiner gleich	≥	größer gleich
	%	Prozent	√	Wurzel aus	3²	zum Quadrat
	∑	Summe				

"Zauberei mit Zahlen". Dass Rechnen interessant sein kann und Spaß macht, zeigen die beiden Beispiele.

Zahlenpyramide

$$
\begin{aligned}
8 \cdot 1 + 1 &= 9\\
8 \cdot 12 + 2 &= 98\\
8 \cdot 123 + 3 &= 987\\
8 \cdot 1234 + 4 &= 9876\\
8 \cdot 12345 + 5 &= 98765\\
8 \cdot 123456 + 6 &= 987654\\
8 \cdot 1234567 + 7 &= 9876543\\
8 \cdot 12345678 + 8 &= 98765432\\
8 \cdot 123456789 + 9 &= 987654321
\end{aligned}
$$

Magisches Quadrat aus einem Kupferstich von Albrecht Dürer (1514). Die Summe ist immer 34, auch in den beiden Diagonalen.

16	3	2	13
5	10	11	8
9	6	7	12
4	15	14	1

1.2 Grundrechenarten

1.2.1 Addieren und Subtrahieren

Beim Addieren werden die Glieder (Summanden) genau untereinander geschrieben: Einer unter Einer, Zehner unter Zehner usw. Zusammen bilden sie die Summe. Bei Dezimalzahlen muss Komma unter Komma stehen. Größen lassen sich nur addieren, wenn sie gleich benannt sind (z.B. $dm^2 + dm^2$; € + €; kg + kg; nicht m + cm; g + kg).

Beispiel

Hunderter
Zehner
Einer

```
    124 \
+    62  >  Summanden
+   825 /
-------
   1011     Summe
```

```
   16,80 €
+   2,20 €
+   1,10 €
---------
   20,10 €
```

Auf- und Abrunden. Damit man nicht zu viele Dezimalstellen hinter dem Komma hat (z.B. 6,44538 m) und weil in der Praxis nur eine bestimmte Anzahl Stellen nötig sind, rundet man auf oder ab. Bei einigen Größen liegt die Anzahl der Stellen nach dem Komma fest. So haben € und m 2 Stellen, l, kg und m^3 3 Stellen nach dem Komma. Die Abrechnung der Maler- und Lackiererarbeiten erfolgt weitgehend nach Längen- oder Flächenmaßen, die bis auf 2 Stellen nach dem Komma gerechnet werden.
Wir rechnen auf eine Stelle mehr als notwendig. Ist die letzte Zahl eine 5 oder höher, wird die vorhergehende Zahl erhöht, aufgerundet. Ist sie eine 4 oder niedriger, bleibt die vorhergehende Zahl unverändert, wird abgerundet. Eine aufgerundete Zahl darf nicht noch einmal aufgerundet werden - 0,449 m bleiben 0,45 m, werden nicht 0,5 m. (Warum nicht?)

Beispiele 5,263 € = 5,26 € 5,269 m= 5,27 m 4,3284 kg = 4,328 kg

Beim Addieren sind die Summanden (bei Dezimalzahlen die Kommata) genau untereinander zu schreiben. Jede senkrechte Reihe wird von oben nach unten addiert und zur Kontrolle noch einmal von unten nach oben. Die Summe wird doppelt unterstrichen (im Buch fett gedruckt).
Es können nur Größen gleicher Benennung addiert werden.

Aufgaben

Schreiben Sie die Zahlen so untereinander, dass Sie diese addieren können. Addieren Sie die Zahlen der einzelnen Blöcke zusammen:

1.	2.	3.	4.	5.
2364	18,00 m²	0,535 l	187,375	22,50 m
67	3.964,24 m²	347,646 l	0,4	6,33 m
245	365,00 m²	32,823 l	258,3	116,03 m
9	12.345,53 m²	3.216,195 l	27,1985	41,98 m
320	8,00 m²	18,250 l	3,0008	0,16 m
26	66,45 m²	0,057 l	75.0987	50,54 m

6. Sie haben 225,30 € gespart. Für eine Fahrradreparatur zahlen Sie 13,74 € und für eine Sportveranstaltung 7,50 € Eintritt. Einem Freund leihen Sie 50,00 € und geben vom Rest die Hälfte bei einer Wochenendfahrt aus. Wie viel € haben Sie noch?

7. Für eine Fassadenbeschichtung sind erforderlich: 120,500 l Beschichtungsstoff für die Fassade, 28,750 l Absetzfarbe und 11,300 l Sockelfarbe. Wie viel l Dispersionsfarbe werden insgesamt benötigt?

8. Zum Verlegen von Fassadendämmplatten werden 280,00 m² Dämmplatten auf die Baustelle geliefert. An der Fassade wurden am ersten Tag 75,00 m², am zweiten Tag 88,00 m² und am dritten Tag 85,00 m² verarbeitet.
Berechnen Sie die noch nicht verarbeitete Restfläche von Fassadendämmplatten.

9. Ein Auftrag besteht aus folgenden Arbeiten: Dispersionsfarbenbeschichtung 260,34 €, Tapezierarbeiten 825,10 €, Fußbodenversiegelung 460,30 €, Türenbeschichtung 360,15 €. Wie hoch ist die Auftragssumme?

10. Ein Geselle hat in einer Arbeitswoche mit dem Firmen-Pkw folgende Strecken zurückgelegt: 83,50 km, 84,50 km, 105,25 km, 107,25 km, 110 km und 62,75 km. Wie viele km ist er gefahren?

11. Zählen Sie zusammen und runden Sie auf oder ab:

a) auf Zehntel	b) auf Hundertstel
255,090 cm	206,3975 m²
16,130 cm	16,5253 m²
1,075 cm	9.216,0199 m²
52,598 cm	12,6486 m²
45,536 cm	120,3869 m²

c) auf Tausendstel

16,12341 kg
17,56784 kg
22,02045 kg
111,45987 kg
201,98765 kg

Beim Subtrahieren werden die Zahlen (Subtrahenden) und Kommata der Dezimalzahlen wie beim Addieren genau untereinander geschrieben. Das Ergebnis ist die Differenz.

Beispiel	125,00	Minuend	345,25 €	Rechnung
	− 22,25		− 30,11 €	4 + 1 + **0** = 5
	− 41,67	Subtrahenden	− 6,24 €	2 + 1 + **9** = 12
				1 + 6 + 0 + **8** = 15
	61,08	Differenz	**308,90 €**	1 + 3 + **0** = 4
				3

Nach dem Ergänzungsverfahren beginnt man beim unteren Subtrahenden und ergänzt zum obenstehenden Minuenden. Diese Ergänzung schreibt man als Differenz nieder.

Es können nur gleich benannte Zahlen subtrahiert werden.

Aufgaben

Subtrahieren Sie:

12. 213,90 € - 29,38 €	13. 247,40 cm - 28,006 cm	14. 98,40 m - 101,32 m	15. 1.623,20 m² - 603,05 m²
16. 15,408 km - 3,304 km	17. 8,089 l - 3,56 l	18. 2.145,11 l - 239,980 l	19. 12.983,88 km - 1.619,92 km

Was stellen Sie beim Ergebnis der Aufgabe 14 fest? Sie bekommen eine negative Zahl, einen Minuswert, zu kennzeichnen durch ein Minuszeichen vor dem Wert. Im Maler- und Lackiererhandwerk können nur positive Zahlen (Ergebnisse) benötigt werden. Dies bedeutet, dass der Minuend immer größer sein muss als die Subtrahenden.

Beispiel Eine Wand kann noch so viele Öffnungen (Türen, Fenster) zum Abziehen haben - es bleibt immer noch ein Teil Wandfläche zum Bearbeiten und Berechnen übrig.

Aufgaben

20. Von 78,00 m Tapetenleiste verbrauchen Sie für den Wohnraum 34,45 m, für das Arbeitszimmer 21,90 m und für die Diele 14,30 m. Wie viele m bleiben übrig?

21. Für die Lackierung von Firmenfahrzeugen werden verbraucht 3,250 l, 4,98 l und 6,000 l Lack. Wie viel l Lack bleiben übrig, wenn ein Gebinde 18 l hat?

22. Sie haben für den Kurzurlaub 725,- € gespart. Davon geben Sie nacheinander aus: 111,15 €, 82,90 €, 105,25 €, 57,95 €. Wie viel Geld bleibt Ihnen?

23. Es sind Deckenplatten zu verlegen. Das Wohnzimmer hat 28,50 m², das Schlafzimmer 15,80 m², die Diele 12,60 m² Deckenfläche. Wie viel m² Platten bleiben übrig, wenn 60,00 m² geliefert wurden?

24. Ein Betrieb hat monatlich folgende Ausgaben:
96,28 € Stromgebühren, 56,07 € Wasserkosten, 17,26 € Kanalgebühren. Die Abschlagszahlung betrug 150,00 €. Welcher Betrag ist noch zu zahlen?

25. Der Meister erhält von einem Farbenfachhändler Rechnungen über:
49,30 €, 18,10 € und 37,50 €. Er hat noch ein Guthaben von 50,00 €. Wie viel € muss er überweisen?

26. Auf einem Kontrollzettel stehen folgende Teilmengen, die in einen Behälter für Reinigungs- und Lösemittelreste geschüttet worden sind:
2,857 l, 0,890 l, 7,390 l, 8,400 l, 0,463 l.

Der Behälter fasst maximal 25 Liter.
Wie viel Liter kann der Behälter noch aufnehmen?

1.2.2 Multiplizieren und Dividieren

Multiplizieren müssen wir beim Berechnen von Beschichtungsflächen, denn von der Größe dieser Flächen hängen der Verbrauch von Beschichtungsstoffen und die Arbeitszeit ab. Dividieren müssen wir z.B., wenn wir wissen wollen, wie viel Liter eines Beschichtungsstoffs für 1,00 m² nötig sind.

Multiplizieren heißt Malnehmen von Zahlen, von Faktoren. Ergebnis ist das Produkt. Faktoren lassen sich tauschen – das erleichtert und verkürzt oft den Rechenweg.

Beispiel	32,97 · 7,3	Faktoren	nicht so:	7,3 · 32,97
	23079		(warum?)	219
	9891			146
				657
	240,681	Produkt		511
				240,681

> Faktoren sind austauschbar. Man stellt stets den Faktor mit den meisten Zahlen an den Anfang.

Beim Multiplizieren mit 10, 100, 1000 usw. hängt man die entsprechende Anzahl Nullen an den Faktor. Bei Dezimalzahlen rückt man das Komma um die Anzahl der Nullen nach rechts. Fehlende Stellen werden durch Nullen ersetzt.

Beispiele
215 · 10 = 2150 215 · 1000 = 215000
5,76 · 10 = 57,6 5,76 · 1000 = 5760

Das Produkt von Dezimalstellen muss soviel Stellen nach dem Komma haben wie beide Faktoren zusammen. Dabei zählt man die Stellen von rechts nach links ab.

Beispiel 32,97 · 7,3 = 240,681

2 + 1 = 3 Stellen

Aufgaben

27. 26 · 29 28. 149 · 9,987 l 29. 437 m · 33 30. 0,431 m² · 2,186

31. 2.165 · 12.498

32. 0,369 km · 0,428

33. 76,50 m · 32

34. 134,07 cm · 86,592

35. Für 1,00 m² Fläche werden 0,420 kg Dispersionsplastik benötigt. Zu beschichten sind 126,50 m² Fläche. Wie viel kg Plastik sind bereitzustellen?

36. 1 m² Fußbodenversiegelung kostet 9,40 €. Wie viel berechnen Sie für die Versiegelung eines Saalbodens von 165,80 m²?

37. Der Stundenlohn eines Gesellen beträgt 12,83 €. Wie hoch ist der Bruttolohn bei 39 Stunden wöchentlicher Arbeitszeit?

38. 1 l Füller weiß kostet 11,35 €. Der Betrieb bestellt zwei 1-l- und zwei 5-l- Dosen. Welcher Betrag ist zu zahlen?

39. 1,00 m² Teppichfliesen (= 4 Fliesen 50 cm · 50 cm) kostet 14,25 €.
   a) Wie viel kostet der Belag für 35,00 m² Verlegefläche?
   b) Wie viele Fliesen werden für diese Fläche benötigt?

40. Für die Lohnminute einer Gesellin werden 0,60 € kalkuliert.
Wie hoch ist der Rechnungsbetrag, wenn die Gesellin drei Tage zu je 8 Stunden und zusätzlich 3 ¼ Stunden gearbeitet hat?

Dividieren ist das Teilen von Zahlen. Wir können es als Umkehrung der Multiplikation ansehen, denn 12 · 4 = 48 und 48 : 4 = 12. (So kontrollieren wir jeweils die Ergebnisse.) Die zu teilende Zahl ist der Dividend, der Teiler der Divisor – beide dürfen nicht vertauscht werden! Das Ergebnis ist der Quotient.
Im Quotient wird ein Komma gesetzt, wenn bei ganzen Zahlen der Einer, bei Dezimalzahlen das Komma überschritten wird.

Beispiele Dividend Divisor Quotient Dividend Divisor Quotient

```
344 : 5 = 68,8          28,60 : 4 = 7,15
30                      28
 44                      6
 40                      4
  40                     20
  40                     20
   0                      0
```

Dividend und Divisor sind nicht austauschbar.

Der Divisor darf kein Komma haben. Ist eins vorhanden, sind Divisor und Dividend mit 10 bzw. 100 usw. zu multiplizieren.

Beispiel 154 : 1,4 = 1540 : 14 = **110**
Diese Aufgabe hat keinen Rest, sie "geht auf ".

Beispiel 7.821,44 : 65 = **120,32984**
Diese Aufgabe hat einen Rest, sie "geht nicht auf ".

Werden zwei gleiche Größen geteilt, hat das Ergebnis keine Einheit.
Werden unterschiedliche Einheiten geteilt, hat das Ergebnis als Einheit den Quotient der Einheiten von Dividend und Divisor.

Beispiele 69,000 kg : 23,000 kg = 3

$$38{,}000 \text{ kg} : 1{,}200 \text{ m}^3 = 31{,}667 \frac{\text{kg}}{\text{m}^3}$$

Teilt man durch 10, 100, 1.000 usw. wird das Komma um die Anzahl der Nullen nach links gesetzt. Fehlende Stellen ersetzt man durch Nullen.

Beispiele 818 : 100 = 8,18 16,6 : 1.000 = 0,0166

Aufgaben

41. Teilen Sie die Zahlen 5.348, 625, 58,7 und 100,5 nacheinander durch a) 121, b) 325, c) 0,176. Rechnen Sie dabei jeweils 4 Stellen und runden Sie auf 3 Stellen nach dem Komma.

42. a) 1.789 m : 43 b) 2.454 l : 1,35
c) 16,21 cm : 3,15 d) 117,44 cm^2 : 11,01

43. Ein Gebinde Dispersionsfarbe hat 15 l Inhalt. Laut Aufschrift werden je m^2 Fläche ca. 0,250 l benötigt. Für wie viel m^2 Wandfläche reicht der Inhalt?

44. Vier Malermeister führen einen Auftrag für 5.301,- € gemeinsam aus und teilen sich den Betrag. Wie viel € bekommt jeder?

45. 75,00 kg Reibeputz kosten 73,75 €. Was kostet 1 kg?

46. 62 Sockelleisten von je 2,00 m Länge kosten 49,91 €. Was kostet eine 2-m-Leiste?

47. Eine Rolle Raufaser hat 33,00 m Länge. Wie viel Bahnen der Länge 2,55 m lassen sich zuschneiden.

48. Drei Meister bestellen gemeinsam eine Lieferung Dispersionsfarbe, deren Transportkosten 66,69 € betragen. Wie viel zahlt jeder bei gleichen Anteilen.

Division am Bruchstrich. Das Teilungszeichen kann man durch einen Bruchstrich ersetzen.

(z.B. 96 : 16 = 6 oder $\frac{96}{16}$ = 6). Dies kommt bei Flächenberechnungen vor. Dabei setzt man das Gleichheitszeichen genau in Höhe des Bruchstrichs.

Durch mehrere Divisoren teilt man, indem man die Divisoren als Faktoren schreibt.

Beispiel 108 : 6 : 3 = **6** am Bruchstrich: $\frac{108}{6 \cdot 3} = \frac{108}{18} = \mathbf{6}$
108 : 18 = **6**

Probe 6 · 3 · 6 = 108

Aufgaben

49. a) $\frac{514\ \text{l}}{3{,}14}$ d) 1.656,33 l : 4 : 9

b) $\frac{1250\ \text{km}}{65}$ e) 647 cm : 5 : 6

c) $\frac{132{,}50\ \text{m}}{21}$ f) 12.570 km : 25

50. 6.835 kg : 69,00 m^3

51. Ein Flur im Hotel ist 32,00 m lang. Wie viel Leisten zu 4,50 m Länge werden benötigt?

52. Das Maler- und Lackiererhandwerk beschäftigte 1999 in 40.896 Betrieben 261.000 Mitarbeiter. Wie viele entfallen im Durchschnitt auf einen Betrieb?

53. Der Gesamtumsatz betrug im Jahr 1999 14,1 Mrd. €. Wie viel setzte jeder der 40.896 Betriebe im Durchschnitt um?

54. Ein Geselle bekommt 500,37 € Bruttolohn bei 39 Arbeitsstunden wöchentlich. Wie hoch ist sein Stundenlohn?

1.3 Klammerrechnen

In der Übersicht über die Rechenzeichen haben wir das Addieren und Subtrahieren als Strichrechnen, das Multiplizieren und Dividieren dagegen als Punktrechnen bezeichnet. Multiplikation und Division sind höhere Rechenarten als Addition und Subtraktion. Deshalb merken wir uns:

> Punktrechnung geht vor Strichrechnung.

Klammern spielen im Aufmassrechnen eine wichtige Rolle. Sie sind manchmal Bestandteil einer Formel, sie machen das Aufmaß übersichtlich und geben uns die Reihenfolge im Rechenvorgang an. Ist eine Klammer im Aufmaß, muss zuerst der Wert in der Klammer ausgerechnet werden – man sagt, die Klammer wird " aufgelöst ".

> Klammern haben beim Ausrechnen die höchste Vorrangstufe.

Beispiele

a)	$4 \cdot 4 + 6 = 16 + 6 =$	22	Punktrechnen vor Strichrechnen
b)	$4 \cdot (4 + 6) = 4 \cdot 10 =$	40	Klammerauflösen vor Punktrechnen
c)	$96 - 16 - 4 + 3 =$	79	Strichrechnung von links nach rechts
d)	$96 - (8 + 4) = 96 - 12 =$	84	Klammerauflösen vor Strichrechnung

Das Multiplikationszeichen vor oder hinter einer Klammer kann entfallen – niemals jedoch das Additions- oder Subtraktionszeichen! Daraus folgt: Steht eine Zahl ohne Rechenzeichen vor oder nach einer Klammer, handelt es sich immer um eine Multiplikation.

Beispiele

$3\,(12 - 8)$	oder	$(12 - 8)\,3$	$= 3 \cdot 4$	oder	$4 \cdot 3 =$ **12**
$3 + (12 - 8)$	oder	$(12 - 8) + 3$	$= 3 + 4$	oder	$4 + 3 =$ **7**

Aufgaben

1. a) $(622 - 22)\,3$
   b) $3\,(23 + 516)$
   c) $(6 + 21)\,218$

2. a) $81 - (4 \cdot 2{,}10)$
   b) $(5 \cdot 1{,}60) + 46{,}50$
   c) $(1{,}20 + 21{,}00)\,6$

3. a) $(216{,}00 - 32{,}00) + (16{,}00 + 52{,}00)$
   b) $(5{,}40 + 9{,}80) - (2{,}80 + 1{,}25)$
   c) $(3{,}20\text{ m} \cdot 5{,}60\text{ m}) + (1{,}90\text{ cm} \cdot 4{,}35\text{ cm})$
   d) $(6{,}20\text{ m} + 5{,}50\text{ m}) \cdot 2 \cdot 2{,}50\text{ m}$

4. a) $123{,}500\text{ l} - 61{,}25\text{ l} + (12{,}850\text{ l} \cdot 2{,}45)$
   b) $(65{,}90 - 18{,}70 - 27{,}20) \cdot (22{,}10 + 17{,}40 + 8{,}17 \cdot 2{,}50)$
   c) $(95{,}70 + 32{,}80 - 82{,}10) \cdot (3{,}10 + 5{,}60 + 1{,}90)$

5. a) $(19 + 24) \cdot (64 - 22) \cdot (15 + 9)$
   b) $(2{,}38 + 56{,}00) \cdot (6{,}15 - 2{,}34) \cdot (0{,}99 + 2{,}88)$
   c) $(4{,}95 + 4{,}50) \cdot 2 \cdot 3{,}20$
   d) $(2{,}40 + 1{,}25 \cdot 2) \cdot 0{,}20$
   e) $3 \cdot (3{,}40 \cdot 1{,}60 + 0{,}98 \cdot 2{,}10) \cdot 2$

Mehrere Längen oder Flächen, die zusammengehören und addiert oder subtrahiert werden, setzt man in eine Klammer.

Beispiel Es ist die Summe von zwei Abzugsflächen abzuziehen.

12,20 m · 3,50 m – (1,20 m · 2,10 m + 2,40 m · 1,40 m)

42,70 m² – (2,52 m² + 3,36 m²)

42,70 m² – 5,88 m² = **36,82 m²**

Klammern sind rechnerisch notwendig, wenn sie Bestandteil einer Formel sind oder die Reihenfolge des Rechenvorgangs bestimmen. Sie machen ein Aufmaß übersichtlicher.

Aufgaben

6. 24 · 8,75 + (2 · 9,98)
7. 16 · 12,50 cm + (4 · 8,20 cm + 3 · 6,80 cm)
8. 6,89 + 2,55 – (1,10 · 2,10 + 0,90 · 2,10)
9. 8 · 16,45 m + (2 · 1,95 m + 2 · 2,15 m + 4 · 1,85 m)

Multiplizieren von Klammerwerten benötigen wir beim Aufmaßrechnen. Wiederum werden zunächst die Klammern aufgelöst.

Beispiel (5,60 m + 3,20 m) · (1,80 m + 2,80 m)

8,80 m · 4,60 m = **40,48 m²**

Aufgaben

10. (24 cm + 72 cm) · (16 cm +32 cm)
11. (106,00 m + 22,00 m) · (31,00 m + 0,60 m)
12. (44,20 – 2,45 + 3,82 · 2) · (1,80 + 6,25)
13. (54 – 32) (16 + 11) (21 – 10,5)
14. (3,90 cm + 4,20 cm) (2,10 cm + 6,30 cm + 9,50 cm)
15. (2,55+6,35 + 4,82) (126,95 – 3,40 –15,60)
16. (245,50 cm – 1,66 cm – 12,83 cm) (1,60 cm + 1,70 cm + 1,80 cm)
17. (1,20 + 3,60) : (2,70 – 1,30)

Eckige und geschweifte Klammer. Sollen die Ergebnisse von zwei oder mehr Klammerrechnungen mit einem gemeinsamen Multiplikator multipliziert werden, setzt man die Klammern zusammen in eine eckige bzw. geschweifte Klammer. Aufgelöst werden zuerst die runden und dann die eckigen Klammern.

Beispiel (6,20 · 2,55) – (1,20 · 2,10 + 1,20 · 2,00) = **10,89 m²** (eine Wandfläche)

2 [(6,20 · 2,55) – (1,20 · 2,10 + 1,20 · 2,00)] = **21,78 m²** (zwei Wandflächen)

2 { **2** [(6,20 · 2,55) – (1,20 · 2,10 + 1,20 · 2,00)]} = **43,56 m²** (zwei Räume, gleiche Wandflächen)

Auch in der Klammer gilt stets Punkt- vor Strichrechnung. Der Faktor außerhalb der eckigen Klammer bzw. der geschweiften Klammer besagt, dass wir den Inhalt dieser Klammern zuletzt multiplizieren müssen.

Beispiel

$2 \cdot \{8 \cdot [(14 - 7) \cdot 1{,}2 + 9] - [17 \cdot 4 - (36 - 24)]\} =$		
$2 \cdot \{8 \cdot [\;7 \cdot 1{,}2 + 9] - [17 \cdot 4 - 12\;]\} =$	1. Runde Klammer
$2 \cdot \{8 \cdot [\;8{,}4 + 9] - [\;68 - 12\;]\} =$	2. Punkt vor Strich
$2 \cdot \{8 \cdot 17{,}4 - 56\} =$	3. Eckige Klammer
$2 \cdot 83 =$	4. Geschweifte Klammer
$=$ **166,4**	

Sind verschiedene Klammern in einer Rechnung vorhanden, so gilt: zuerst die runden Klammern, dann die eckigen Klammern, zuletzt die geschweiften Klammern aufgelöst.

Aufgaben

18. a) $[(20 + 6) \cdot 3 + 8] \cdot 2$
b) $[(20 - 6) \cdot 3 - 8] \cdot 2$
c) $[20 \cdot (6 + 3)] + 8$
d) $[(20 \cdot 6 + 3) \cdot 6] \cdot 8$

19. a) $[(14 + 6) \cdot 3] + 8$
b) $[(14 + 6 + 3) \cdot 8] + 100$
c) $\{[(14 + 6) \cdot 3] + 8\} \cdot 3$
d) $\{(75 - 5) \cdot 2 + [(15 - 2 \cdot 3) \cdot (8 - 2) - 14]\} \cdot 2$

20. $10{,}50\text{ m} \cdot 2{,}65\text{ m} - [8{,}40\text{ m} \cdot 0{,}60\text{ m} - (0{,}40\text{ m} + 1{,}60\text{ m}) \cdot 2 \cdot 0{,}20] \cdot 3$

21. $8{,}60\text{ m} \cdot 2{,}60\text{ m} - [1{,}80\text{ m} \cdot 2{,}10\text{ m} - (1{,}80\text{ m} + 2{,}10\text{ m}) \cdot 2 \cdot 0{,}25\text{ m}] \cdot 2$

22. $\{[(2{,}65\text{ m} + 2{,}75\text{ m}) \cdot 1{,}10\text{ m} - 1{,}45\text{ m}^2] \cdot 3\} \cdot 0{,}55$

23. $\{[(8{,}80\text{ m} + 6{,}25\text{ m}) \cdot 2 \cdot 2{,}20\text{ m} - (1{,}40\text{ m} \cdot 1{,}20\text{ m} + 2{,}05\text{ m} \cdot 0{,}95\text{ m})] \cdot 4\} \cdot 35{,}80\,\frac{\text{DM}}{\text{m}^2}$

1.4 Bruchrechnen

Bruchrechnen ist, wie wir schon gesehen haben, Dividieren. Wir wenden es z.B. an, wenn wir mit Werkstoffteilen rechnen (3/4 l, 2/5 kg). Teilt man ein Ganzes oder eine Größe, erhält man einen Bruch. Über dem Bruchstrich steht der Zähler; er zählt die Teilstücke. Unter dem Bruchstrich steht der Nenner; er benennt die Teile des Ganzen. Dabei sprechen wir von gewöhnlichen Brüchen.

Beispiel $\frac{1}{4}$ ist der vierte Teil von 1 = 1 : 4

1 ist hier der Zähler

4 ist hier der Nenner

Kürzen oder erweitern lassen sich Brüche, indem man Zähler und Nenner durch die gleiche Zahl dividiert bzw. mit der gleichen Zahl multipliziert. Der Wert des Bruchs ändert sich dadurch nicht.

Beispiel $\frac{16}{20}$ gekürzt durch 4 $= \frac{\not{16}\;4}{\not{20}\;5} = \frac{4}{5}$ $\qquad \frac{4}{5}$ erweitert mit 6 $= \frac{4 \cdot 6}{5 \cdot 6} = \frac{24}{30}$

Addieren von Brüchen. Gleichnamige Brüche werden addiert, indem man die Zähler addiert und den Nenner beibehält. Ungleichnamige Brüche müssen erst gleichnamig gemacht werden. Wenn im größten Nenner alle übrigen Nenner enthalten sind, erweitert man dazu die Brüche auf den größten Nenner.

Beispiele $\frac{1}{8}+\frac{3}{8}+\frac{5}{8}=\frac{1+3+5}{8}=\mathbf{1\frac{1}{8}}$

$\frac{2}{3}+\frac{5}{24}+\frac{1}{6}=\frac{16}{24}+\frac{5}{24}+\frac{4}{24}=\frac{15+5+4}{24}=\frac{25}{24}=\mathbf{1\frac{1}{24}}$

Ist dieser Fall nicht gegeben, sucht man das kleinste gemeinsame Vielfache oder den Hauptnenner. Das gilt auch für Primzahlen (Zahlen, die sich nur durch 1 und sich selbst dividieren lassen – z.B. 1, 3, 5, 7).

Beispiel $\frac{1}{2}+\frac{3}{5}+2\frac{1}{3}$ (Hauptnenner 2 · 5 · 3 = 30)

$\frac{15}{30}+\frac{18}{30}+\frac{70}{30}=\frac{15+18+70}{30}=\frac{103}{30}=\mathbf{3\frac{13}{30}}$

Subtrahieren von Brüchen. Gleichnamige Brüche subtrahiert man, indem man die Zähler voneinander abzieht. Bei ungleichnamigen Brüchen brauchen wir wieder zunächst den Hauptnenner.

Beispiel $\frac{3}{4}-\frac{1}{2}-\frac{1}{16}=\frac{12-8-1}{16}=\mathbf{\frac{3}{16}}$

Multiplizieren von Brüchen. Hierbei multipliziert man Zähler mit Zähler und Nenner mit Nenner.

Das gilt für gleichnamige (z.B. $\frac{1}{6};\frac{4}{6}$) und ungleichnamige (z.B. $\frac{1}{2};\frac{3}{5}$) Brüche.

Gemischte Zahlen (z.B. $5\frac{3}{9};2\frac{1}{3}$) sind dazu in unechte Brüche (z.B. $\frac{48}{9};\frac{7}{3}$) zu verwandeln.

Beim Multiplizieren mit einer ganzen Zahl wird nur der Zähler multipliziert.

Beispiele $1\frac{1}{3}\cdot 2\frac{3}{4}=\frac{4\cdot 11}{3\cdot 4}=\frac{44}{12}=3\frac{8}{12}=\mathbf{3\frac{2}{3}}$

$\frac{4}{7}\cdot 6\cdot\frac{2}{3}=\frac{4\cdot 6\cdot 2}{7\cdot 3}=\frac{48}{21}=\mathbf{2\frac{6}{21}}$

Dividieren von Brüchen. Ein Bruch wird durch eine ganze Zahl dividiert, indem man den Nenner mit der Zahl multipliziert. Zwei Brüche werden dividiert, indem man den ersten Bruch mit dem Kehrwert des zweiten multipliziert.

Beispiele $\frac{5}{6}:\textcircled{4}=\frac{5\cdot 1}{6\cdot 4}=\mathbf{\frac{5}{24}}$

$\frac{3}{4}:\frac{\textcircled{5}}{\textcircled{6}}=\frac{3\cdot 6}{4\cdot 5}=\frac{18}{20}=\mathbf{\frac{9}{10}}$

$5:\frac{\textcircled{3}}{\textcircled{4}}=\frac{5\cdot 4}{1\cdot 3}=\frac{20}{3}=\mathbf{6\frac{2}{3}}$

Aufgaben zum Kürzen und Erweitern von Brüchen

1. Kürzen Sie die folgenden Brüche:

a) $\frac{44}{88}$

b) $\frac{27}{33}$

c) $\frac{13}{36}$

d) $\frac{125}{625}$

2. Erweitern Sie die folgenden Brüche:

a) $\frac{9}{13}$ mit 7

b) $\frac{5}{7}$ mit 13

c) $\frac{3}{4}$ mit 17

d) $\frac{1}{6}$ mit 9

3. Erweitern Sie die Brüche so, dass der Nenner immer 120 gibt:

a) $\frac{1}{2}$ e) $\frac{3}{10}$

b) $\frac{3}{4}$ f) $\frac{14}{15}$

c) $\frac{3}{5}$ g) $\frac{23}{24}$

d) $\frac{5}{6}$ h) $\frac{19}{60}$

Aufgaben zur Addition und Subtraktion von Brüchen

4. $\frac{2}{3}+\frac{3}{4}$

5. $\frac{1}{2}-\frac{1}{3}$

6. $1\frac{2}{5}+2\frac{3}{10}-1\frac{3}{5}$

7. $2\frac{1}{4}-\frac{5}{8}+3$

8. $4\frac{5}{6}+\frac{2}{3}-\frac{1}{8}$

9. $\frac{4}{9}+3\frac{2}{3}-1\frac{1}{6}-\frac{5}{18}$

10. $2\frac{5}{8}+7\frac{1}{4}-3\frac{11}{20}$

11. Sie haben $18\frac{1}{2}$ m Textiltapete und verbrauchen davon $2\frac{3}{4}$ m, $4\frac{4}{5}$ m und einen halben Meter. Wie viel Meter bleiben noch ?

12. $\frac{3}{5}+\frac{7}{10}+\frac{9}{20}$

13. $1\frac{3}{9}-\frac{2}{3}+6$

14. $2\frac{13}{60}+4\frac{3}{5}-2\frac{9}{10}$

Aufgaben zur Multiplikation und Division von Brüchen

15. $\frac{1}{2}\cdot\frac{3}{4}$

16. $1\frac{2}{3}\cdot 2\frac{1}{6}$

17. $3\frac{4}{5}\cdot\frac{2}{7}$

18. $\frac{2}{3}:\frac{5}{6}$

19. $\frac{6}{7}\cdot\frac{3}{14}\cdot\frac{7}{14}$

20. $3\frac{1}{4}\,\text{cm}\cdot 1\frac{3}{5}$

21. $\frac{9}{13}:1\frac{4}{7}$

22. $4\frac{1}{2}:3\frac{2}{5}$

23. $2\frac{3}{4}\cdot 3\frac{1}{8}:\frac{5}{12}$

24. $\frac{5}{7}:1\frac{3}{8}\cdot 3\frac{2}{7}$

25. $9\frac{4}{7}:\frac{12}{2}$

26. $9\frac{2}{3}\,\text{m}^2:\frac{3}{4}$

27. $3\frac{1}{8}\cdot 2\frac{2}{3}:2\frac{3}{5}$

28. $5\frac{3}{4}\cdot 6\frac{2}{3}:3\frac{1}{5}$

29. $4\frac{1}{7}\cdot 3\frac{3}{4}:1\frac{2}{5}$

30. $12\frac{2}{3}\cdot\frac{4}{5}:7\frac{1}{4}$

31. $2\frac{5}{8}:6\frac{3}{4}\cdot 7\frac{1}{2}$

32. $4\frac{1}{2}\,\text{dm}\cdot 1\frac{1}{6}$

1.5 Gleichungen

Werden zwei Größen oder Zahlen durch ein Gleichheitszeichen verbunden, bilden sie eine Gleichung. Das Gleichheitszeichen sagt aus, dass beide Seiten gleich sind (z.B. 9 = 4 + 5). Die meisten Rechenaufgaben sind Gleichungen in diesem Sinne.

1.2 Waage

Identische Gleichungen. Das Beispiel 9 = 4 +5 ist eine identische Gleichung – beide Seiten sind gleich, identisch. Wir vergleichen sie mit einer Waage, deren Waagschalen im Gleichgewicht sind (**1**.2).

Beispiele

$$6 = 6$$
$$5 + 4 = 13 - 4$$
$$a + 3 = 3 + a$$

Identische Gleichungen sind für alle Zahlen gültig. Man setzt sie für Größen ein.

Bestimmungsgleichungen wenden wir dagegen an um unbekannte Zahlen zu finden. Die unbekannte Größe wird isoliert. Weil beide Seiten der Gleichungen identisch sind, kann man die Unbekannte **x** auf der rechten Seite isolieren.

Beispiele

$$5 + x = 8$$
$$x = 8 - 5$$
$$x = \mathbf{3}$$

$$x \cdot 4 = 12$$
$$x = \frac{12}{4} \quad \text{oder} \quad \frac{12}{4} = x$$
$$x = \mathbf{3}$$

Umstellen von Gleichungen. Stellen wir Gleichungen oder Formeln um, behalten sie ihren Wert, wenn wir auf beiden Seiten den gleichen Rechenvorgang durchführen (wie beim Kürzen oder Erweitern von Brüchen).

Beispiele

$$x - 3 = 15$$
$$x - 3 + 3 = 15 + 3$$
$$x = \mathbf{18}$$

x wird isoliert, indem wir auf beiden Seiten 3 addieren

$$5 \cdot x = 45$$
$$\frac{5 \cdot x}{5} = \frac{45}{5}$$
$$x = \mathbf{9}$$

x wird isoliert, indem wir auf beiden Seiten durch 5 dividieren

Beim Multiplizieren von Größen können wir das Malzeichen weglassen (5 · x oder einfach 5x).

> Eine Gleichung oder Formel behält ihren Wert, wenn man beim Umstellen auf beiden Seiten den gleichen Rechenweg durchführt.

Aufgaben

1. Berechnen Sie die Lösungswerte für x

a) $x + 11 = 19$
b) $3 + x = 7$
c) $x - 8 = 21$
d) $x + 7 = 18$
e) $5x + 8 = 28$

f) $x + 1{,}5 = 8{,}4$
g) $42 = 3x - 3$
h) $2x - 7 = 79$
i) $13 + 7x = 69$
j) $14{,}3 + x = 37{,}9$

k) $7{,}40\ m + x = 12{,}90\ m$
l) $x - 13\ cm = 1 cm$
m) $x - 2{,}300\ l = 6{,}700\ l$
n) $15{,}000\ kg = x + 3{,}000\ kg$
o) $8x = 64{,}000\ l$

2. Berechnen Sie die Lösungswerte für x

a) $x - 5{,}00\ m^2 = 6{,}00\ m^2$
b) $23{,}00\ m^2 - x = 8{,}00\ m^2$
c) $0{,}76\ m - 3{,}52x = 2{,}18\ m$
d) $18 = \frac{98}{x}$

e) $7{,}000\ l - 2x = 15{,}000\ l$
f) $x - 4{,}000\ m^3 = 3{,}000\ m^3$
g) $25x + 3{,}70\ cm = 53{,}70\ cm$
h) $\frac{42}{0{,}5x} = 6$

i) $\frac{x-4}{3} = 12$
j) $2x + 4{,}000\ l = 30{,}000\ l$
k) $\frac{30}{6x} + 3 = 7$

1.6 Verhältnisrechnen

Sie sollen eine Schrift in einem bestimmten Verhältnis vergrößern, z.B. 3 : 1. Ein Schildformat hat ein Seitenverhältnis von 5 : 3. Eine Strecke von 1,40 m soll im Verhältnis von 3 : 4 geteilt werden. Ein 2K-Autolack wird 2 : 1 mit Härter gemischt. In diesen und ähnlichen Fällen benötigen wir das Verhältnisrechnen.

1.6.1 Proportionen

Will man zwei Zahlen, Größen, Strecken, Flächen usw. miteinander vergleichen, setzt man sie zueinander ins Verhältnis. Wir bekommen eine Proportion, die Gleichung zweier Verhältnisse.

Beispiel Ein Papierformat ist 15 cm breit und 21 cm hoch. Das Seitenverhältnis ist demnach 15 : 21. Setzen wir das als Bruch und kürzen, erhalten wir

$\frac{15}{21} = \frac{5}{7} =$ Seitenverhältnis 5 zu 7.

Setzen wir an die Stelle des Bruchstrichs den Doppelpunkt, ergibt sich die Gleichung

$15 : 21 = 5 : 7$

Da beiderseits des Gleichheitszeichens eine Gleichheit besteht, ergibt sich der Lehrsatz des Verhältnisrechnens:

Das Produkt der Innenglieder ist gleich dem Produkt der Außenglieder.

Innenglieder = 105

15 : 21 = 5 : 7

Außenglieder = 105

Ist eine Größe unbekannt, bezeichnen wir sie mit **x** und rechnen:

Beispiel

$$15 : 12 = 8 : x$$
$$15x = 12 \cdot 8$$
$$\frac{15x}{15} = \frac{96}{15}$$
$$x = 6\frac{2}{5}$$

Probe: $15 \cdot 6\frac{2}{5} = 96$

Aufgaben

1. Teilen Sie die Strecke von 140 cm im Verhältnis 3 : 4
2. Eine Giebelfläche von 96,60 m² soll für eine zweifarbige Beschichtung im Verhältnis 2 : 1 geteilt werden. Wie viel m² hat jede Teilfläche?
3. Bei einem Auftrag verhalten sich die Lohn- und Werkstoffkosten wie 3,5 : 1,5. Die Auftragssumme beträgt 725,- €. Wie viel € entfallen auf Lohn und Werkstoffe?
4. Beim Tapezieren einer Wand soll das Verhältnis von Wand zu Fries 5 : 2 sein. Wie groß ist die Friesfläche, wenn die gesamte Wand 13,50 m² hat?
5. Eine Wandfläche von 98,80 m² soll mit zwei Tapeten, uni und gemustert, im Verhältnis 3 : 5 ausgestattet werden. Wie viel m² Tapeten werden von jeder Sorte verarbeitet?
6. Das Verhältnis eines Malerlohns zum Hilfsarbeiterlohn ist 2,3 : 1,9. Wie viel bekommt der Maler, wenn der Hilfsarbeiter 10,91 € erhält?
7. 6,500 l Zweikomponentenlack werden im Verhältnis 2 : 1 : 0,75 gemischt. Berechnen Sie die Mengenanteile der Bestandteile in Liter.
8. Der Buchstabe N soll mit einer Buchstabenhöhe von 2,66 m auf eine Giebelwand aufgebracht werden.
   Die Balkenstärke verhält sich zur Buchstabenhöhe wie 1 : 7.
   Berechnen Sie die Buchstabenbreite in m.
9. Ein 2K-Acryl-Autolack wird 4 : 1 mit Härter gemischt. Wie viel Liter 2-K-Acryl-Autolack erhält man, wenn 1,400 Liter Stammlack mit der entsprechenden Menge Härter gemischt werden?
10. Um einen bestimmten Farbton einer Lackfarbe herzustellen, gibt der Hersteller folgendes Mischungsverhältnis an:
    2 Teile Weiß; 1 Teil Rot; 0,5 Teile Schwarz.
    Es sollen 5,250 l nach diesem Verhältnis gemischt werden.
    Berechnen Sie die Anteile an Weiß, Rot und Schwarz in Liter.

1.6.2 Goldener Schnitt

Bestimmte Proportionen fallen in der Baukunst, Malerei usw. durch ihre Harmonie besonders angenehm auf. Dieses "Gesetz der Harmonie" entdeckten die Griechen schon vor fast 3000 Jahren. Es ist der Goldene Schnitt. Die Teilung nach dem Goldenen Schnitt bringt ein harmonisches Größenverhältnis.

Konstruktion. Die in Bild **1**.3 gegebene Strecke AB soll nach dem Goldenen Schnitt geteilt werden.

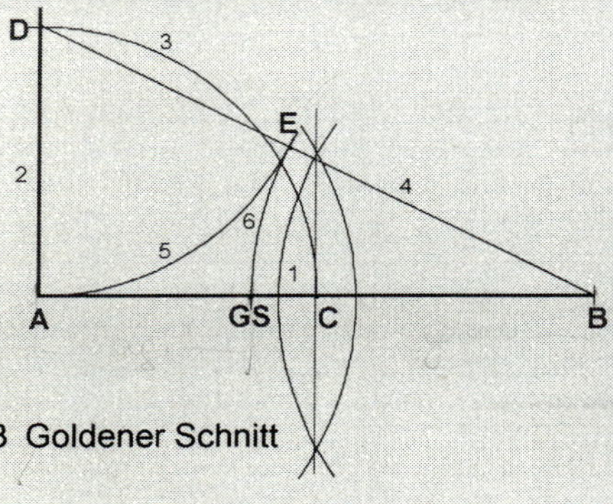

1.3 Goldener Schnitt

1. Strecke AB halbieren – Schnittpunkt C
2. Senkrechte in A errichten
3. Kreisbogen mit Radius AC um A schlagen – Schnittpunkt D
4. D mit B verbinden
5. Kreisbogen mit Radius AD um D schlagen – Schnittpunkt E
6. Kreisbogen mit Radius BE um B schlagen – Schnittpunkt GS

= Streckenteilung nach dem Goldenen Schnitt (A:B=BF:AF)

Der kleine Teil (Minor) verhält sich zum großen Teil (Major) wie der große Teil zum Ganzen. Minor : Major = Major : Strecke AB

Der Goldene Schnitt lässt sich annähernd in den Zahlen z.B. 5 : 8; 8 : 13 ausdrücken und danach berechnen.

Beispiel 1 Die Breite (Major) eines Schildes beträgt 120 cm = 8 Teile. Die gesuchte Höhe (Minor) ist demnach 5 Teile groß.

8 Teile	=	120 cm	oder	5 : 8	=	x : 120 cm
1 Teil	=	15 cm		8x	=	600 cm
5 Teile	=	**75 cm**		**x**	=	**75 cm**

Beispiel 2 Ein Rechteckfläche soll nach dem Goldenen Schnitt zusammen gesetzt werden. Die lange Seite (Major) ist 1,84 m lang. Wie lang ist die kurze Seite (Minor)? Rechnen Sie mit dem Verhältnis 5 : 8.

Major = 8 Teile	8 Teile	=	1,84 m
	1 Teil	=	1,84 m : 8 = 0,23 m
Minor = 5 Teile	5 Teile	=	0,23 m · 5
	5 Teile	=	**1,15 m**

Die Fläche ist also 1,84 m x 1,15 m groß.

Aufgaben

11. Ein Tapetenfeld auf einer Wand ist 2,45 m hoch. Berechnen Sie die Breite (Major) nach dem Goldenen Schnitt.

12. Ein Firmenschild soll 2,10 m breit (Minor) werden. Welche Höhe ergibt sich nach dem Goldenen Schnitt?

13. Auf einer Giebelwand soll eine Werbefläche angebracht werden. Die Breite (Major) der Fläche ist 3,30 m. Wie hoch wird sie nach dem Goldenen Schnitt?

14. Eine Fototapete soll in einem Raum besonders ästhetisch wirken. Sie kann aus räumlichen Gründen nur 1,30 m breit sein (Minorseite). Wie hoch müssen Sie tapezieren, um dem Goldenen Schnitt gerecht zu werden?

15. Teilen Sie die Strecken 90 mm und 110 mm mit Hilfe der beschriebenen Zeichenkonstruktion im Goldenen Schnitt. Messen Sie die Teilstücke und vergleichen Sie diese mit der mathematischen Berechnung.

16. Eine Dekoration ist 2,60 m (Minor) hoch. Wie breit muss sie sein, wenn sie dem Goldenen Schnitt entsprechen soll?

17. Ein Bodenbelag erhält eine Intarsienarbeit, die in der Fläche dem Goldenen Schnitt entspricht. Die längste Seite soll 4,60 m sein. Wie lang ist die Minorseite zu schneiden?

18. Eine Fassadenfläche ist 9,23 m hoch. Eine Schriftzeile soll so darauf angebracht werden, dass sie genau auf der Trennungslinie nach dem Goldenen Schnitt steht (8 : 13). Wie viel m sind unter der Schriftzeile?

19. Stellen Sie fest, welche Höhe das Format DIN A4 (Breite 21 cm) haben müsste, wenn es nach dem Goldenen Schnitt (5 : 3) konstruiert wäre.

20. Für eine Gestaltungsarbeit soll ein Rechteck den Maßverhältnissen des Goldenen Schnittes entsprechen. Die große Seite (Major) ist 2,24 m lang. Wie lang ist die kleine Seite (Minor)?

1.7 Schlussrechnen

Der Meister, sein Arbeitsstellenleiter oder Vorarbeiter müssen wissen, wie viel Gesellen/innen sie für die Beschichtung einer Anzahl Fenster zu einer bestimmten Zeit einsetzen. Wird die Ausführungsfrist verkürzt oder der Auftrag erweitert, sind entsprechend mehr Gesellen/innen abzustellen.
Aber wie viele ?

Das Schlussrechnen wird im Handwerk sehr oft angewendet. Kennzeichen ist der Bruchstrich, der die Ausrechnung erleichtert und beschleunigt. Man spricht meist vom "Dreisatz", doch kommt man beim Ausrechnen nicht immer mit drei Sätzen aus.

Beispiel 1 20 l Dispersionsfarbe kosten 48,40 €. Was kosten 65 l?

Behauptungssatz: 20 l kosten 48,40 €

Diese bekannte Aussage kommt immer zuerst auf den Bruchstrich.

Folgerungssatz: 1 l Dispersionsfarbe kostet den 20. Teil = $\frac{48{,}40\ €}{20\ l}$

Schlusssatz: 65 l kosten 65 mal soviel wie 1 l = $\frac{48{,}40\ € \cdot 65\ l}{20\ l}$ = **157,30 €**

Kontrollüberlegung: 65 l kosten mehr als 20 l

Beim einfachen Schlussrechnen ergeben sich aus dem Behauptungssatz ein Folgerungssatz und im Schlusssatz die Lösung.

Beispiel 2 6 Gesellen/innen beschichten eine Fläche in 8 Stunden. Wie viel Zeit benötigen 4 Gesellen/innen dazu?

Behauptungssatz: 6 Gesellen/innen benötigen 8 Stunden.

Folgerungssatz: 1 Geselle/in benötigt 6 mal soviel = 8 Std. · 6

Schlusssatz: 4 Gesellen/innen benötigen den 4. Teil davon = $\frac{8\ \text{Std.} \cdot 6}{4}$ = **12 Stunden**

Kontrollüberlegung: 4 Gesellen/innen benötigen länger als 6 Gesellen/innen.

Regel: " mal soviel " steht auf, " weniger " unter dem Bruchstrich.
Eine Kontrollüberlegung am Schluss bewahrt vor falschen Ansätzen.

Aufgaben

1. 1,500 l Holzschutzgrund kosten 4,18 €. Wie viel kosten 25,000 l?
2. Für 5,000 l Klarlack zahlen Sie 26,80 €. Wie teuer sind 0,750 l?
3. Wie viel kosten 11 Rollen Wandbelag, wenn Sie für 25 Rollen 937,50 € zahlen müssen?
4. 5 Gesellen benötigen für einen Auftrag 12 ½ Stunden. In welcher Zeit schaffen es 3 Gesellen?
5. Ein Firmenwagen benötigt im Durchschnitt auf 100 km 13,500 Liter Benzin. Wie viel Kilometer reicht eine Tankfüllung mit 60 Liter Inhalt?
6. Für eine Beschichtungsfläche von 475,00 m² wurden 61,750 l Beschichtungsstoff verwendet.

   a) Berechnen Sie den Verbrauch für 1,00 m²,
   b) den Verbrauch für 1.200,00 m².
7. Ihr Ausbildungsbetrieb soll eine Fassade von 411,00 m² beschichten. Für das Beschichten einer Fläche von 171,00 m² werden 7 Stunden und 18 Minuten benötigt.
   Wie hoch ist der Zeitbedarf für die Fläche von 411,00 m²?
8. Für die Beschichtung von 25,00 m² Holzfläche wurden 2,000 l Lackfarbe benötigt. Wie viel 2,5 l–Gebinde Lackfarbe müssen bestellt werden, um eine Fläche von 238,00 m² zu beschichten?
9. Für das Verkleben eines Wandbelags von 64,60 m² Wandfläche werden 32,500 kg Kleber benötigt. Wie viel kg Kleber erfordert unter gleichen Bedingungen eine Wand von 92,20 m²?
10. In einem Farbsilo befinden sich 680,000 l Beschichtungsstoff. Pro m² werden 320 ml Beschichtungsstoff aufgetragen. Wie viel m² Beschichtungsfläche können mit den 680,000 l bearbeitet werden?

Beim doppelten Schlussrechnen ändern sich zwei der bekannten drei Größen. Die Lösung ergibt sich schrittweise nach dem einfachen Dreisatz – erst wird eine Größe verändert, dann die andere.

Beispiel 3 Gesellen/innen verarbeiten in 40 Stunden 156,000 l Fassadenfarbe. Wie viel Liter Fassadenfarbe verarbeiten 6 Gesellen/innen in 28 Stunden?

1. Schritt: die Gesellen/innen

3 Gesellen/innen in 40 Std. 156,000 l Fassadenfarbe

1 Geselle/in in 40 Stunden den 3. Teil = $\frac{156\ \text{l}}{3}$

6 Gesellen/innen in 40 Stunden 6 mal soviel $= \frac{156\,l \cdot 6}{3} = 312\,l$

Kontrollüberlegung: 6 Gesellen/innen verbrauchen mehr als 3.

2. Schritt: die Zeit

6 Gesellen/innen in 40 Stunden 312 l Fassadenfarbe

6 Gesellen/innen in 1 Stunde den 40. Teil $= \frac{312\,l}{40}$

6 Gesellen/innen in 28 Stunden 28 mal soviel $= \frac{312\,l \cdot 28}{40} = \mathbf{218{,}400\,l}$

Kontrollüberlegung: In 28 Stunden wird weniger Fassadenfarbe verbraucht als in 40 Stunden.

Aufgaben

11. Für die Beschichtung von 124,00 m² Fensterläden benötigen 2 Gesellen 48 Std. In welcher Zeit beschichten 4 Gesellen 186,00 m² dieser Läden?

12. 9 Gesellen verdienen in 12 Arbeitstagen 11.085,12 €. Wie viel verdienen dann 6 Gesellen in 5 Tagen bei gleichem Lohn?

13. Eine Lieferung Edelputz von 12 Gebinden je 50 l wiegt 1.320 kg. Wie viel wiegen 10 Eimer desselben Putzes in 10-l-Gebinden?

14. Ein Heizkörper hat 10 Glieder der Größe 0,18 m · 0,95 m. Für die Beschichtung werden 0,560 l Heizkörperlack benötigt. Wie viel Lack sind für 12 Heizkörper der Größe 0,12 m · 0,80 m bei je 12 Gliedern erforderlich?

15. Für die Renovierung eines Saals benötigen 6 Gesellen bei täglich 8 Std. insgesamt 9 Tage.
Um den Termin einzuhalten, setzt die Meisterin 9 Gesellen täglich 9 Std. ein.
In welcher Zeit wird der Saal fertig?

16. Für die Beschichtung einer Saalwand von 22,40 m Länge und 3,10 m Höhe werden 18,050 kg Dispersionsfarbe verarbeitet. Wie viel kg erfordert eine Wand von 16,50 m bei 2,80 m Höhe?

17. 3 Maler beschichten eine Fassade bei 8stündiger Arbeitszeit in 6 Tagen. Wie viel Tage brauchen dafür 5 Maler, wenn sie täglich 9 Std. arbeiten?

18. Für die Beschichtung von 444,45 m² Wand- und Deckenfläche in einem Treppenhaus werden 10 Eimer mit je 10 l Dispersionsfarbe benötigt. Wie viel Eimer mit 15 l Inhalt werden für ein Treppenhaus doppelter Größe verarbeitet?

19. In 8 Stunden tapezieren drei Gesellinnen zusammen 65,00 m² Wandfläche. Wie viel können 2 Gesellinnen in 5 Stunden tapezieren?

Beim zusammengesetzten Dreisatz sind mehr als drei Größen gegeben. Wir gehen auch hier schrittweise vor und verändern eine Größe nach der anderen.

Beispiel 5 Maler/innen verdienen in 5 Tagen bei 8stündiger Arbeitszeit 2.566,- €. Wie viel verdienen 8 Maler/innen bei 9stündiger Arbeitszeit in 3 Tagen?

1. Schritt: die Maler

5 Maler/innen in 5 Tagen bei 8 Stunden 2.566,- €

1 Maler/in in 5 Tagen bei 8 Stunden $\frac{2.566,-€}{5}$

8 Maler/in in 5 Tagen bei 8 Stunden $\frac{2.566,-€ \cdot 8}{5}$ = **4.105,60 €**

Kontrollüberlegung: 8 Maler/innen verdienen mehr als 5.

2. Schritt: die Tage

5 Maler/innen in 5 Tagen bei 8 Stunden 4.105,60 €

8 Maler/in in 1 Tag bei 8 Stunden $\frac{4.105,60€}{5}$

8 Maler/in in 3 Tagen bei 8 Stunden $\frac{4.105,60€ \cdot 3}{5}$ = **2.463,36 €**

Kontrollüberlegung: 8 Maler/innen verdienen in 3 weniger als in 5.

3. Schritt: die Arbeitszeit

8 Maler/innen in 3 Tagen bei 8 Stunden 2.463,36 €

8 Maler/innen in 3 Tag bei 1 Stunde $\frac{2.463,36€}{8}$

8 Maler/innen in 3 Tagen bei 9 Stunden $\frac{2.463,36€ \cdot 9}{8}$ = **2.771,28 €**

Kontrollüberlegung: 8 Maler/innen verdienen bei 9stündiger Arbeitszeit mehr als bei 8stündiger Arbeitszeit.

Probe Die Aufgabe geht nur auf, wenn bei beiden Annahmen derselbe Stundenlohn gezahlt wird.

5 Maler/innen · 5 Tage · 8 Std. = 200 Std.; $\frac{2.566.-€}{200 \text{ Std.}}$ = **12,83 € / Std.**

8 Maler/innen · 3 Tage · 9 Std. = 216 Std.; $\frac{2.771,28€}{216 \text{ Std.}}$ = **12,83 € / Std.**

Aufgaben

20. Zwei Lackierer spritzen 4 Platten 0,80 m · 1,65 m Größe in 2 ½ Std. Wie lange spritzen drei Lackierer 6 Platten der Größe 1,20 m · 1,95 m?

21. Fünf Gesellen beschichten bei 8stündiger Arbeitszeit eine Fassade von 2.640,00 m² in 6 Tagen. In welcher Zeit beschichten sechs Gesellen bei 9stündiger Arbeitszeit eine Fassade von 1.320,00 m²?

22. Vier Gesellen beschichten 120 Fenster der Größe 0,90 m · 1,20 m in 30 Stunden. Wie lange benötigen sechs Gesellen zum Beschichten von 80 Fenstern der Größe 1,00 m · 1,40 m gleicher Art?

23. Zum Beschichten von 60 Abdeckhauben mit je 3,60 m² benötigen drei Fahrzeuglackierer bei 8stündiger Arbeitszeit 12 Stunden. Wie lange arbeiten zwei Lackierer an 40 gleichartigen Hauben mit einer Fläche von 4,80 m² bei 7 ½ stündiger Arbeitszeit?

24. Zwei Gesellinnen kleben 4 Rollen Gewebetapete von 0,80 m Breite und 25,00 m Länge in 10 Stunden. Welche Zeit benötigen vier Gesellinnen für 6 Rollen der Maße 1,00 m Breite und 30,00 m Länge?

25. In einem Bürohausneubau tapezieren vier Gesellen in 4 Tagen bei 8stündiger Arbeitszeit 1.080,00 m² Wandfläche. Wie viel m² tapezieren drei Gesellen in 8 Tagen bei 10stündiger Arbeitszeit im gleichen Gebäude?

26. Bei 8stündiger Arbeitszeit verarbeiten drei Gesellen 286 kg Kunstharzputz in 1,5 Tagen. Wie viel Tage benötigen vier Gesellen bei 10stündiger Arbeitszeit um 532 kg Kunstharzputz zu verarbeiten?

27. Die Zeit für die Beschichtung einer Fläche von 1.500,00 m² betrug bei einem Einsatz von drei Gesellen 62 ½ Stunden. Welche Zeit muss bei gleicher Arbeit für eine Fläche von 800,00 m² und einem Einsatz von zwei Gesellen eingeplant werden?

1.8 Prozente und Zinsen

Auf Ihr Sparguthaben gewährt Ihnen die Sparkasse 3,25 % Zinsen.
Für eine Überstunde bekommt ein Geselle 25 % Überstundenzuschlag.
Eine Ware wird mit 10 % Gewinn kalkuliert und weiterverkauft.
Bei einem Großeinkauf erhalten Sie 5 % Mengenrabatt.
Zu allen diesen Rechnungen benötigen Sie die Prozentrechnung, eine der wichtigen Rechenarten im Wirtschafts- und Berufsleben.

1.8.1 Prozentrechnen

Prozent (lat. Pro centum) bedeutet auf oder von Hundert. 1 % oder 1 v.H. bedeutet also 1 von 100. Dieser Satz enthält alle drei für das Prozentrechnen wichtigen Angaben: den Prozentsatz ***p*** (1 %), den Grundwert ***g*** (100) und den Prozentwert ***w*** (1).

Beispiel	250,- €	6 %	15,- €
	Grundwert *g*	Prozentsatz *p*	Prozentwert *w*

In einer Prozentaufgabe müssen immer zwei Werte bekannt sein. Mit ihrer Hilfe lässt sich der dritte, unbekannte Wert berechnen. Dabei bringt das Rechnen am Bruchstrich Vorteile – Prozentrechnen ist nichts anderes als ein auf 100 bezogenes Schlussrechnen.

Der Grundwert *g* ist das Ganze, also 100%, er ist immer benannt (z.B. cm, kg, l).
Der Prozentwert *w* ist Teil des Ganzen, des Grundwerts. Folglich hat *w* die gleiche Benennung wie *g*.
Der Prozentsatz *p* gibt den Teil des Prozentwerts vom Grundwert an, ausgedrückt in %.

Beispiel 1 **Berechnen des Prozentwerts**

1 l Buntlack kostet 10,25 €. Um wie viel € wird er nach einer Preiserhöhung von 8% teurer? Was kostet er dann?

$$100\% \mathrel{\hat{=}} 10{,}25\ €$$

$$1\% \mathrel{\hat{=}} \frac{10{,}25\ €}{100\%}$$

$$8\% \mathrel{\hat{=}} \frac{10{,}25\ €\cdot 8\%}{100\%} = \mathbf{0{,}82\ €}$$

$$10{,}25\ € + 0{,}82\ € = \mathbf{11{,}07\ €}$$

Formel

$$w = \frac{g\cdot p}{100\%}$$

Beispiel 2 **Berechnen des Prozentsatzes**

1 l 2K-Acryl-Autolack kostet 32,50 € und wurde 3,25 € teurer. Wie viel Prozent sind das?

$$32{,}50\ € \mathrel{\hat{=}} 100\%$$

$$1{,}\text{-}\ € \mathrel{\hat{=}} \frac{100\%}{32{,}50\ €}$$

$$3{,}25\ € \mathrel{\hat{=}} \frac{100\%\cdot 3{,}25\ €}{32{,}50\ €} = \mathbf{10\%}$$

Formel

$$p = \frac{w\cdot 100\%}{g}$$

Beispiel 3 **Berechnen des Grundwerts**

Beim Verlegen eines Wandbelags fielen 9% Verschnitt = 4,50 m² an. Wie viel m² Wandbelag wurde verarbeitet?

$$9\% \mathrel{\hat{=}} 4{,}50\ m^2$$

$$1\% \mathrel{\hat{=}} \frac{4{,}50\ m^2}{9\%}$$

$$100\% \mathrel{\hat{=}} \frac{4{,}50\ m^2\cdot 100\%}{9\%} = \mathbf{50{,}00\ m^2}$$

Formel

$$g = \frac{w\cdot 100\%}{p}$$

Aufgaben

1. Wie viel € von 280,- € sind
   a) $1\frac{1}{2}\%$ b) $2\frac{1}{4}\%$ c) $3\frac{2}{3}\%$ d) $5\frac{3}{8}\%$
   e) $12\frac{3}{4}\%$ f) 15,5% g) 20% h) 45%

2. Berechnen Sie den Grundwert *g*
   a) 15,5% = 19,22 €
   b) 12% = 67,51 €
   c) 18,25% = 180,94 €
   d) 14,38 € = 6,26%
   e) 0,75 € = 0,4%
   f) 0,63 € = 0,06%

3. Berechnen Sie die Kostensteigerung bei Malerwerkzeugen in Prozent.
   a) alter Preis 7,39 €, neuer 8,69 €,
   b) alter Preis 37,40 €, neuer 41,70 €.

4. Der Preis einer Ware wurde von 60,- € auf 52,- € gesenkt. Wie viel Prozent sind das?

5. 1980 gab es 37.858 Malerbetriebe. 1998 waren es 41.060 Betriebe. Wie viel Prozent beträgt die Zunahme?

6. Auf eine Materialrechnung von 318,20 € kommen 16% Mehrwertsteuer. Wie lautet der Rechnungspreis?

7. Der Ecklohn einer Malergesellin lag 1992 bei 10,28 €, 2001 bei 12,83 €. Um wie viel % hat sich der Ecklohn erhöht?

8. Das Jahresabonnement einer Fachzeitschrift für Maler und Lackierer kostet 92,10 €. Das einzelne Heft kostet monatlich 8,50 €. Um wie viel Prozent ist das Jahresabonnement billiger?

9. 3,500 l Alkydharzlackfarbe werden verdünnt, so dass jetzt 4,025 l verarbeitungsfähiger Beschichtungsstoff zur Verfügung stehen. Wie viel % Verdünnungsmittel wurden den 3,500 l Alkydharzlackfarbe hinzugefügt?

10. Bei der Inventur stellt der Meister fest, dass von 132,000 l Lösungsmittel nur noch 126,700 l übrig sind. Wie viel Prozent beträgt der Schütt- und Schwundverlust?

11. Der Stundenlohn für einen Gesellen beträgt 12,83 € bei 39 Wochenarbeitsstunden. Von seinem monatlichen Bruttolohn werden ihm für Sozialabgaben und Steuern 38,10% abgezogen. Wie hoch ist sein Nettolohn?

12. Von den 262.000 Beschäftigten im Maler- und Lackiererhandwerk waren 1998 17,58% Auszubildende. Wie viel Auszubildende waren im Maler- und Lackiererhandwerk beschäftigt?

13. Eine dickschichtige Korrosionsbeschichtung soll bei einmaligem Auftrag eine Trockenschichtdicke von 380 µm (Mikrometer) auf weisen. Bei der Trocknung verringert sich die Nassschichtdicke um 31,6%. Wie dick muss die Nassschicht aufgetragen werden, um die geforderte Trockenschichtdicke zu erhalten?

14. Ein HS-Füllprimer hat einen Festkörpergehalt von 65%. Dieser HS-Füllprimer wird in 2 Spritzgängen mit je 110 µm Nassschichtdicke aufgetragen. Berechnen Sie die Trockenfilmdicke des HS-Füllprimers nach den 2 Spritzgängen.

15. Das Urlaubsgeld beträgt für jeden Urlaubstag 5% von der Ausbildungsvergütung. Die Ausbildungsvergütung beträgt im 3. Lehrjahr 589,- € / Monat. Berechnen Sie das Urlaubsgeld für 25 Tagen.

1.8.2 Zinsrechnen

Zinsrechnen ist eine besonders wichtige Anwendung des Schluss- und Prozentrechnens. Zinsen werden erhoben bzw. gewährt auf verliehenes bzw. geliehenes Geld, für Kapital ***k***. Der Prozentsatz ist hier der Zinsfuß ***p***, der sich stets auf 1 Zinsjahr bezieht. Dem Prozentwert entsprechen die Zinsen ***z***. Hinzu kommt die Zeit ***t***.

1 Zinsjahr = 360 Tage, 1 Zinsmonat = 30 Tage, 1 Tag = 1/360 Jahr

Beispiel	500,- €	6 %	150,- €	5 Jahre
	Kapital ***k***	Zinsfuß ***p***	Zinsen ***z***	Zeit ***t***

Wir haben es also mit vier Größen zu tun: Kapital k, Zinssatz p, Zinsen z und Zeit t. Jede der vier Größen können wir berechnen, wenn uns die anderen der drei Größen bekannt sind.

Das Kapital *k*	ist das Ganze, also 100%, es ist immer benannt in €.
Die Zinsen *z*	sind Teil des Ganzen, des Kapitals. Folglich hat *z* die gleiche Benennung wie *k*.
Der Zinsfuß *p*	gibt den Teil der Zinsen vom Kapital an, ausgedrückt in %.
Die Zeit *t*	kommt als Größe in Jahren, Monate oder Tage hinzu. $\boldsymbol{t}$ in Jahre; $\frac{\text{Monate}}{12}$; $\frac{\text{Tage}}{360}$

Beispiel 1 **Berechnen der Zinsen.**

Wie viel Zinsen bringen 520,- € zu 6% in 120 Tagen?

$$100\% \mathrel{\hat{=}} 520,-\,€$$
$$1\% \mathrel{\hat{=}} \frac{520,-\,€}{100\%}$$
$$6\% \mathrel{\hat{=}} \frac{520,-\,€\cdot 6\%}{100\%}$$
$$120\text{ Tage; } 6\% \mathrel{\hat{=}} \frac{520,-\,€\cdot 6\%\cdot 120\text{ T.}}{100\%\cdot 360\text{ T.}} = \mathbf{10{,}40\ €}$$

Formel

$$z = \frac{k\cdot p\cdot t}{100\%}$$

$$z = \frac{520,-\,€\cdot 6\%\cdot\frac{120\text{ T.}}{360\text{ T.}}}{100\%} = 10{,}40\ €$$

Beispiel 2 **Berechnen des Zinsfußes.**

480,- € brachten in 96 Tagen 6,40 € Zinsen. Wie groß ist der Zinsfuß?

$$480,-\,€\text{ in 96 Tagen} \mathrel{\hat{=}} 6{,}40\ €$$
$$480,-\,€\text{ in 360 Tagen} \mathrel{\hat{=}} \frac{6{,}40\ €\cdot 360\text{ T.}}{96\text{ T.}} = 24{,}00\ €$$
$$480,-\,€ \mathrel{\hat{=}} 100\%$$
$$24,-\,€ \mathrel{\hat{=}} \frac{100\%\cdot 6{,}40\ €\cdot 360\text{ T.}}{480,-\,€\cdot 96\text{ T.}} = \mathbf{5\%}$$

Formel

$$p = \frac{100\%\cdot z}{k\cdot t}$$

$$p = \frac{100\%\cdot 6{,}40\ €}{480,-\,€\cdot\frac{96\text{ T.}}{360\text{ T.}}} = 5\%$$

Beispiel 3 **Berechnen des Kapitals.**

Welches Kapital bringt in 9 Monaten bei 5% 6,75 € Zinsen?

9 Monate $\triangleq$ 6,75 €

1 Jahr $\triangleq \frac{6{,}75\,€ \cdot 12}{9}$

5% $\triangleq \frac{6{,}75\,€ \cdot 12}{9}$

1% $\triangleq \frac{6{,}75\,€ \cdot 12}{9 \cdot 5\%}$

100% $\triangleq \frac{6{,}75\,€ \cdot 12 \cdot 100\%}{9 \cdot 5\%}$ **= 180,00 €**

Formel

$$k = \frac{100\% \cdot z}{p \cdot t}$$

$$k = \frac{100\% \cdot 6{,}75\,€}{5\% \cdot \frac{9\,M.}{12\,M.}} = 180{,}-\,€$$

Beispiel 4 **Berechnen der Zeit.**

In welcher Zeit bringen 360,- € zu 4,5% 40,50 € Zinsen?

$\frac{360.-\,€ \cdot 4{,}5\%}{100\%} \triangleq$ Zinsen für 1 Jahr

40,50 € Zinsen $\triangleq \frac{40{,}50\,€}{\frac{360.-\,€ \cdot 4{,}5\%}{100\%}}$

$\frac{40{,}50\,€ \cdot 100\%}{360{,}-\,€ \cdot 4{,}5\%} \triangleq \frac{5}{2} =$ **$2\frac{1}{2}$ Jahre**

Formel

$$t = \frac{100\% \cdot z}{p \cdot k}$$

$$t = \frac{100\% \cdot 40{,}50\,€}{4{,}5\% \cdot 360{,}-\,€} = 2{,}5 \text{ Jahre}$$

Aufgaben

16. Berechnen Sie die Zinsen:
    a) 850,- € zu 3% in 4 Jahren
    b) 1.376,- € zu 3,5% in 6 ½ Jahren
    c) 2.484,- € zu 5% in 2 Jahren
    d) 925,- € zu 6% in 2 Jahren 4 Monaten und 25 Tagen.

17. Berechnen Sie den Zinsfuß:
    a) 3.200,- € brachten in 2 ½ Jahren 360, - € Zinsen.
    b) 720,- € brachten in 144 Tagen 10,80 € Zinsen.
    c) 1.880,- € brachten in 4 Monaten und 20 Tagen 18,70 € Zinsen.
    d) 250,- € brachten in 140 Tagen 24,31 € Zinsen.

18. Berechnen Sie das Kapital:
    a) 5 Monate bei 13,5% Zins = 19,25 €
    b) 72 Tage bei 3% Zins = 54,- €
    c) 2 Jahre 6 Monate bei 5% Zins = 60,- €
    d) 3 Jahre bei 6% Zins = 999,- €

19. Berechnen Sie die Zeit:
    a) 480,- € zu 5,5% brachten 15,40 € Zinsen.
    b) 1.452,- € zu 5% brachten 48,40 € Zinsen.
    c) 2.880,- € zu 7% brachten 16,80 € Zinsen.
    d) 52.500,- € zu 6,5% brachten 5.110,75 € Zinsen.

20. Ein Rechnungsbetrag von 1.240,– € wurde erst nach 4 Monaten bezahlt. Der Lieferant (Gläubiger) fordert 3% Verzugszinsen. Wie viel € sind das?

21. 1.043,– € wurden 156 Tage zu 9,5% verliehen. Wie viel Zinsen ergeben sich?

22. Welches Kapital müssen Sie anlegen, um bei 6,5% in 13 Monaten 20,54 € Zinsen zu erhalten?

23. Wie hoch ist der Zinsfuß, wenn Sie 712,– € angelegt haben und nach 8 Monaten 28,48 € Zinsen bekommen?

24. Ein Meister nimmt zur Erweiterung seiner Werkstatt einen Kredit von 11.250,– € zu 7,5% auf. Wie viel muss er im Vierteljahr an Zinsen zahlen?

25. Ein Kredit von 4.200,– € wird nach 4 Monaten mit Zinsen zurückgezahlt; das sind zusammen 4.340,– €. Mit wie viel Prozent war der Kredit verzinst?

26. In welcher Zeit bringt ein Kapital von 10.000,– € bei 5,5% 1.760,– € Zinsen?

27. Ein Betrieb muss für 9 Monate einen Kredit in Höhe von 15.000,– € aufnehmen. Zinssatz 7%. Es werden 1% Bearbeitungsgebühren berechnet. Berechnen Sie die Kosten für den Kredit.

28. Berechnen Sie das Kapital, das in einem Vierteljahr bei 4,5% Zinssatz 161,10 € Zinsen bringt.

29. Der Geselle überzieht sein Konto um 35 Tage und zahlt bei einem Zinssatz von 12% 164,50 € Zinsen. Mit welchem Betrag wurde das Konto überzogen?

30. Wie lange hatte ein Malermeister 8.500,– € Kapital ausgeliehen, wenn er bei 4,5% insgesamt 8.959,– € zurückzahlen muss?

1.8.3 Rabatt und Skonto

Rabatt ist ein unter bestimmten Bedingungen gewährter Preisnachlass (Abschlag) auf den Verkaufspreis. Beim Einkauf größerer Mengen wird üblicherweise ein (Mengen-) Rabatt eingeräumt.

Beispiel Der Meister erhält auf eine größere Lieferung von 1.325,- € 5% Mengenrabatt. Wie teuer ist die Ware?

Formel

$$w = \frac{g \cdot p}{100\%} = \frac{1.325,\text{–}\ € \cdot 95\%}{100\%}$$

w = 1.258,75 €

oder

Dreisatz

$$100\% \mathrel{\hat{=}} 1.325,\text{-}\ €$$
$$95\% \mathrel{\hat{=}} x$$

$$x = \frac{1.325,\text{–}\ € \cdot 95\%}{100\%}$$

$$\mathbf{x = 1.258{,}75\ €}$$

Skonto ist kein Rabatt, sondern eine Anreizprämie für den Kunden, die Rechnung sofort (bar), gleich nach Erhalt oder innerhalb eines bestimmten Zahlungszieles zu begleichen. Üblich sind 2 bis 3%. Skonto bezieht sich jedoch nur auf Warenpreise.

Beispiel Bei sofortiger Überweisung des Rechnungsbetrags von 765,80 € können Sie 3% Skonto abziehen. Wie viel € sparen Sie dabei?

Wir benutzen die Prozentformel

$$w = \frac{g \cdot p}{100\%} = \frac{765{,}80\ € \cdot 3\%}{100\%} = \mathbf{22{,}97\ €}$$

31. Berechnen Sie den Verkaufspreis
    a) 465,– € bei 5% Rabatt
    b) 8.650,– € bei 6% Rabatt
    c) 860,40 € bei 5,5% Rabatt

32. Ein Betrieb kauft 200 Päckchen Tapetenkleister ein. Der Lieferant gewährt bei Abnahme dieser Menge 4% Mengenrabatt. Durch den Mengenrabatt ergibt sich ein Rechnungsbetrag von 275,50 €. Wie viel € hat der Betrieb durch den Rabatt gespart?

33. Die Rechnung des Kunden beträgt 937,30 €. Er kann innerhalb des Zahlungszieles 3% Skonto abziehen. Was kostet die Ware nach Abzug?

34. Berechnen Sie den Barzahlungspreis
    a) 645,50 € bei 2,5% Skonto
    b) 1.520,70 € bei 3% Skonto
    c) 242,20 € bei 2% Skonto

35. Wenn der Kunde alle 17 Restrollen einer Velourstapete kauft, gewährt die Meisterin ihm einen Nachlass von 15%. Ursprünglich kostete die Rolle 19,50 €. Was kosten alle Rollen jetzt?

36. Ein Pinselsatz für Auszubildende kostet nach Katalog 28,40 €. Der Händler gibt bei Sammelbestellung 15% Rabatt. Wie viel kostet der Pinselsatz bei Sammelbestellung?

1.8.4 Gewinn- und Verlustrechnen

Die Gewinn- und Verlustrechnung ist eine angewandte Prozentrechnung, die im Wirtschaftsleben häufig vorkommt. Der Einkaufswert entspricht dabei dem Grundwert, also 100%. Wenn der Handwerker nun die Ware mit 10% Gewinn, also vermehrtem Grundwert verkauft, erzielt er 10% mehr als den Einkaufspreis (100% Einkaufspreis + 10% Gewinn = 110% Verkaufspreis). Verkauft der Handwerker die Ware dagegen mit 10% Verlust, erzielt er nur einen verminderten Grundwert – einen Verlust. Er erzielt 10% weniger als den Einkaufspreis (100% Einkaufspreis - 10% Verlust = 90% Verkaufspreis).

Beispiel 1 **Gewinn** (vermehrter Grundwert). Sie verkaufen für 161,– € Lack mit einem Gewinn von 15%. Wie hoch war der Einkaufspreis?

Einkaufswert 100% + Gewinn 15% = Verkaufspreis 115%

115% = 161,– €

$$100\% = \frac{161,\text{–}\ € \cdot 100\%}{115\%} = 140,\text{–}\ €$$

Beispiel 2 **Verlust** (verminderter Grundwert). Die Meisterin verkauft Tapeten für 282,48 € und hat dabei einen Verlust von 12%. Wie viel hat sie für die Tapeten bezahlt?

Einkaufswert 100% - Verlust 12% = Verkaufspreis 88%

88% = 282,48 €

$$100\% = \frac{282{,}48\ € \cdot 100\%}{88\%} = 321,\text{–}\ €$$

Der Einkaufspreis ist immer 100%.
Einkaufspreis + Gewinn ist immer über 100% (Verkaufspreis > 100%).
Einkaufspreis − Verlust ist immer unter 100% (Verkaufspreis < 100%).

Aufgaben

37. Ein Teppichbelag wird für 345,– € mit 15% Gewinn verkauft. Wie teuer war er beim Einkauf?

38. Ein Malerbetrieb hat einen Auftrag mit Verlust ausgeführt, weil im Untergrund viele vorher nicht erkennbare Mängel vorkamen und ein Festpreis von 1.640,50 € vereinbart war. Der Verlust beträgt 4,5%. Wie viel € hat der Betrieb verloren?

39. Ein Posten Tapeten wird für 312,– € eingekauft und für 349,44 € verkauft. Wie viel Prozent beträgt der Gewinn?

40. In einem Rechnungsbetrag von 1.870,63 € sind 16% Mehrwertsteuer enthalten. Wie hoch ist der Rechnungsbetrag ohne Mehrwertsteuer?

41. Für eine Beschichtungsfläche von 118,50 m² ist spritzfertiger Füller anzusetzen. Der Verbrauch ist mit 140 ml/m² angegeben. Diesem spritzfertigen Füller sind 10% Verdünnung zugesetzt. Berechnen Sie die Menge 2K-Füller mit Härter ohne Verdünnung.

42. Der Einkaufspreis einer Ware betrug 765,- €. Sie wurde mit 860,63 € verkauft. Wie viel Prozent betrug der Gewinn?

43. Der Meister kauft einen gebrauchten Kompressor für 1.375,– €. Der Verkäufer sagt, er habe dabei einen Gewinn von "nur" 15%. Wie viel € sind das?

44. Der Fachhändler verkauft eine Rolle Bodenbelag, Einkaufspreis 890,– €, mit 12% Verlust. Wie hoch ist der Verkaufspreis?

1.9 Mischungs- und Verteilungsrechnen

Mehrkomponentenlacke werden erst kurz vor der Verarbeitung (Topfzeit) aus zwei oder drei Komponenten (Bestandteilen) angesetzt, da die zwei Komponenten Stammlack und Härter chemisch miteinander reagieren. Fahrzeuglacke als Zweikomponentenlacke (2K-Lacke) werden angesetzt. Bestimmte Spachtelmassen und auch Klebstoffe erhalten eine Härterzugabe. Die Teile solcher Mischungen müssen genau im vorgeschriebenen Verhältnis gemischt werden, wenn der Werkstoff voll gebrauchsfähig sein soll. Solche Mengenverhältnisse müssen daher berechnet werden können.

Gewichts- und Raumteile. Wir unterscheiden Mischungen nach Gewicht (GT = Gewichtsteile in kg; g; mg) und nach Volumen (VT, RT, MT = Volumenteile, Raumteile, Maßteile in m³; dm³; cm³; mm³; l; ml). Wegen des zeitraubenden Abwiegens und der Literverpackung sind Gewichtsteile weniger üblich. Meist liefern die Hersteller getrennt abgepackte, auf bestimmte Grundmengen abgestimmte Zusätze (z.B. Stammlack + Härter). Zweikomponentenlacke werden mit dem Messstab nach Volumenteilen gemischt.

Mischungen können nach Gewichtsteilen (GT) oder Volumenteilen (VT), Raumteilen (RT) bzw. Maßteilen (MT) vorgenommen werden. Die angegebenen Einzelmengen sind genau einzuhalten.

Beispiel 1 Ein weißer Füller hat ein gewichtsmäßiges Mischungsverhältnis 5 : 1 GT. Füller : Zusatzlack

(5 GT = 5 kg) + (1 GT = 1 kg) = (6 GT = 6 kg)

Beispiel 2 1 l Zweikomponenten-Zinkprimer hat das volumenmäßige Mischungsverhältnis 3 : 1 RT.
3 RT Zinkprimer + 1 RT Härter = 4 RT Zweikomponenten-Zinkprimer

4 RT ≙ 1,000 l   3 RT = 3 · 0,250 l = 0,750 l Zinkprimer
1 RT ≙ 0,250 l   1 RT = 1 · 0,250 l = 0,250 l Härter

Beispiel 3 Ein 2K-Lack ist auf Verarbeitungskonsistenz einzustellen. Der Lack wird aus 3 VT Stammlack und 1 VT Härter gemischt. Der Mischung wird 15% Verdünnung zugesetzt. Welche Menge spritzfertiger Lack kann aus 6,000 l Stammlack hergestellt werden?

3 VT Stammlack + 1 VT Härter = 4 VT 2K-Lack

3 VT Stammlack ≙ 6,000 l Stammlack

1 VT ≙ 2,000 l Stammlack ≙ 2,000 l Härter

6,000 l Stammlack + 2,000 l Härter = 8,000 l 2K-Lack

8,000 l + 15% Verdünnung = **spritzfertiger Lack**

8,000 l + 1,200 l = 9,200 Liter

Beispiel 4 Für eine Lackierung werden 3,450 l spritzfertiger 2K-Acryllack benötigt. Der Stammlack wird im Verhältnis 2 : 1 mit Härter gemischt. Dieser Mischung wird 15% Verdünnung zugegeben. Wie groß sind die Teilmengen der einzelnen Komponenten?

115% ≙ 3,450 l spritzfertiger Lack

100% ≙ 3,000 l Lack   3,450 l − 3,000 l = 0,450 l Verdünnung

2 VT Stammlack + 1 VT Härter = 3 VT Lack

3 VT ≙ 3,000 l Lack

1 VT ≙ 1,000 l Härter

2 VT ≙ 2,000 l Stammlack

2,000 l Stammlack + 1,000 l Härter = 3,000 l 2K-Lack + 0,450 l Verdünnung = **3,450 l**

Der gemischte Werkstoff hat immer das Gesamtgewicht bzw. −volumen der angesetzten Ausgangsstoffe.

Aufgaben

1. Ein 2K-Lack wird 3 : 1 mit Härter gemischt. Der Mischung werden 15% Verdünnung zugegeben.
   Wie viel Liter spritzfertigen Lack erhält man, wenn 3,600 l 2K-Lack mit Härter und Verdünnung gemischt werden?

2. Für eine farbige Lackierung sollen 40,500 l Lackfarbe gemischt werden. Die Lackfarbe setzt sich zusammen aus 5 Teilen "ROT", 3 Teilen "GELB" und 1 Teil "WEISS". Berechnen Sie die Menge der Einzelkomponenten in Liter.

3. Die Mischungsanweisung für eine Silikatfarbe lautet: 5 kg Farbpulver in 4 l Fixativ einsumpfen, danach mit 3 l Fixativ verdünnen. Welche Menge an Silikatfarbe ergibt sich bei 30 kg Farbpulver?

4. Vier Liter 2K-Klarlack sollen angesetzt werden. Das Mischungsverhältnis ist im Technischen Merkblatt wie folgt angegeben:
10 VT Klarlack, 5 VT Härter und 1 VT Verdünnung. Berechnen Sie die einzelnen Werkstoffmengen in Liter.

5. Ein 2K-Lack farblos wird wie folgt angesetzt:
100 VT Acryllack farblos, 12 VT Zusatzlack, 10 VT Spezialverdünnung.
Verbrauch 2,400 l pro 12,00 m².
   a) Welche Einzelmengen werden für die beidseitige Beschichtung von 10 Metallplatten der Größe 0,85 m · 1,40 m benötigt?
   b) Wie viel Verdünnung ist für die Beschichtung der genannten Flächen erforderlich bei einer Verdünnungszugabe von 25%?

6. Ein 2K-Füller wird 3 : 1 nach Volumenteilen mit Härter gemischt. Der Mischung werden 15% Verdünnungsmittel zugesetzt. Wie viel Liter spritzfertiger Füller erhält man aus 2,550 l Stammkomponente?

7. 4,500 l Lackfarbe sollen mit 20% Verdünnungsmittel auf Spritzviskosität eingestellt werden. Wie viel ml Verdünnungsmittel muss der Lackfarbe zugegeben werden?

8. Wie viel Liter verarbeitungsfertiger Klebstoff kann aus 2 Päckchen Methylcellulosekleister (je 200 g) im Ansatz 1 : 20 hergestellt werden, wenn dem Kleisteransatz noch 20% Dispersionskleber zugesetzt werden?

9. Ein 2K-Autolack wird 2 : 1 mit Härter gemischt. Der Mischung werden 10% Verdünnungsmittel zugesetzt. Wie viel Liter verarbeitungsfertigen Lack erhält man, wenn 1,500 l Stammlack mit der entsprechenden Menge Härter und Verdünnungsmittel gemischt werden?

10. 6,500 l Zweikomponentenlack werden gebrauchsfertig angesetzt. Dazu werden benötigt:
2 VT Stammlack; 1 VT Härter und 0,75 VT Verdünnungsmittel.
Berechnen Sie die Mengenanteile der einzelnen Bestandteile in Liter.

11. 500 ml 2K-Acryllack werden 3 : 1 mit Härter gemischt. Der Mischung werden 10% Verdünnungsmittel zugesetzt.
Wie viel m² Fläche kann mit der spritzfertigen Mischung beschichtet werden, wenn pro m² mit einem Verbrauch von 150 ml gerechnet wird?

12. Für eine Beschichtungsfläche von 196,43 m² ist spritzfertiger Füller anzusetzen. Der Verbrauch ist mit 140 ml/m² im Merkblatt angegeben. Nach Anweisung wird der 2K-Füller 4 : 1 mit Härter gemischt. Dieser Mischung werden 10% Verdünnung zugesetzt. Berechnen Sie die Menge der einzelnen Bestandteile in Liter.

13. Eine 2K-Lackfarbe wird 2 : 1 nach Volumenanteilen mit Härter gemischt. In einem zylindrischen Gefäß mit dem Innendurchmesser 4 cm befindet sich 3 cm hoch Stammlack.
   a) Bis zu welcher cm-Marke am Messstab muss Härter zugegeben werden?
   b) Wie viel ml Härter muss zugegeben werden?

14. Ein Zweikomponentenlack wird 3:1 mit Härter gemischt. Der Mischung werden 15% Einstellzusatz zugesetzt. Berechnen Sie die Gesamtmenge des spritzfertigen Lacks, wenn 2,4 l Stammlack mit Härter und Einstellzusatz gemischt werden.

15. Außer durch elektronische Farbmischgeräte werden Farbtöne auch von Hand gemischt, vor allem in kleinen Mengen. Dazu geben die Hersteller Mischtabellen für viele Farbtöne und Mischbecher heraus.
z.B. 982 ml Zitronengelb + 15 ml Ocker + 3 ml Orange = 1000 ml Farbton.
Wie viel von jeder Mischfarbe wird für eine 12,500 l Mischung benötigt?

16. Auf einer Mischtabelle werden folgende Mengen für 1 kg getönter Lackfarbe angegeben: 924 g Weißlack; 76 g Buntlack.
Wie viele Teilmengen benötigt man für 17,500 kg getönter Lackfarbe?

1.10 Potenzieren und Radizieren

In Formeln und technischen Angaben begegnen uns immer wieder Angaben wie $3^2, 6^{10}$ oder m^2, dm^3. Was bedeuten diese "Potenzen"?

Die Potenz ist nur eine vereinfachte Schreibweise für das Multiplizieren gleicher Faktoren, für das Multiplizieren einer Zahl mit sich selbst. Die hochstehende Zahl (Hochzahl) ist der Exponent. Sie gibt an, wie oft die Grundzahl (Basis) mit sich selbst multipliziert, als Faktor gesetzt werden soll. Ergebnis ist der Potenzwert.

$\mathbf{5^4 = 625}$ — Basis (Grundzahl): 5; Exponent (Hochzahl): 4; Potenzwert: 625

5^4 — Potenz

Beispiele 4^2 (sprich 4 hoch 2 oder 4 Quadrat) = $4 \cdot 4$ = **16**

4^3 (sprich 4 hoch 3) = $4 \cdot 4 \cdot 4$ = **64**

a^5 (sprich a hoch 5) = $a \cdot a \cdot a \cdot a \cdot a$ (nicht 5a !)

Die größte mit zwei Ziffern auszudrückende Zahl ist 9^9 = 387.420.489 – rechnen Sie nach!

Potenzieren heißt, Zahlen mit sich selbst multiplizieren.

Zehnerpotenzen werden in technischen Angaben gebraucht. Hier entspricht der Exponent der Anzahl Nullen hinter der 1 (z.B. $10^3 = 1000$, nämlich $10 \cdot 10 \cdot 10$). Bei Beschichtungs-Schichtdicken finden wir die Angabe in Mikrometer (µm). 1 Mikrometer = 10^{-6} = 1/1.000.000 m.

Aufgaben

1. Berechnen Sie die Quadratzahlen der Ziffern 10 bis 20.
2. Berechnen Sie den Potenzwert.
   a) 4^3 b) $1{,}5^3$ c) $0{,}4^4$ d) $1{,}7^3$
3. Berechen Sie den Potenzwert.
   a) 2^5 b) 3^6 c) 8^3 d) 15^3
   e) 250^2 f) $14{,}8^2$ g) 4^{-3} h) 10^{-4}
4. Schreiben Sie in Zahlen und rechnen Sie.
   a) $4 \cdot 10^5$ b) $4{,}32 \cdot 10^8$ c) $1{,}5 \cdot 5^3$
   d) $1{,}7 \cdot 5^3 - 1{,}5 \cdot 5^3$ e) $2{,}8 \cdot 4^2 + 2{,}5 \cdot 5^2$
5. Schreiben Sie in Potenzen.
   a) $3 \cdot 3 \cdot 3 \cdot 3$
   b) $10 \cdot 10 \cdot 10 \cdot 10 \cdot 10$
   c) $0{,}4 \cdot 0{,}4 \cdot 0{,}4$
   d) $m \cdot m \cdot m$
6. Berechnen Sie die Potenzwerte.
   a) $5 \cdot 13{,}2^2 + 7$
   b) $9^2 : 27 + 7 \cdot 3^2$
   c) 10^{-3}
   d) $8{,}51^2$

Das Radizieren (Wurzelziehen) ist die Umkehrung des Potenzierens (lat. radix = Wurzel). Die Quadratwurzel einer Zahl ist der Wert, der mit sich selbst multipliziert wieder die Zahl ergibt.

$$\sqrt{9} = 3$$

Quadratwurzel Wurzelwert

Beispiele $\sqrt{25} = 5$, denn $5^2 = 25$ $\sqrt{36} = 6$, denn $6^2 = 36$

Wir benötigen in unserem Beruf nur die Quadratwurzel $\sqrt[2]{}$, vereinfacht $\sqrt{}$ = Wurzel geschrieben.

Techniker und Wissenschaftler dagegen benötigen auch die 3., 4., usw. Wurzel und schreiben den Exponenten entsprechend (z.B. $\sqrt[3]{27}$, $\sqrt[4]{256}$).

Wurzelzeichen haben Klammerbedeutung. Vor dem Radizieren müssen wir die Rechnung unter dem Wurzelzeichen ausführen.

Beispiel $\sqrt{4+36} = \sqrt{40}$

Bei Brüchen radizieren wir Zähler und Nenner getrennt.

Beispiel $\sqrt{\frac{4}{25}} = \frac{\sqrt{4}}{\sqrt{25}} = \frac{2}{5}$

Aufgaben

1. Berechnen Sie die Quadratwurzel.

   a) $\sqrt{9}$ b) $\sqrt{16}$ c) $\sqrt{64}$ d) $\sqrt{81}$

   e) $\sqrt{144}$ f) $\sqrt{2025}$ g) $\sqrt{5625}$ h) $\sqrt{7396}$

2. Berechnen Sie die Quadratwurzel.

   a) $\sqrt{91+17+2101}$

   b) $\sqrt{7400-252-1064}$

   c) $\sqrt{75+2112+949}$

3. Ein quadratisches Zimmer hat die Fläche von 144,00 m². Wie lange ist eine Wand?

4. Ein quadratisches Zimmer hat eine Bodenfläche von 81,00 m². Das Zimmer hat eine Türöffnung von 1,05 m. Wie m Fußleisten sind erforderlich?

5. Ein Styroporwürfel hat ein Volumen von 91,125 dm³. Wie lange sind die Würfelkanten?

1.11 Rechenhilfen

Außer den schon angeführten Rechenvorteilen gibt es Hilfsmittel, die das Rechnen in bestimmten Fällen oder im Ganzen erleichtern. Dazu gehören Taschenrechner und Tabellen.

Taschenrechner. Der Taschenrechner ist ein Hilfsmittel, mit dem das Lösen von Aufgaben beschleunigt wird; die Ergebnisse werden genauer. Man sollte sich rechtzeitig mit seiner Handhabung vertraut machen, um ihn sinnvoll einsetzen zu können. Doch ist seine Verwendung sinnlos, wenn man den Rechenweg nicht beherrscht.

Um Taschenrechner als sinnvolle Rechenhilfe einsetzen zu können, muss man ihre jeweilige Rechenfähigkeit beachten. Außerdem muss man ständig "auf der Hut sein", denn Taschenrechner rechnen immer genau das, was ihnen eingegeben wurde, also auch jeden Tippfehler!

Zwar gleichen sich die Taschenrechner hinsichtlich ihrer Rechenfähigkeit, doch gibt es Taschenrechner, die zusätzliche Rechenfunktionen (z.B. Klammern) besitzen oder spezielle Rechenfähigkeiten (z.B. "Punkt-vor-Strich-Regel" berücksichtigen).

Kaufen Sie einen Rechner, der mindestens folgende Tasten hat.

- Tasten für die 4 Grundrechenarten
- Taste Quadratwurzel $\sqrt{x}$
- Speichertasten M+, M-, MRC
- Taste für das Quadrat (x^2)
- Taste für Klammern
- Taste für %

Jedem Taschenrechner liegt eine Gebrauchsanleitung bei, die Sie sorgfältig lesen sollten.

> Die Benutzung eines Taschenrechners setzt voraus, dass Sie den Ablauf des Rechenvorgangs beherrschen – dies nimmt Ihnen kein Rechner ab. Er multipliziert, dividiert, radiziert usw. nach Ihren Angaben und erspart Ihnen dann die Ausrechnung.

Tabellen. Für den Geschäftsverkehr der Banken gibt es Zinstabellen, die die Zinsberechnung ersparen. Ähnliche Tabellen hat man auch für unser Berufsfeld erarbeitet. So können wir etwa den Tapetenbedarf oder die Beschichtungsfläche von Heizkörpern, Stahlprofilen und Stahlkonstruktionen, Wellblechen an Tabellen ablesen.

Beispiel 1 Tapetenbedarf in Normrollen (0,53 m x 10,05). In Tabelle **1.4** lesen wir in der linken senkrechten Spalte den Raumumfang in m ab, die Wand- bzw. Sockelhöhe in der oberen Querspalte. Im Schnittfeld beider Spalten lesen wir die nötigen Rollen ab. Ausschnitte für Türen und Fenster sind dabei jedoch nicht berücksichtigt.

Bei einem Umfang von 25,00 m und einer Wandhöhe von 3,00 m benötigen wir also 15 bis 16 Rollen.

Tabelle **1.4** **Tapetenbedarf in Normalrollen (0,53 m x 10,05 m),** Fortsetzung S.41

Raumumfang	Höhe in m						
	Sockelflächen			Wandflächen			
	1,05 bis 1,20	1,20 bis 1,35	1,35 bis 1,60	2,25	2,45 bis 2,80	2,85 bis 3,20	3,25 bis 4,00
in m	Ungefährer Bedarf an Rollen						
10	3	3	4	5	6	6	8 bis 9
11	3	3	4	6	6	.7	9 bis 10
12	3	4	4	6	7	7 bis 8	10 bis11
13	4	4	5	6	7	8	11 bis12
14	4	4	5	6	8	9	12 bis13
15	4	5	5	7	8	9	12 bis13
16	4	5	6	8	9	10	13 bis14
17	5	5	6	8	9	10 bis 11	14 bis15
18	5	5	6	8	10	11	14 bis15
19	5	6	6	9	10	11 bis 12	14 bis15
20	5	6	7	9	10	12 bis 13	15 bis16

Tabelle **1**.4 Fortsetzung

Raum-umfang	Höhe in m						
	Sockelflächen			Wandflächen			
	1,05 bis 1,20	1,20 bis 1,35	1,35 bis 1,60	2,25	2,45 bis 2,80	2,85 bis 3,20	3,25 bis 4,00
in m	Ungefährer Bedarf an Rollen						
21	6	6	7	10	10	12 bis 13	15 bis 17
22	6	6	7	10	11	13 bis 14	16 bis 18
23	6	7	8	10	12	13 bis 14	17 bis 19
24	6	7	8	11	12	14 bis 15	18 bis 20
25	6	7	8	12	13	15 bis 16	19 bis 21
26	7	8	9	12	13	15 bis 16	19 bis 21
27	7	8	9	12	14	16 bis 17	20 bis 21
28	7	8	9	12	14	17 bis 18	21 bis 22
29	7	8	10	13	14	17 bis 19	22 bis 23
30	8	9	10	14	15	18 bis 19	23 bis 24
31	8	9	10	14	16	18 bis 20	24 bis 26
32	8	9	11	14	17	19 bis 20	25 bis 27

Übung In einem Flur sollen Präge-Strukturtapeten (Europarolle) sockelhoch geklebt werden. Raumumfang 29,00 m, Bahnenlänge 1,40 m.
Wie viel Rollen sind nach Tabelle zu bestellen?

Nach Tabelle **10 Rollen**

Beispiel 2 **Beschichtungsfläche von Heizkörpern.** Für Stahlradiatoren nach DIN 4722 gibt Tabelle **1**.5 die Fläche an. Bei einem Nabenabstand von 500 mm, einer Bauhöhe von 600 mm und einer Bautiefe von 160 mm lesen wir 0,205 m² Beschichtungsfläche je Glied ab, erhalten also bei 8 Glieder 8 · 0,205 m² = 1,64 m².

Tabelle **1**.5 Stahlradiatoren nach DIN 4722

Nabenabstand in mm	Bauhöhe in mm	**Heizfläche je Glied in m²** Bautiefen in mm				
		72	110	160	220	250
1	2	3	4	5	6	7
200	300	-	-	-	-	0,160 m²
350	450	-	-	0,155 m²	0,210 m²	-
500	600	0,100 m²	0,140 m²	0,205 m²	0,285 m²	-
900	1000	0,183 m²	0,240 m²	0,345 m²	0,480 m²	-

Übung In einer Wohnung sind fünf Stahlradiatoren DIN 4722 zu beschichten.
Bautiefe 110 mm, Bauhöhe 1000 mm; drei Heizkörper haben 26 Glieder, zwei je 32.
3 · 26 · 0,240 m² = **18,72 m²**

2 · 32 · 0,240 m² = **15,36 m²**

2 Längen und Flächen

Das Messen von Längen und Flächen ist wohl die häufigste Tätigkeit beim Aufmaß von Maler- und Lackiererarbeiten. Die gemessenen Größen sind auch ein wesentlicher Bestandteil aller Rechnungen eines Maler- und Lackierermeisters, einer Meisterin.

2.1 Längenberechnung und metrisches System

Das auf Meter (m) beruhende metrische System wurde 1872 amtlich in Deutschland eingeführt. Es ist ein Dezimalsystem: Die Umwandlungszahl von einer Größe zur anderen ist 10.

	mal 10		**Basis**		**durch 10**		
1000 m	100 m	10 m	**1m**	0,1 m	0,01 m	0,001 m	0,000001 m
			Meter (Einheit)				
Kilometer	Hektometer	Dekameter		Dezimeter	Zentimeter	Millimeter	Mikrometer
km	ungebräuchlich	ungebräuchlich		**dm**	**cm**	**mm**	**µm**

Das metrische System unserer Längenmaße ist ein Dezimalsystem.
Beim Umrechnen in die nächstgrößere Längeneinheit wird der Wert **durch 10 dividiert**.
Beim Umrechnen in die nächstkleinere Längeneinheit wird der Wert **mit 10 multipliziert**.

Beispiele

	m	dm	cm	mm	Komma ↓
8 mm =				8	0,008 m
30 mm =			3	0	0,030 m
5,6 cm =			5	6	0,056 m
19,6 dm =	1	9	6		1,960 m

Verschiedene Pinselarten werden in Zoll (1") angegeben. 1 Zoll ≙ 25,4 mm.

Beispiel Berechnen Sie die Breite des Strichziehers $\frac{3''}{4}$ in mm.

$$\frac{3 \cdot 25{,}4\ \text{mm}}{4} = \mathbf{19{,}05\ mm}$$

Im Aufmaß werden alle Längenmaße in **m** angegeben. Meter wird gesprochen, aber **nicht** geschrieben. Die Maße sind stete als Dezimalzahlen, zweistellig nach dem Komma anzugeben.

Beispiele nicht 75 cm, sondern 0,75
nicht 5 m, sondern 5,00

Der häufigste Fehler beim Längenrechnen ist das falsche Setzen des Kommas. Ein falsch gesetztes Komma macht eine Länge 10 mal größer bzw. kleiner!

Aufgaben

1. Wie viel m sind 3,45 m + 0,79 m + 22 dm + 15 cm + 0,50 dm + 0,08 m?
2. Wie viel cm sind 82 mm + 10,5 cm + 475 mm + 2,5 mm + 0,6 dm + 0,30 m?
3. Wie viel dm sind 3,5 cm + 4,8 m + 4 mm + 16 cm + 6,9 dm + 4,5 m?
4. Wie viel m sind 6 cm + 9 mm + 3 dm + 6,7 cm + 5,7 dm + 2,5 km?
5. Eine Tapetenrolle hat die Maße 0,53 · 10,05. Wie lauten sie in cm und mm?
6. Eine Fläche ist 36 mm · 116 mm groß. Drücken Sie diese Maße in cm und in m aus.
7. Eine Fläche hat die Außenmaße 3 cm · 5 dm. Wie lauten die Maße in mm?
8. Eine Halle ist 25.600 mm lang. Rechnen Sie das Maß in Meter um.
9. Wandeln Sie die gegebenen Einheiten um:
   a) 0,5 mm in µm
   b) 150 µm in mm
   c) 12,53 m in cm
   d) 0,73 mm in µm

9. Deckenplatten sind in folgenden Abmessungen üblich: 30 cm · 30 cm, 40 cm · 40 cm, 50 cm · 50 cm, 62,5 cm · 62,5 cm. Schreiben Sie die Maße in m.
10. Rollenbreiten für Wandbeläge sind u.a. 80, 100, 120 und 130 cm. Schreiben Sie die Maße in m und mm.
11. Bei der Renovierung einer Stahlkonstruktion werden folgende Teillängen beschichtet.
    120 Stück 3,80 m lang
    220 Stück 44,5 dm lang
    360 Stück 80 cm lang
    200 Stück 300 mm lang.
    Berechnen Sie die Gesamtlänge in Meter.
12. Berechnen Sie die Breite folgender Pinsel in mm:
    a) Plakatschreiber $\frac{3''}{8}$
    b) Heizkörperpinsel 2"
    c) Modler $1\frac{1''}{2}$

2.2 Maßstabrechnen

Ein Prospekt zeigt selbstklebende Fertigbuchstaben im Maßstab 1:10 und 1:25. Ein Kunde liefert sein Firmenzeichen für eine Karosseriebeschriftung im Maßstab 1:12,5. Wozu werden diese Angaben benötigt? Wie wird damit gerechnet.

Bauzeichnungen und technische Zeichnungen können die Teile nur selten in ihrer wirklichen (natürlichen) Größe = 1:1 bringen. Meist müssen die Objekte verkleinert, einzelne Teile manchmal auch vergrößert werden. Das Vergrößerungs- bzw. Verkleinerungsmaß drückt der **Maßstab** aus.

Maßstab 1 : x = Verkleinerung

Maßstab 1 : 5 bedeutet, dass 1 cm in der Zeichnung in Wirklichkeit 5 cm entspricht. Alle Maße dieser Zeichnung entsprechen also nur 1/5 der wahren Größe.

Maßstab x : 1 = Vergrößerung

Maßstab 5 : 1 bedeutet, dass 5 cm in der Zeichnung nur 1 cm in Wirklichkeit entsprechen. Alle Maße der Zeichnung sind also 5-mal größer Als die wahren Maße.

> Der Maßstab M gibt an, in welchem Verhältnis ein wirkliches Maß verkleinert oder vergrößert wurde. M 1 : x bedeutet dabei eine Verkleinerung, M x : 1 eine Vergrößerung.
> M 1 : 200 heißt: 1 cm in der Zeichnung sind in Wirklichkeit 200 cm oder 2,00 m
> M 200 : 1 heißt: 200 cm in der Zeichnung sind in Wirklichkeit 1 cm.

Übliche Maßstäbe

Verkleinerungen: M 1:2,5; M 1:5; M 1:10; M 1:20; M 1:50; M 1:100; M 1:200

Vergrößerungen: M 2:1; M 5:1; M 10:1; M 20:1

> Der Maßstab ist so zu wählen, dass das Objekt klar und übersichtlich wiedergegeben werden kann. In dem gewählten Maßstab sind alle Objektmaße anzugeben.

Umrechnungen. Im Maßstabrechnen gibt es drei Größen: Zeichnungsmaß, wirkliches Maß und Maßstab. Sind zwei Größen bekannt, können wir die dritte berechnen:

Beispiel 1 **Berechnen des Zeichenmaßes**

Ein Maß von 10,60 m soll im Maßstab 1:20 gezeichnet werden.

$$10{,}60\ \text{m} \cdot \frac{1}{20} = 0{,}53\ \text{m} = 53\ \text{cm}$$

Formel

$$\text{Zeichenmaß} = \text{wirkliches Maß} \cdot \text{Maßstab}$$

Beispiel 2 **Berechnen des wirklichen Maßes**

Das Zeichenmaß beträgt 0,40 m, der Maßstab 1:5.

$$\frac{0{,}40\ \text{m}}{\frac{1}{5}} = 0{,}40\ \text{m} \cdot \frac{5}{1} = 2{,}00\ \text{m}$$

Formel

$$\text{wirkliches Maß} = \frac{\text{Zeichenmaß}}{\text{Maßstab}}$$

Beispiel 2 **Berechnen des Maßstabs**

Ein wirkliches Maß von 6,25 m beträgt in der Zeichnung 2,5 cm.

$$\frac{2{,}5\ \text{cm}}{6{,}25\ \text{m}} = \frac{25\ \text{cm}}{6250\ \text{cm}} = \frac{1}{250} = \text{M}\,1:250$$

Formel

$$\text{Maßstab} = \frac{\text{Zeichenmaß}}{\text{wirkliches Maß}}$$

Aufgaben

1. Die Raummaße 12,50 m · 4,30 m sollen im Maßstab 1:100 gezeichnet werden. Wie groß sind sie in der Zeichnung?

2. Eine Strecke von 80 cm soll im M 1:5 gezeichnet werden. Wie lange ist ihr Zeichenmaß?

3. In einer Zeichnung ist ein Logo 14,8 cm · 22,7 cm groß. Die Zeichnung hat den Maßstab 1:20. Wie groß ist das Logo in Wirklichkeit?

4. Ein Bauplan weist 4 Zimmer aus in den Maßen 2,50 m · 3,10 m, 6,80 m · 2,80 m, 2,60 m · 2,30 m und 2,60 m · 2,10 m. Welche Größen ergeben sich beim Zeichnen im Maßstab 1:25?

5. Ein Firmenzeichen soll 0,65 m hoch und 0,25 m breit werden. Sie erstellen eine Entwurfszeichnung im Maßstab 1:5. Mit welchen Maßen erstellen Sie die Zeichnung?

6. Die Wandöffnung einer Tür von 1,10 m Breite und 2,07 m Höhe soll im Maßstab 1:50 gezeichnet werden. Mit wie viel cm sind die Maße zu zeichnen?

7. Wie groß sind die wirklichen Maße der im Maßstab 1:50 wiedergegebenen Zeichenmaße
   a) 5 cm, b) 42 cm, c) 0,65 cm?

8. Die Zeichnung im Maßstab 1:25 zeigt folgende Maße, deren wirkliche Größe ermittelt werden soll:
   a) 0,15 m, b) 0,50 m, c) 35 cm.

9. Die wirkliche Länge von 16,50 m erscheint in verschiedenen Zeichnungen in den Zeichenmaßen
   a) 1,65 m, b) 66 cm, c) 1,65 cm.

   Berechnen Sie die Maßstäbe.

2.3 Bemaßen von Zeichnungen

Wenn jeder Architekt oder Bauzeichner seine Zeichnungen nach eigenen Vorstellungen anfertigen und beliebige Maße einsetzen wollte, müssten sich die Handwerker immer wieder auf ein anderes System einstellen. Viel Zeit ginge verloren. Nachfragen und Fehler blieben nicht aus. Darum ist das Bemaßen von Zeichnungen genormt – einheitlich festgelegt.

Die Linienarten sind nach DIN 15 und DIN 1356 T1(E) genormt (**2.2**).

Bild	Linienart	Anwendung	Linienbreite
———	Volllinie breit	Sichtbare Kanten; sichtbare Umrisse	0,70; 0,50
———	Volllinie schmal	Maßlinien, Maßlinienbegrenzung, Maßhilfslinien, Hinweislinien, Schraffuren u.a.	0,35; 0,25
∼	Freihandlinie schmal	Begrenzung von abgebrochenen oder unterbrochenen Ansichten	0,35; 0,25
– – – – – – –	Strichlinie mittel	Unsichtbare Körperkanten	0,50; 0,35
— · — · — · —	Strichpunktlinie breit	Kennzeichnung von Schnittebenen	0,70; 0,50
- · - · - · - · -	Strichpunktlinie schmal	Mittellinien; Symmetrielinien	0,35; 0,25

2.2 Linienarten

Maßeintragungen legt DIN 406 T 11 fest. Eigentlich brauchte eine maßstäblich erstellte Zeichnung keine bezifferten Maßangaben (warum nicht?), doch ersparen die Zahlen das ständige Umrechnen in die wirklichen Maße.

> Die eingesetzten Maßzahlen geben stets die wirklichen Maße an.

Geschrieben werden sie in Normschrift möglichst in der Mitte über der Maßlinie. Die Maßlinienbegrenzung gibt die Länge der Strecke an. Die Maßzahlen sind so einzutragen, dass sie von unten oder von rechts zu lesen sind.

In Bauzeichnungen werden die Maße vorzugsweise in Zentimeter (cm) oder Meter (m) angegeben.

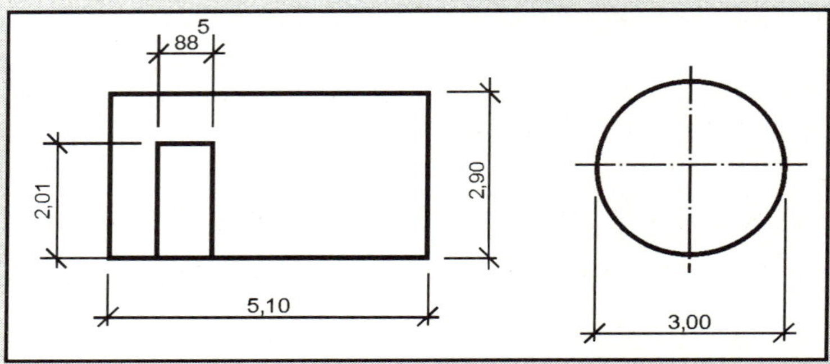

2.3 Bemaßung

2.4 Flächenberechnungen

Flächen haben im Gegensatz zu Längen zwei Ausdehnungen (Dimensionen). Ihre Einheit (Basis) ist der Quadratmeter ($m^2 = m \cdot m$), die Umwandlungszahl von einer Größe zur nächsten Größe ist 100.

	mal 100		**Basis**		**durch 100**	
1.000.000 m	10.000 m²	100 m²	**1m²**	0,01 m²	0,000.1 m	0,000.001 m
Quadratkilometer	Hektar	Ar	**Quadratmeter** (Einheit)	Quadratdezimeter	Quadratzentimeter	Quadratmillimeter
km²	**ha**	**a**		**dm²**	**cm²**	**mm²**

km², ha, a: im Bauwesen kaum üblich

Gegenüber der Schreibweise bei Längenmaßen (ohne m-Angabe) wird bei Flächen " m^2 " geschrieben. Das geschieht auch bei den Zwischenergebnissen.
Z.B. 15,50 m^2 + 10,60 m^2 = 23,10 m^2

In der **VOB DIN 18 363 " Maler- und Lackiererarbeiten "** (Verdingungs-Ordnung für Bauleistungen) ist festgelegt, dass Leistungen (ausgeführte Arbeit) aus Zeichnungen zu ermitteln sind. Sind keine Zeichnungen vorhanden, ist die Leistung aufzumessen. Dazu müssen verschiedene Grundkenntnisse erlernt werden.

Öffnungen in Grundrissen (Türen, Fenster) schreibt man als Doppelmaß am Bruchstrich, z.B. $\frac{1{,}20}{2{,}10}$.
Das obere Maß ist immer die Breite oder Grundseite, das untere Maß gilt für die Höhe.
Die Tür in unserem Beispiel ist also 1,20 (m) breit und 2,10 (m) hoch.

Formeln. Das Flächenmaß wird nach den mathematischen Formeln geschrieben, in denen Buchstaben die metrischen Einheiten bezeichnen.

Einheitlich gelten:

A = Inhalt (Größe) einer Fläche in m^2	**h** = Höhe (z.B. beim Dreieck)
U = Umfang einer Fläche in m	**l** = Länge einer Fläche
M = Mantelfläche in m^2	**b** = Breite einer Fläche
O = Oberfläche in m^2	**r** = Radius einer Kreisfläche
d = kleiner Durchmesser	**D** = großer Durchmesser

Einzelflächen. Rechteckige Einzelflächen (z.B. Wände, Fenster, Decken, Böden, Platten u.a.) können vertikal (stehend) oder horizontal (liegend) sein. Bei liegenden Flächen gibt man die Maße in Länge mal Breite an. Um stehende Flächen schon am Maß zu erkennen, wird hier zuerst die Grundlinie angegeben (**2**.4).

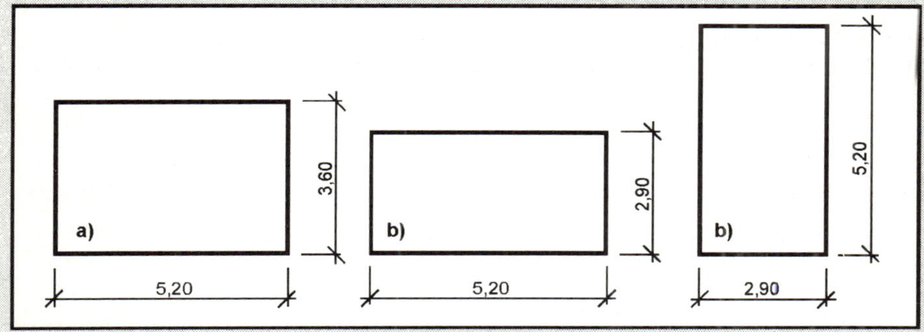

2.4 Rechteckflächen a) horizontal: A = 5,20 · 3,60, b) vertikal: A = 5,20 · 2,90 bzw. 2,90 · 5,20

Die auch gebräuchliche Schreibweise m x m statt m · m kann bei flüchtigem Schreiben leicht zu Missverständnisse (z.B. +) führen und auch mit der Unbekannten x verwechselt werden. Deshalb schreiben wir grundsätzlich den Malpunkt.

2.4.1 Viereckige Flächen

Die vom Maler zu bearbeitenden Bauteile sind vorwiegend viereckige Flächen wie Decken, Fußböden, Wände, Fenster und Türen. Sie haben vier Seiten und bilden vier Winkel, deren Summe immer 360° beträgt (**2**.5).

Tabelle **2**.5 Viereckige Flächen

Benennung / Bild		Formeln	Formelzeichen
Quadrat alle Seiten gleich lang, alle Winkel sind rechtwinklig (90°)	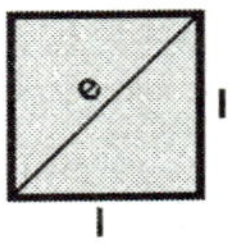	$A = l \cdot l$ $U = l \cdot 4$ $e = \sqrt{l \cdot l + l \cdot l}$	A = Fläche U = Umfang l = Länge b = Breite e = Diagonale
Rechteck gegenüberliegende Seiten gleich lang und parallel, alle Winkel sind rechtwinklig (90°)	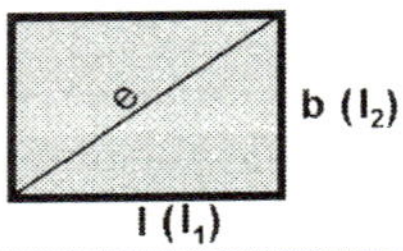	$A = l \cdot b$ $A = l_1 \cdot l_2$ $U = (l + b) \cdot 2$ $U = (l_1 + l_2) \cdot 2$ $e = \sqrt{l \cdot l + b \cdot b}$	A = Fläche U = Umfang l = Länge (l_1, l_2) b = Breite e = Diagonale
Rhombus oder Raute alle Seiten gleich lang, gegenüberliegende Seiten parallel, gegenüberliegende Winkel sind gleich	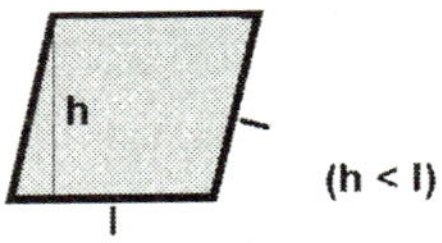	$A = l \cdot h$ $U = l \cdot 4$	A = Fläche U = Umfang l = Länge h = Höhe
Parallelogramm gegenüberliegende Seiten sind gleich lang und parallel, gegenüberliegende Winkel sind gleich	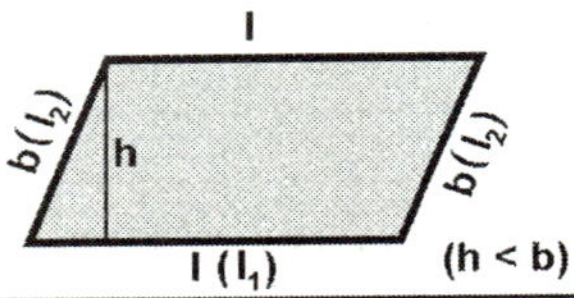	$A = l \cdot h$ $U = (l + b) \cdot 2$ $U = (l_1 + l_2) \cdot 2$	A = Fläche U = Umfang l = Länge (l_1, l_2) b = Breite h = Höhe
Trapez zwei gegenüberliegende Seiten (l_1 und l_2) sind parallel	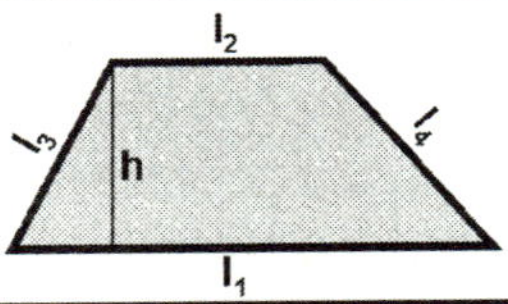	$A = \frac{l_1 + l_2}{2} \cdot h$ $U = l_1 + l_2 + l_3 + l_4$	A = Fläche U = Umfang l = Länge (l_1, l_2, l_3, l_4) h = Höhe

Stückzahl. Eine Anzahl gleicher Flächen wird mit der Stückzahl multipliziert. Den Multiplikator setzen wir vor das Aufmaß. Zu unterscheiden sind direkte und indirekte Stückzahl. Direkte Stückzahl ist die Anzahl der zu bearbeitenden Teile, indirekte Stückzahl sind die beiden Seiten eines Bauteils (Tür beidseitig, Fenster innen und außen, Balkonunterzüge beidseitig).

Aufmaßansatz: direkte Stückzahl x Breite x Länge x indirekte Stückzahl

Beispiel 4 Türen beidseitig beschichtet = $4 \cdot 0{,}88^5 \cdot 2{,}01 \cdot 2$

direkte Stückzahl (→ 4) indirekte Stückzahl (→ 2)

Direkte und indirekte Stückzahlen dürfen also nicht zu einer Zahl addiert werden! ($8 \cdot 0{,}88^5 \cdot 2{,}01$ bedeutet 8 Türen einseitig).
Deshalb wird die indirekte Stückzahl hinter das Aufmaß ($4 \cdot 0{,}88^5 \cdot 2{,}01 \cdot 2$) gesetzt.

Aufgaben

1. Eine quadratische Decke hat eine Seitenlänge von 5,65 m.
   a) Berechnen Sie die Deckenfläche.
   b) Wie viel m Leiste benötigen Sie für die Einfassung der Deckenfläche, wenn Sie 12% Verschnitt hinzurechnen?
2. Eine Saalwand von 14,60 m · 3,20 m wird mit vier quadratischen Tapetenfeldern von je 1,40 m Seitenlänge gestaltet. Die übrige Wandfläche wird farbig beschichtet.
   a) Wie viel m² sind zu tapezieren?
   b) Wie viel m² Wand sind zu beschichten?
3. 12 quadratische Tischplatten mit der Seitenlänge 1,04 m sind einseitig zu beschichten. Berechnen Sie die Gesamtfläche.
4. Eine quadratische Kassettendecke (**2**.6) ist wie folgt zu bearbeiten:
   a) Kassetten in Lasurtechnik
   b) umgebende Deckenfläche mit Dispersionsfarbe.
   Berechnen Sie die unter a) und b) zu bearbeitenden Flächen.

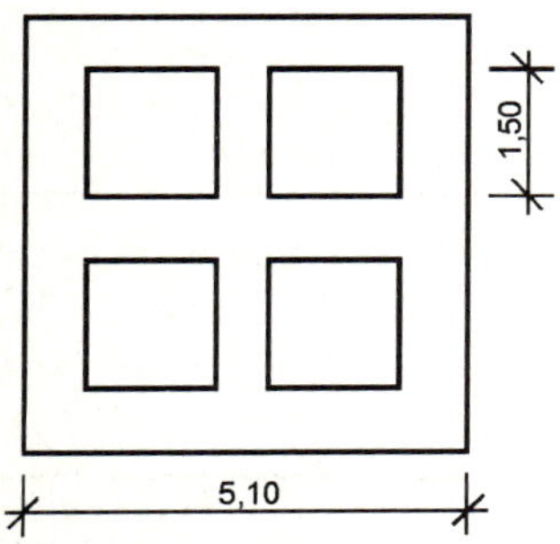

2.6 Kassettendecke

5. Zwei gegenüberliegende Wandflächen in einem Flur haben je drei gleich große, bemalte Felder, die nicht bearbeitet werden. Berechnen Sie die umgebende Wandfläche nach Abb. **2**.7.
6. Der Fußboden (**2**.8) soll versiegelt werden. Wie viel m² wird die Meisterin berechnen?

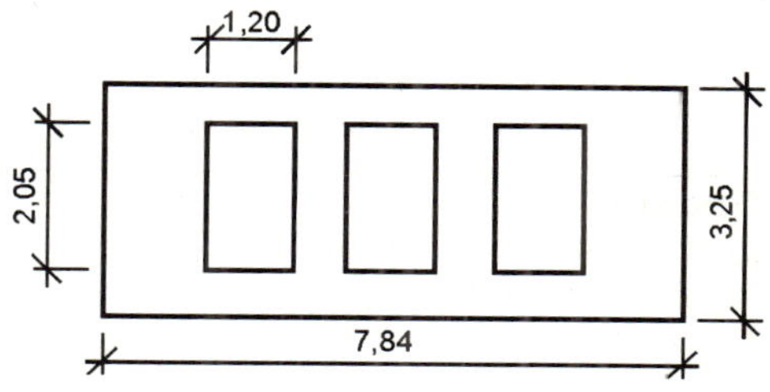

2.7 Wandfläche mit bemalten Feldern

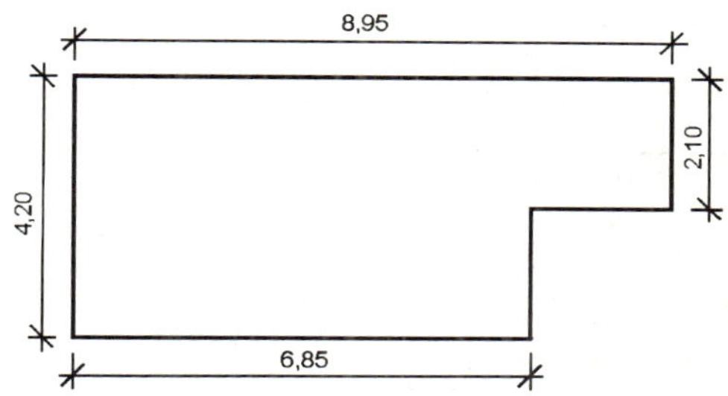

2.8 Fußboden

7. Eine Firma lässt sechs gleiche Werbeflächen auf Giebelwände farbig absetzen (**2**.9).
   a) Wie viel m² sind zu bearbeiten?
   b) Jede Fläche erhält umlaufend ein anders farbiges Band von 10 cm Breite, das nach Meter berechnet wird.
   Wie viel m sind farbig abzusetzen?

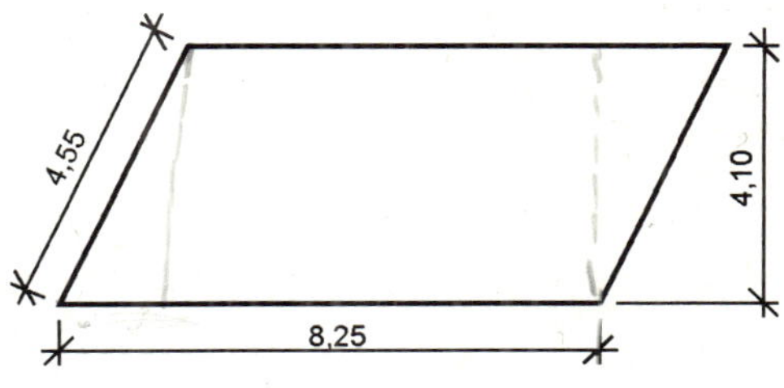

2.9 Werbefläche

8. Die Treppenhauswand (**2**.10) wird neu beschichtet. Wie groß ist die Gesamtfläche?

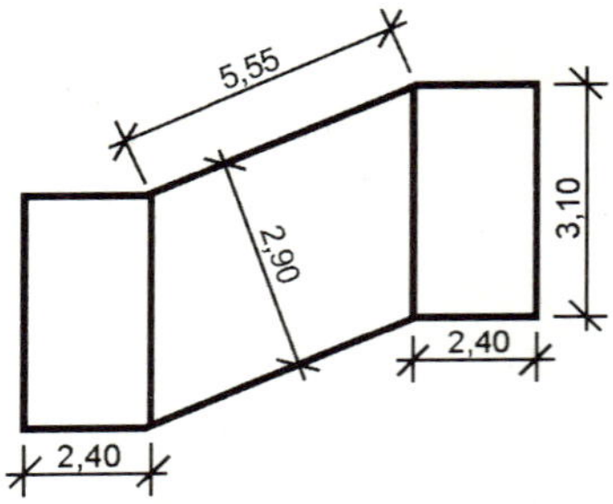

2.10 Treppenhauswand

9. Berechnen Sie die zu beschichtende Giebelfläche (**2**.11) eines Wohnhauses. Die Öffnungen sind abzuziehen.

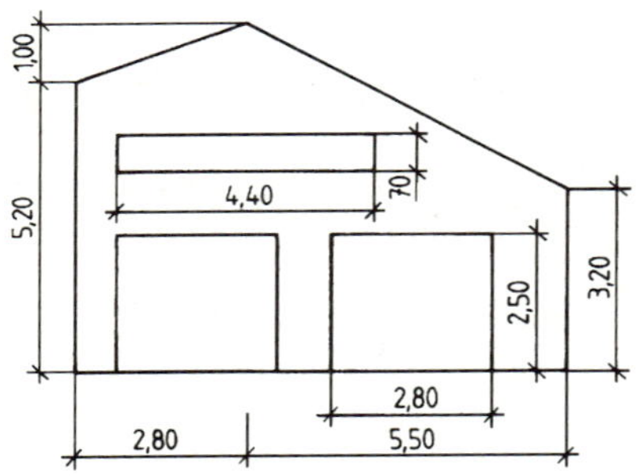

2.11 Giebelwand

10. 500 Metallplatten (**2**.12) werden beidseitig beschichtet. Verbrauch je m² 130 cm³ Alkydharzlack. Für umlaufende Kanten wird ein Zuschlag von 2% der Fläche hinzugerechnet. Berechnen Sie

a) die Beschichtungsfläche (einschließlich des Zuschlages) in dm²,
b) den Verbrauch an Alkydharzlack in l.

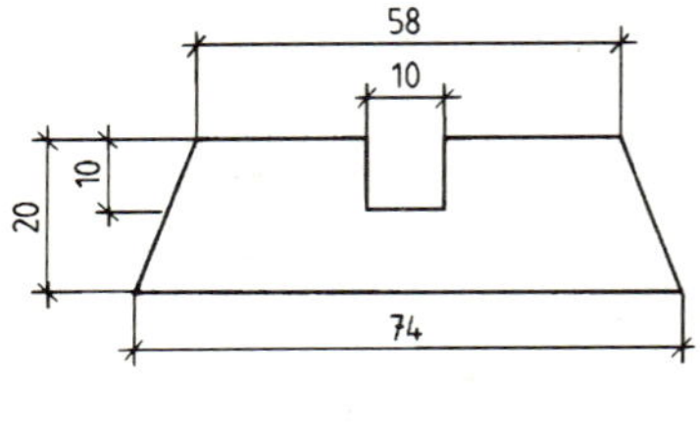

2.12 Metallplatte (Maße in cm!)

11. Bei einem Saal mit Anbau ist die Form des Fußbodens wie Abb. **2**.13.
    a) Erstellen Sie den Maßansatz für die Bodenfläche.
    b) Wie viel m² hat die Bodenfläche?

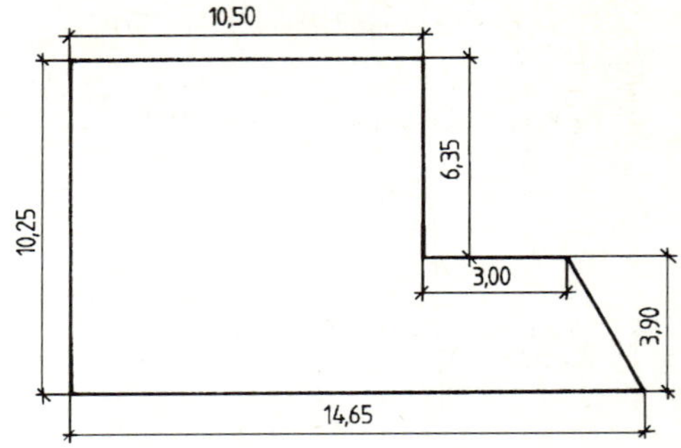

2.13 Saal

12. In einer Laubenkolonie sind die beiden Holz-Seitenteile von 16 Sommerhäuschen mit Holzschutzgrund zu beschichten (**2**.14). Berechnen Sie die Gesamtfläche aller Sommerhäuschen.

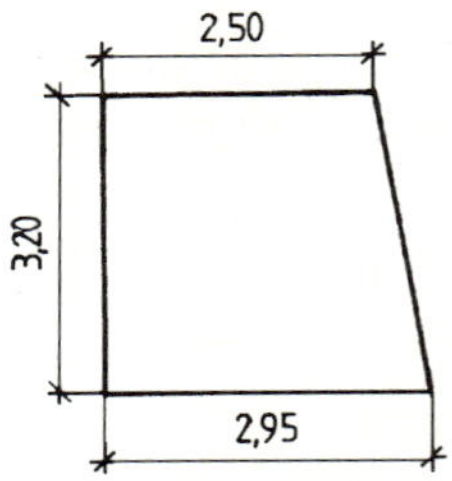

2.14 Seitenteil eines Sommerhäuschen

14. Die Eingangswand (**2**.15) einer Schule soll gestaltet werden. Die schraffierten Flächen sind farbig abzusetzen und rundum mit einem Band einzufassen.
    a) Wie viel m² Flächen sind farbig anzulegen?
    b) Wie viel m Band sind zu ziehen?
    c) Wie viel m² hat die umgebende Fläche?

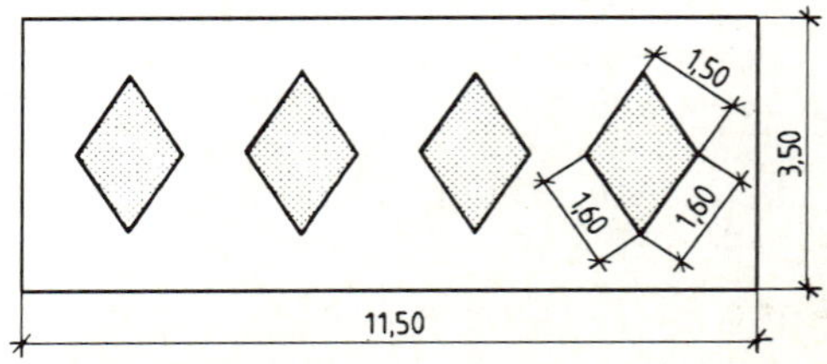

2.15 Eingangswand

13. Der Saalboden (**2**.16) ist mit zwei Sorten PVC-Belag zu belegen, in der Thekenecke ein strapazierfähiger Belag.

    a) Wie viel m² des einfachen Belags sind zu verlegen?
    b) Wie viel m² des strapazierfähigen Belags sind es?
    c) Wie viel Prozent der Saalbodenfläche nimmt die Thekenfläche ein?

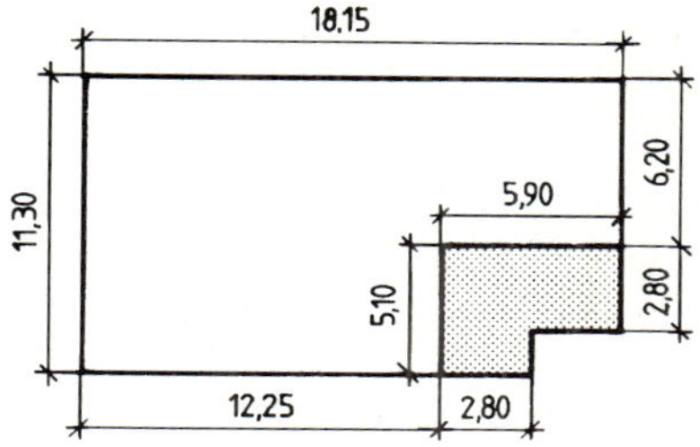

2.16 Saalboden

Zusammengesetzte Vierecke teilen wir vor der Flächenberechnung in einzelne Flächen (siehe **2**.8, **2**.10 bis **2**.13, **2**.15).

2.4.2 Dreieckige Flächen

Überlegen Sie, wo an oder in einem Gebäude Dreieckflächen vorkommen. Denken Sie dabei besonders an Fassaden.

Dreiecke sind von drei Seiten umgeben und haben drei Winkel, deren Summe 180° beträgt. Unterschiedliche Seitenlängen und Winkelgrößen ergeben verschiedene Dreiecksformen (**2**.17).

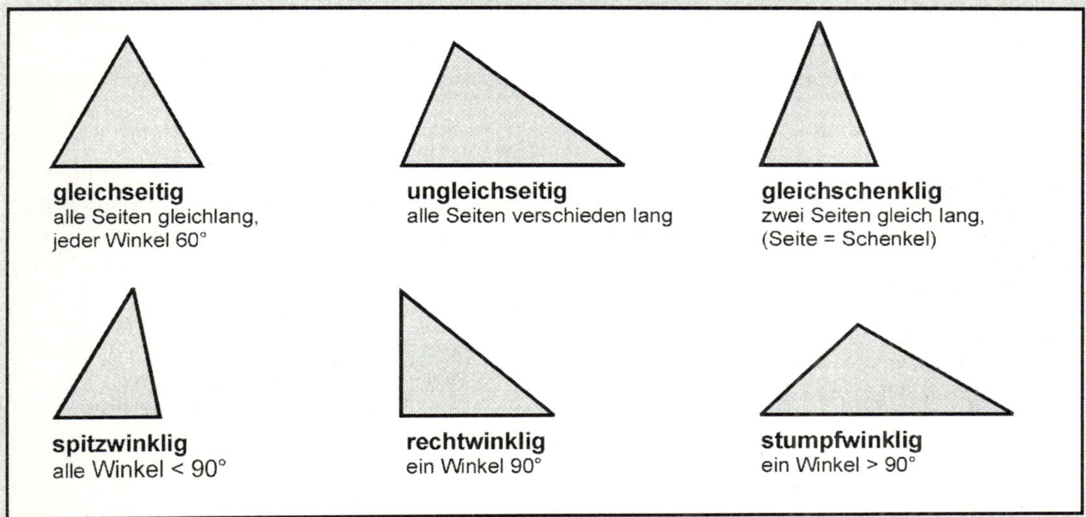

2.17 Dreieckformen

Benennungen. Die Ecken eines Dreiecks heißen **A**, **B** und **C** (**2**.18). Die gegenüberliegenden Seiten sind mit den entsprechenden Kleinbuchstaben **a**, **b** und **c** benannt. Die Höhe h steht im rechten Winkel auf bzw. zur Grundlinie c, a oder b – sie kann auch außerhalb des Dreiecks liegen! Die Höhen schneiden sich im Höhenschnittpunkt H. Die Winkel im Dreieck werden mit den griechischen Buchstaben **α**, **β** und **γ** (alpha, beta und gamma) bezeichnet).

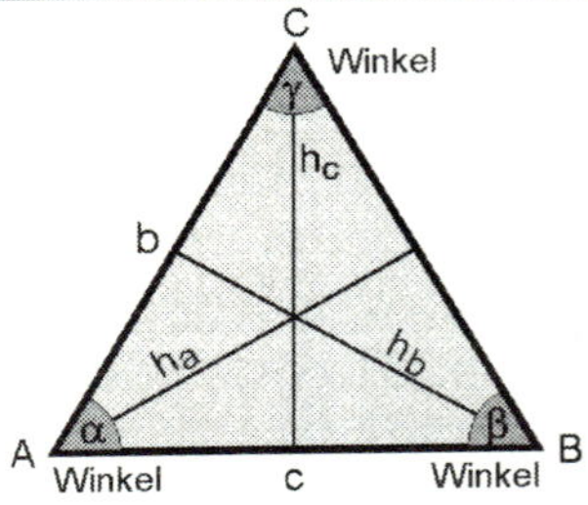

2.18 Linien und Winkel im Dreieck

a) ½ Quadrat

b) ½ Rechteck

2.19 Dreieck = deckungsgleiche Hälfte eines diagonal geteilten regelmäßigen Vierecks

Berechnung. Jedes Dreieck ist die deckungsgleiche Hälfte eines diagonal geteilten Vierecks (**2**.19). Die Fläche regelmäßiger Vierecke wird nach Grundlinie mal Höhe berechnet (z.B. a · b oder a · h).
Da ein Dreieck die Hälfte des regelmäßigen Vierecks ist, beträgt seine Fläche auch nur die Hälfte des Vierecks.

$$A = \frac{a \cdot h}{2}$$

A = Fläche
a = Grundlinie (Seitenlänge)
h = Höhe

$$U = a + b + c$$

U = Umfang
b = Seitenlänge
c = Seitenlänge

Aufgaben

14. Ein Dreieck hat eine Grundlinie von 4,25 m und eine Höhe von 2,66 m. Berechnen Sie die Fläche.

15. Die Giebelwand (**2**.20) ist für einen Kostenvoranschlag zu berechnen.

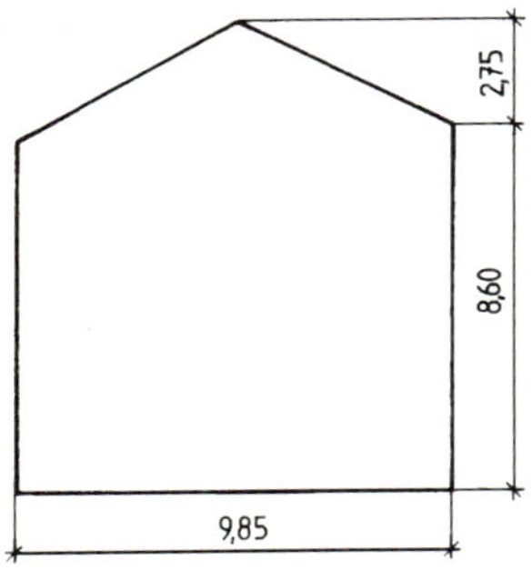

2.20 Giebelwand

16. Wie groß ist die Fläche eines Dreiecks mit a = 12,05 m, h = 5,85 m?

17. Acht Eisenschilder (**2**.21) sind beidseitig zu grundieren und mit einer wetterfesten Beschichtung zu versehen. Kanten bleiben unberücksichtigt. Berechnen Sie die gesamte Beschichtungsfläche.

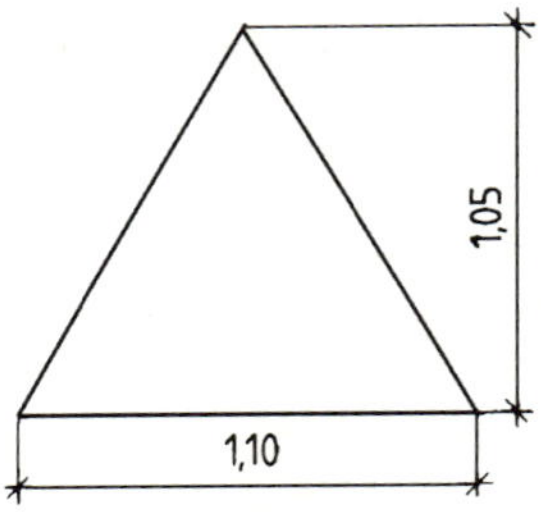

2.21 Eisenschild

18. Der Hausgiebel (**2**.22) besteht aus einer Putzfläche und einer holzverschalten Giebelspitze (Rasterfläche).

    a) Berechnen Sie die Putzfläche.
    b) Wie viel m² Holzfläche sind zu beschichten?

19. Ein Dreieck hat einen Flächeninhalt von 3,72 m². Die Grundlinie a ist 2,24 m lang. Wie groß ist die Höhe h?

20. Die Giebelseite einer Dachwohnung soll tapeziert werden. Sie hat die Maße a = 2,90 m; b = 2,77 m, c = 1,80 m und h = 1,70 m. Berechnen Sie die Fläche und den Umfang.

21. Ein Architekt lässt zwei gegenüberliegende Eingangswände (**2**.23) in Schmucktechnik bearbeiten.

    a) Berechnen Sie die in Glättetechnik auszuführenden Dreiecksflächen.
    b) Um die Dreiecksflächen wird ein farbiges Band gezogen. Wie viel m Band sind zu ziehen?
    c) Wie viel m² Fläche muss um die Dreiecke mit Dispersionsfarbe beschichtet werden?

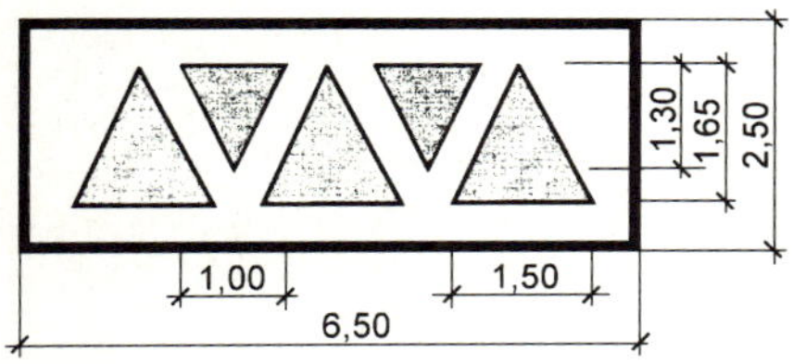

2.23 Eingangswand

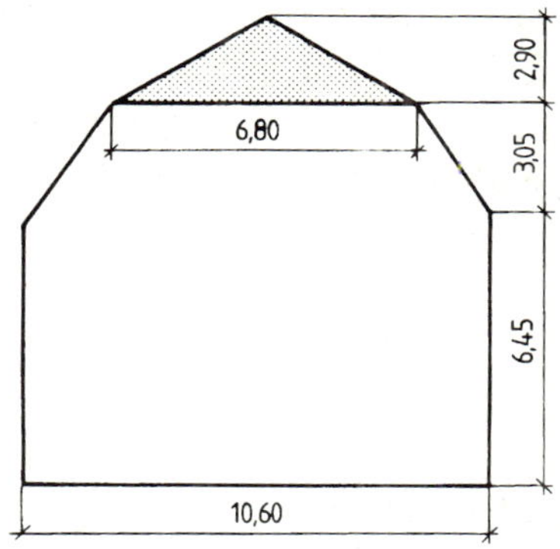

2.22 Hausgiebel

22. Zwei benachbarte Giebelwände (**2**.24) sind zu beschichten. Berechnen Sie die Gesamtfläche?

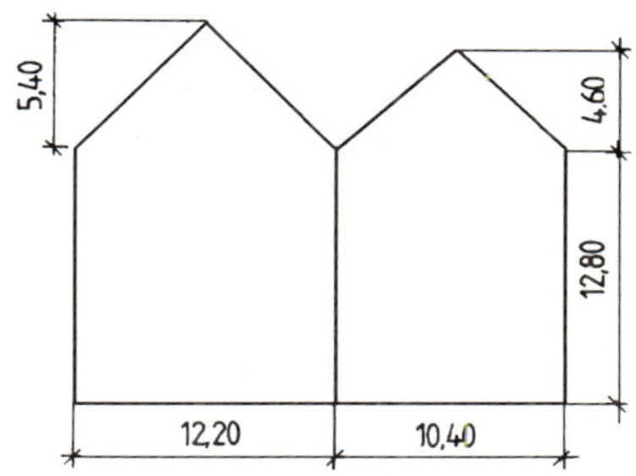

2.24 Giebelwände

2.4.3 Satz des Pythagoras

Ist die Diagonale eines Raumes zu suchen oder der Umfang eines rechtwinkligen Dreiecks zu berechnen, von dem nur zwei Seiten bekannt sind, hilft uns Pythagoras, ein um 570 v. Chr. geborener griechischer Mathematiker. Sein Lehrsatz lautet:

Im rechtwinkligen Dreieck ist die Summe der Kathetenquadrate gleich dem Hypotenusenquadrat.
oder:
Das Quadrat über der größten Seite (Hypotenuse) ist so groß wie die Flächen der Quadrate über den kleineren Seiten (Katheten) zusammen.

$$c^2 = a^2 + b^2$$

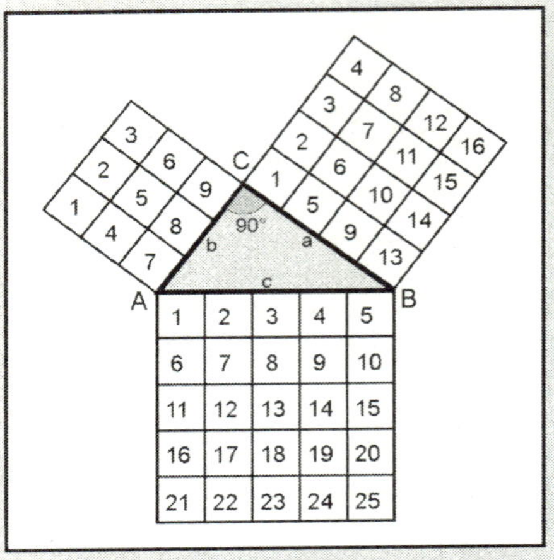

2.25 Satz des Pythagoras

Dazu betrachten wir das rechtwinklige Dreieck (**2**.25) mit den Seiten a = 4 cm, b = 3 cm, c = 5 cm. Die Katheten a und b bilden den rechten Winkel. Ihm gegenüber liegt die längste Seite c, die Hypotenuse.

Zeichnen wir nun die Quadrate über den Dreiecksseiten, erhalten wir:

$$a^2 = 4\text{ cm} \cdot 4\text{ cm} = 16\text{ cm}^2$$
$$+\ b^2 = 3\text{ cm} \cdot 3\text{ cm} = 9\text{ cm}^2$$
$$25\text{ cm}^2$$

$$c^2 = 5\text{ cm} \cdot 5\text{ cm} = 25\text{ cm}^2$$

oder: (4 cm · 4 cm) + (3 cm · 3 cm) = 5 cm · 5 cm

$$a^2 = c^2 - b^2 \qquad a = \sqrt{c^2 - b^2}$$

$$b^2 = c^2 - a^2 \qquad b = \sqrt{c^2 - a^2}$$

$$c^2 = a^2 + b^2 \qquad c = \sqrt{a^2 + b^2}$$

Aufgaben

23. Berechnen Sie die Diagonale für einen rechteckigen Fußboden von 7,60 m · 5,40 m.

24. Wie lang ist die Diagonale einer Deckenplatte mit 62,50 cm Seitenlänge?

25. Ein rechteckiger Raum ist 4,80 m lang und hat eine Diagonale von 5,90 m. Wie breit ist der Raum?

26. Die Diagonale eines Rechtecks ist 5,40 m lang, seine Breite 3,40 m. Berechnen Sie die Länge.

27. Ein gleichschenklig rechtwinkliges Dreieck hat eine lange Seite von 19 cm. Wie lange sind die beiden anderen Seiten?

28. Eine quadratische Decke hat eine Diagonale von 12,02 m. Berechnen Sie die Länge und Breite der Decke.

29. Eine Spanplatte für die Gesellenprüfung ist 1,00 m · 1,50 m groß. Wie lange ist die Diagonale?

30. Berechnen Sie die Diagonale einer quadratischen Bodenfliese mit einer Seitenlänge von 40 cm und einer von 50 cm.

31. Die Länge einer Lagerhalle beträgt 15,00 m. Die gemessene Diagonale ist 24,00 m lang. Welche Breite hat die Lagerhalle?

32. Berechnen Sie die fehlenden Längen.

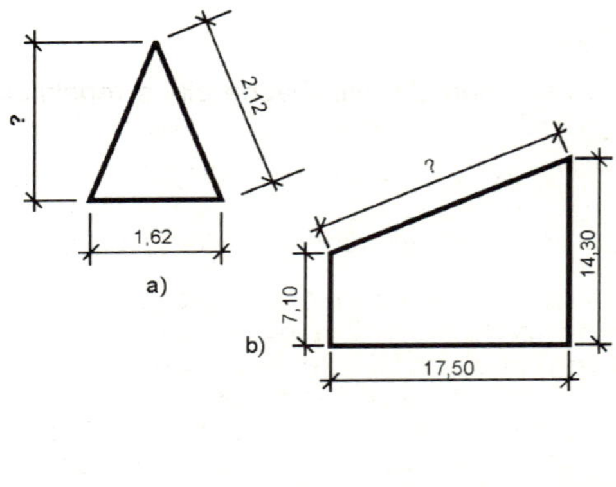

2.5 Regelmäßige Vielecke

Im Technischen Zeichnen werden Sie regelmäßige Vielecke konstruieren oder als Schmuckformen kennen lernen. Sie sind beliebte Formen der Gestaltung, zumal sie sich mehrfach abwandeln oder unterteilen lassen.

Regelmäßige Vielecke haben mehr als vier Seiten (Fünf-, Sechs-, Achteck usw.). Aus ihrer Regelmäßigkeit ergeben sich gleichlange Seiten und gleiche Winkel. Um regelmäßige Vielecke kann man vom Mittelpunkt aus einen Kreis ziehen. Zum Berechnen teilt man das Vieleck in die entsprechende Anzahl Dreiecke. Die Fläche eines solchen Teildreiecks wird berechnet und mit der Anzahl multipliziert (2.26).

Tabelle 2.26 **Regelmäßige Vielecke** (Auswahl)

Benennung / Bild	Formeln	Formelzeichen
Regelmäßiges Fünfeck Regelmäßige Fünfecke haben gleich lange Seiten und gleich große Winkel (72°). 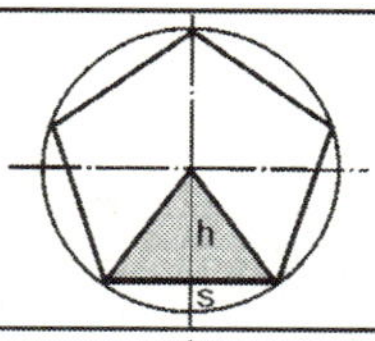	$A = \frac{s \cdot h}{2} \cdot 5$ $U = s \cdot 5$	A = Fläche U = Umfang h = Höhe s = Seitenlänge
Regelmäßiges Sechseck Regelmäßige Sechsecke haben gleich lange Seiten und gleich große Winkel (60°). 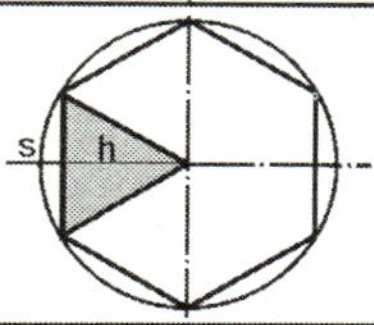	$A = \frac{s \cdot h}{2} \cdot 6$ $U = s \cdot 6$	A = Fläche U = Umfang h = Höhe s = Seitenlänge
Regelmäßiges n - Eck Regelmäßige Vielecke, werden auch n-Ecke genannt und haben gleich lange Seiten und gleich große Winkel (360°: n). 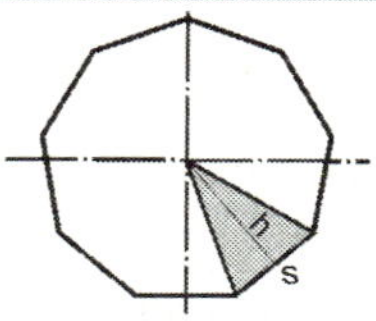	$A = \frac{s \cdot h}{2} \cdot n$ $U = s \cdot n$	A = Fläche U = Umfang h = Höhe s = Seitenlänge n = Anzahl der Ecken

Aufgaben

1. Berechnen Sie die Fläche eines regelmäßigen Fünfecks mit s = 0,62 m und h = 0,58 m.

2. Ein Verkaufspavillon hat einen achteckigen Grundriss mit den Maßen s = 5,20 m, h = 4,85 m. Berechnen Sie die Deckenfläche.

3. Zwölf Werbeschilder in Fünfeckform haben die Maße s = 1,12 m, h = 0,98 m.
   a) Berechnen Sie die Fläche der Schilder für die beidseitige Beschichtung.
   b) Wie viel m Leiste brauchen Sie als Einfassung, wenn Sie mit 6% Verschnitt rechnen müssen?

4. Eine sechseckige Deckenfläche mit umlaufender Stuckleiste soll beschichtet werden, die Stuckleiste ist farbig abzusetzen.
   a) Wie groß ist die Deckenfläche?
   b) Wie viel m beträgt die Stuckeinfassung?

5. Ein Firmenzeichen hat die Form eines regelmäßigen Achtecks. Die Firma lässt 20 achteckige Spanplatten als Werbeträger beidseitig beschichten.
   s = 0,40 m, h = 0,48 m
   Wie groß ist die zu beschichtende Fläche der 20 Platten?

6. 7 regelmäßig fünfeckige Blechtafeln sollen tauchlackiert werden. Berechnen Sie die gesamte Lackierfläche für die Maße $s = 0{,}70$ m und $h = 0{,}60$ m (ohne Kanten).

7. Acht Dekoschilder in regelmäßiger Achteckform sollen beidseitig beschichtet und eingefasst werden. Sie haben die Maße $s = 0{,}84$ m und $h = 1{,}02$ m.
   a) Berechnen Sie die Beschichtungsfläche.
   b) Wie lang ist die Einfassung in m?

8. In einer Decke befindet sich ein neuneckiger Deckenspiegel, der von einer Stuckleiste eingefasst ist. Der Deckenspiegel soll farbig abgesetzt werden.
   Maße: $s = 2{,}64$ m und $h = 3{,}19$ m
   a) Berechnen Sie die Spiegelfläche.
   b) Wie lang ist die Stuckleiste?
   c) Wie viel Liter Leimfarbe werden benötigt, wenn der Verbrauch 400 ml pro m² beträgt?

2.6 Runde Flächen

In und an Bauten sind runde Flächen seltener, doch finden wir in älteren Bauten runde oder ovale Fenster, Gewölbe oder Nischen von Fenstern und Türen. Behälter für Flüssigkeiten und Gase haben oft runde Grundflächen. Schließlich gibt es runde Flächen in der Werbung.

Der Kreis ist die geläufigste runde Fläche. Teile des Kreise sind Halb- und Viertelkreis, Kreisabschnitt und Kreisausschnitt. Hinzu kommt der Kreisring.
Die Benennungen zeigt **2**.27.

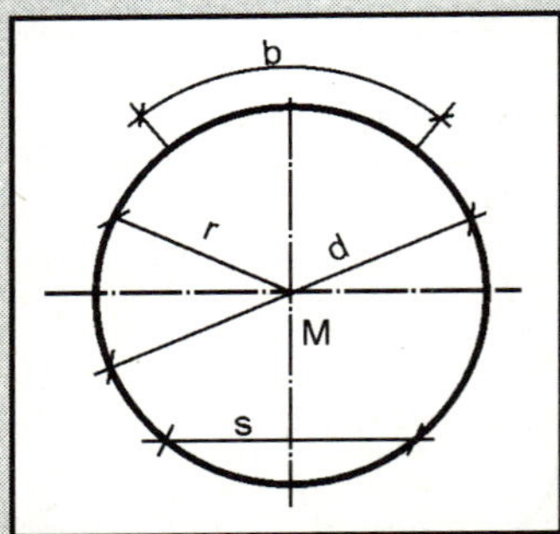

2.27 Kreisbenennungen

d = Durchmesser, Ø = Durchmesserzeichen

r = Radius (Halbmesser), $r = \frac{d}{2}$

M = Mittelpunkt

π = (pi, griech. Buchstabe π) = 3,14, ein fester Formelbestandteil beim Berechnen runder Flächen und Körper.

b = Kreisbogen s = Sehne

Der Kreis

Eine Kreislinie im gleichen Abstand (Radius r) zum Kreismittelpunkt M.

Benennung / Bild	Formeln	Formelzeichen	Einheiten
Kreis 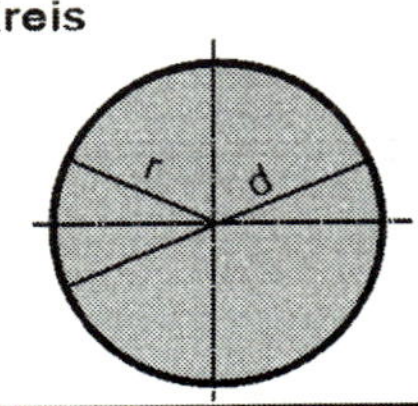	$A = \frac{d \cdot d \cdot 3{,}14}{4}$ $A = r \cdot r \cdot 3{,}14$ $U = d \cdot 3{,}14$ $U = 2 \cdot r \cdot 3{,}14$	A = Fläche U = Umfang d = Durchmesser r = Radius	mm², cm², dm², m² mm, cm, dm, m mm, cm, dm, m mm, cm, dm, m

Beispiel Berechnen Sie Fläche und Umfang einer Gestaltungsarbeit mit dem Durchmesser d = 1,75 m.

$$A = \frac{1{,}75\,m \cdot 1{,}75\,m \cdot 3{,}14}{4} \qquad U = 1{,}75m \cdot 3{,}14$$

$$A = \mathbf{2{,}40\ m^2} \qquad U = \mathbf{5{,}50\ m}$$

Der Halbkreis wird berechnet, indem man zuerst den ganzen Kreis ausrechnet und dann durch **2** dividiert.
Der Viertelkreis wird berechnet, indem man zuerst den ganzen Kreis ausrechnet und dann durch **4** dividiert.

$$A = \frac{1{,}75\,m \cdot 1{,}75\,m \cdot 3{,}14}{4 \cdot \textcircled{2}} = \mathbf{1{,}20\ m^2}$$

$$A = \frac{1{,}75\,m \cdot 1{,}75\,m \cdot 3{,}14}{4 \cdot \textcircled{4}} = \mathbf{0{,}60\ m^2}$$

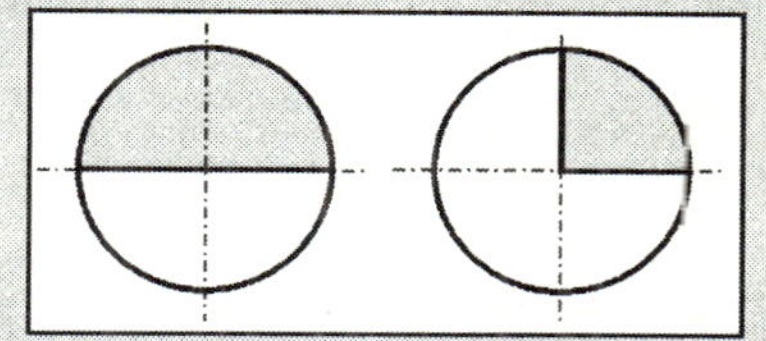

Halbkreis Viertelkreis

Der Kreisausschnitt

Teil der Kreisfläche, der wie ein Kuchenstück von zwei Radien und dem dazu gehörigen Kreisbogen begrenzt ist (Sektor).

Benennung / Bild	Formeln	Formelzeichen	Einheiten
Kreisausschnitt 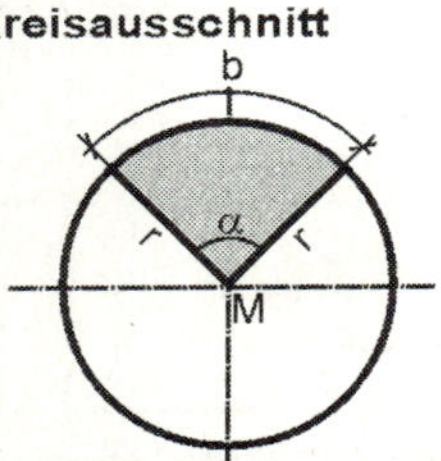	$A = \frac{r \cdot r \cdot 3{,}14 \cdot \alpha}{360°}$ $b = \frac{2 \cdot r \cdot 3{,}14 \cdot \alpha}{360°}$ $U = 2 \cdot r + b$	A = Fläche U = Umfang r = Radius b = Kreisbogen α = Winkel	mm², cm², dm², m² mm, cm, dm, m mm, cm, dm, m mm, cm, dm, m in ° Grad

Der Kreisabschnitt oder Kreissegment

Teil eines Kreises, der von einer Sehne und dem dazugehörigen Kreisbogen begrenzt wird.

Benennung / Bild	Formeln	Formelzeichen	Einheiten
Kreisabschnitt 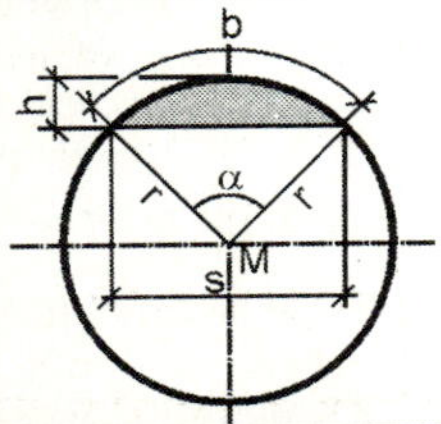	$A \approx \frac{2}{3} \cdot s \cdot h$ $b = \frac{2 \cdot r \cdot 3{,}14 \cdot \alpha}{360°}$ $U = s + b$	A = Fläche U = Umfang r = Radius s = Sehne α = Winkel h = Höhe b = Kreisbogen	mm², cm², dm², m² mm, cm, cm, m mm, cm, dm, m mm, cm, dm, m in ° Grad mm, cm, dm, m mm, cm, dm, m

Beispiel 1 Berechnen Sie die Fläche, den Kreisbogen und den Umfang eines Kreisausschnittes mit den Maßen d = 3,44 m, r = 1,72 m und α = 53°.

$$A = \frac{1{,}72 \cdot 1{,}72 \cdot 3{,}14 \cdot 53°}{360°} = \mathbf{1{,}37\ m^2} \qquad U = 2 \cdot 1{,}72 + 1{,}59 = \mathbf{5{,}03\ m}$$

$$b = \frac{2 \cdot 1{,}72 \cdot 3{,}14 \cdot 53°}{360°} = \mathbf{1{,}59\ m}$$

Beispiel 2 Berechnen Sie Fläche und Umfang eines Kreisabschnittes mit den Maßen s = 2,62 m, h = 0,94 m und b = 3,12 m.

$$A \approx \frac{2}{3} \cdot 2{,}62 \cdot 0{,}94 = \mathbf{1{,}64\ m^2} \qquad U = 3{,}12 + 2{,}62 = \mathbf{5{,}74\ m}$$

Der Kreisring

Zwei Kreise um den selben Mittelpunkt M mit unterschiedlichen Durchmessern.

Benennung / Bild	Formeln	Formelzeichen	Einheiten
Kreisring 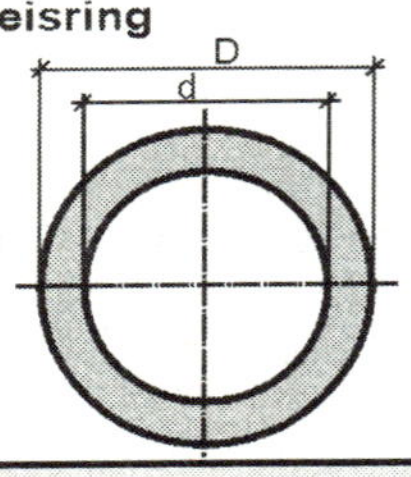	$A = \frac{(D \cdot D - d \cdot d) \cdot 3{,}14}{4}$	A = Fläche	mm², cm², dm², m²
	$A = (R \cdot R - r \cdot r) \cdot 3{,}14$	U_i = innerer Umfang	mm, cm, dm, m
	$U_a = D \cdot 3{,}14$	U_a = äußerer Umfang	mm, cm, dm, m
	$U_i = d \cdot 3{,}14$	D = großer Durchmesser	mm, cm, dm, m
		d = kleiner Durchmesser	mm, cm, dm, m
		R = großer Radius	mm, cm, dm, m
		r = kleiner Radius	mm, cm, dm, m

Beispiel Um ein kreisförmiges Podest soll ein Bodenbelag gelegt werden, dessen Fläche die Form eines Kreisrings hat. Der große Durchmesser = 6,10 m und der Podestdurchmesser = 3,50 m. Berechnen Sie die Kreisringfläche und den Umfang des inneren und äußeren Kreises.

$$A = \frac{(6{,}20 \cdot 6{,}20 - 3{,}50 \cdot 3{,}50) \cdot 3{,}14}{4} = \mathbf{20{,}56\ m^2} \qquad U_i = 3{,}50 \cdot 3{,}14 = \mathbf{10{,}99\ m}$$

$$A = (3{,}10 \cdot 3{,}10 - 1{,}75 \cdot 1{,}75) \cdot 3{,}14 = \mathbf{20{,}56\ m^2} \qquad U_a = 6{,}20 \cdot 3{,}14 = \mathbf{19{,}47\ m}$$

Aufgaben

1. Berechnen Sie Inhalt und Umfang eines kreisförmigen Fußbodens, der einen Durchmesser von 6,60 m hat.

2. Eine Wand von 7,55 m · 3,15 m hat zwei runde Fenster, $r = 0{,}62^5$ m.
   a) Berechnen Sie die Fensterflächen.
   b) Wie viel m² Wand bleiben nach Abzug der Fensterfläche?

3. Eine Brauerei lässt 25 runde Tischplatten (d = 1,15 m) beidseitig mit einem 2K-Lack beschichten. Die Platten sind 60 mm dick.
   a) Berechnen Sie die gesamte Plattenfläche.
   b) Wie groß sind die Flächen der umlaufenden Kanten?
   c) Wie viel Prozent der Gesamtfläche hat der Meister zu wenig berechnet, wenn er die Kanten nicht beachtet hätte?

4. Eine Werbefläche wie **2**.28 soll gespachtelt und beschichtet werden. Wie viel m² sind zu bearbeiten?

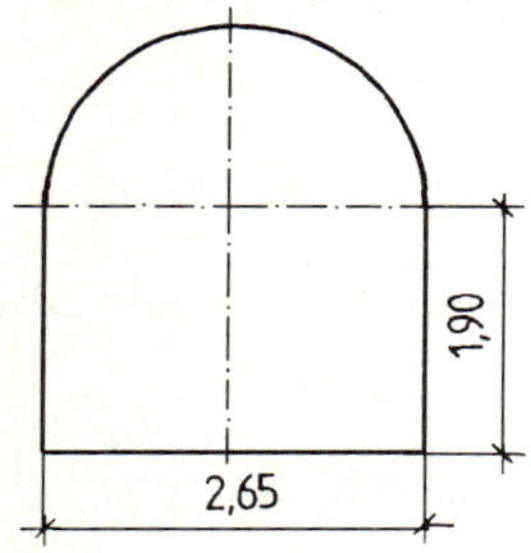

2.28 Werbefläche

5. 15 Platten von Gaststättentischen (**2**.29) sollen einseitig bearbeitet werden. Die 4 cm dicken Kanten werden mit bearbeitet. Wie viel m² beträgt die zu beschichtende Fläche?

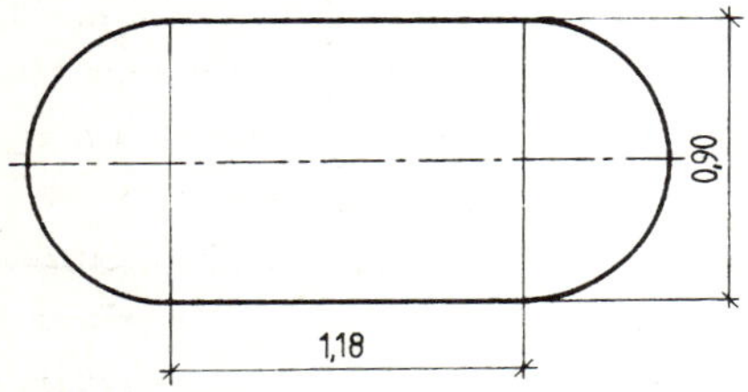

2.29 Tischplatte

6. Zwei gegenüberliegende Saalwände (**2**.30) haben je zwei Türen, die nur zur Saalseite bearbeitet werden sollen.
   a) Wie viel m² Wand berechnet die Meisterin (Türen werden abgezogen)?
   b) Wie groß sind die Türflächen?

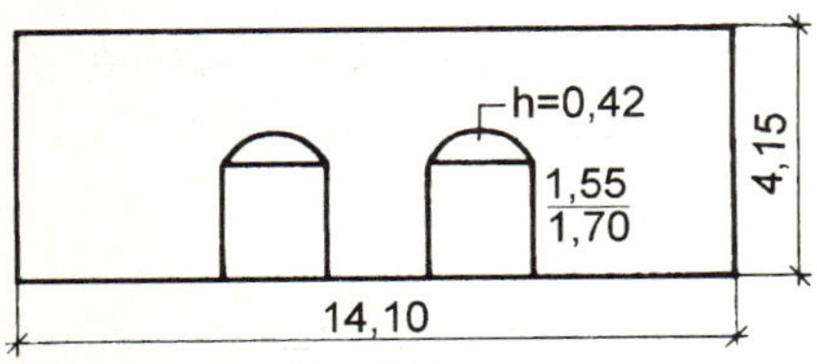

2.30 Saalwand mit zwei Türen

7. Fünf Werkstücke aus Stahlblech (**2**.31) sind beidseitig zu beschichten, Kanten entfallen. Berechnen Sie die Gesamtfläche.

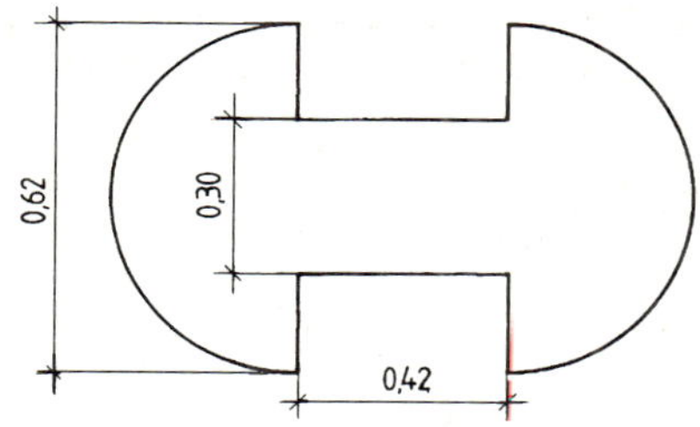

2.31 Werkstück

8. Acht Abdeckbleche (**2**.32) aus Zinkblech sollen beidseitig beschichtet werden. Wie viel Fläche wird berechnet?

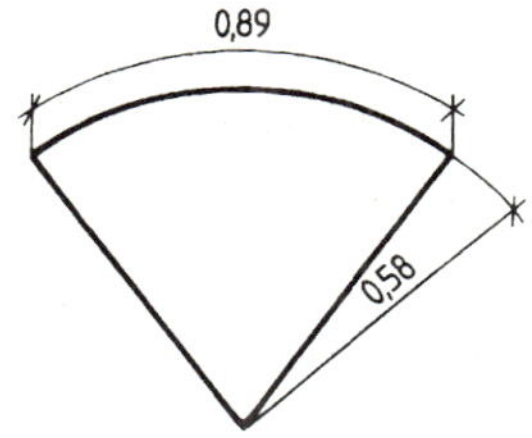

2.32 Abdeckblech

9. Eine runde Pavillondecke (**2**.33) hat eine ebenfalls runde Glaskuppel. Die Kuppel hat eine 0,25 m breite Leibung. Berechnen Sie die Beschichtungsfläche einschließlich Leibung.

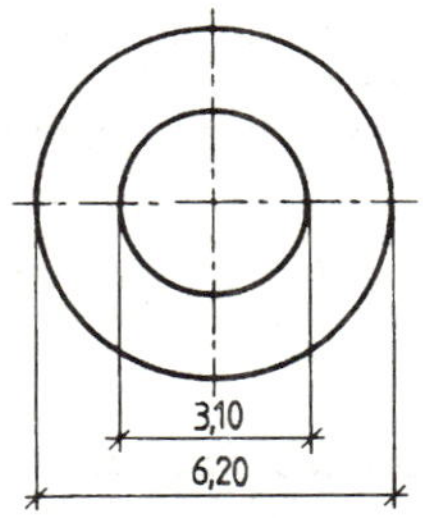

2.33 Pavillondecke

10. Eine Flächengliederung hat die Form eines Kreisausschnittes. Berechnen Sie die Fläche und die Bogenlänge, wenn $\alpha = 40°$ und $r = 0{,}85$ m. Wie groß ist der Umfang?

11. Der Kreisabschnitt eines Kreises hat eine Sehnenlänge von 2,62 m und eine Höhe von 0,94 m. Berechnen Sie die Fläche.

12. Die Wand eines Weinkellers (**2**.34) soll einschließlich der Türleibungen beschichtet werden.
    a) Wie viel m² Leibungsflächen sind zu beschichten?
    b) Wie viel m² Wandfläche ohne Türöffnungen sind zu berechnen?

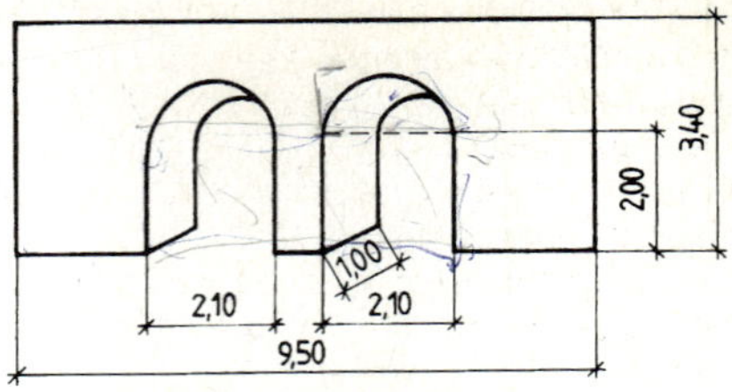

2.34 Wand eine Weinkellers

Die Ellipse

Hier ist die gebogene Umfangslinie vom Mittelpunkt M verschieden weit entfernt. Je nach Konstruktion gibt es mehrere Formen. Stets hat die Ellipse eine große Achse D und eine kleine Achse d, die sich in M schneiden.

Benennung / Bild	Formeln	Formelzeichen	Einheiten
Ellipse 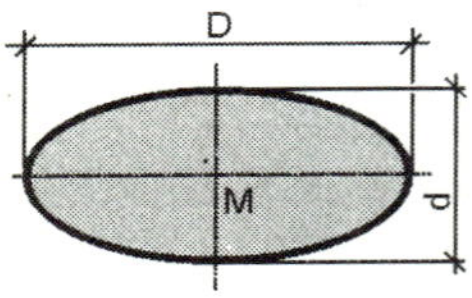	$A = \frac{D}{2} \cdot \frac{d}{2} \cdot 3{,}14$ $U = \left(\frac{D}{2} + \frac{d}{2}\right) \cdot 3{,}14$	A = Fläche U = Umfang D = großer Durchmesser d = kleiner Durchmesser	mm², cm², dm², m² mm, cm, dm, m mm, cm, dm, m mm, cm, dm, m

Beispiel Berechnen Sie Fläche und den Umfang einer ellipsenförmigen Werbetafel mit den Maßen D = 2,40 m und d = 1,50 m.

$$A = \frac{2{,}40}{2} \cdot \frac{1{,}50}{2} \cdot 3{,}14 \ \mathbf{= 2{,}83\ m^2} \qquad U = \left(\frac{2{,}40}{2} + \frac{1{,}50}{2}\right) \cdot 3{,}14 \ \mathbf{= 6{,}12\ m}$$

Aufgaben

13. Der ellipsenförmige Tankaufbau (D = 2,40 m, d = 1,80 m) wird an der Heckfläche spritzlackiert. Berechnen Sie die Beschichtungsfläche in m².

14. Der Deckenspiegel **2**.36 ist zu beschichten. Um die elliptische Fläche soll ein farbiges Band gezogen werden.
    a) Berechnen Sie den Flächeninhalt der Ellipse.
    b) Wie viel m Band sind zu ziehen?

15. Ein ellipsenförmiger Tisch (D = 1,82 m, d = 0,98 m) soll beschichtet werden. Wie viel m² sind zu berechnen?

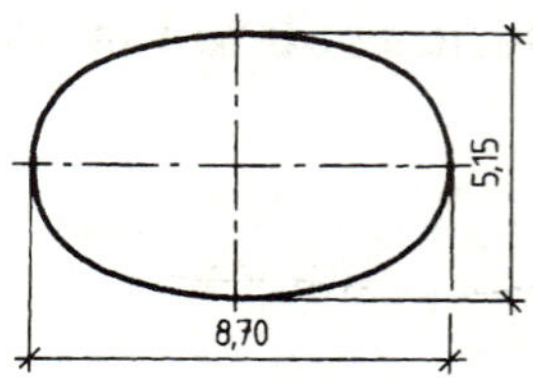

2.36 Deckenspiegel

16. Fünf ellipsenförmige Fenster (D = 1,20 m, d = 0,75 m) sind beidseitig zu beschichten. Wie viel m² sind zu berechnen?

17. Der Eingang eines Saalbaus hat die Deckenform der Bauzeichnung **2**.37
    a) Berechnen Sie die Fläche der Ellipse im Deckenspiegel.
    b) Wie viel m² der umgebenden Deckenfläche sind zu beschichten?
    c) Zum Abschluss ist um die Ellipse ein Fries zu ziehen. Wie viel m Fries sind aufzubringen?

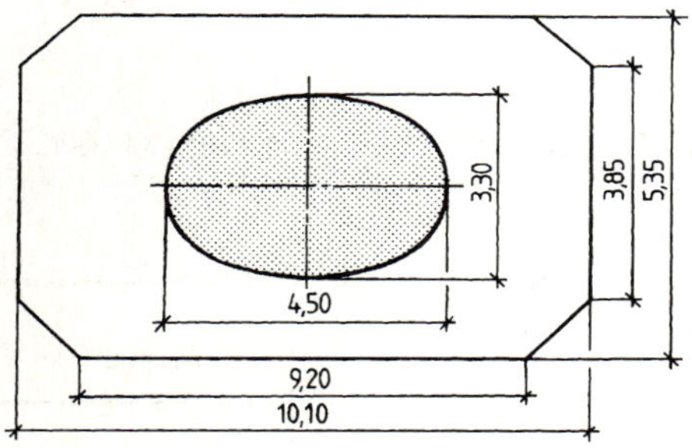

2.37 Saaleingangsdecke

18. Auf einer Caféhauswand sollen vier ellipsenförmige Tapetenfelder mit einer Stiltapete beklebt werden (D = 1,75 m, d = 0,85 m). Wie viel m² haben diese vier Felder?

19. Von fünf ellipsenförmigen Säulen wird die obere Deckfläche zweimal mit Betonlasur beschichtet.(D = 1,20 m, d = 0,70 m) Ermitteln Sie die Menge an Betonlasur in ml für die zweimalige Beschichtung. Verbrauch: 170 ml pro m²

20. Vier gleiche Felder (**2**.38) einer Saalwand sind in Glättetechnik zu bearbeiten. Die ellipsenförmigen Felder sind von der Fläche abzuziehen und werden vergoldet.
    a) Wie viel m² Glättetechnik sind zu berechnen?
    b) Wie groß ist die zu vergoldende Fläche?

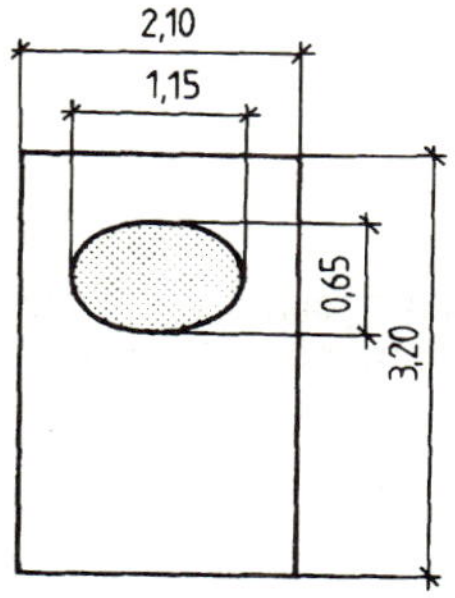

2.38 Wandfeld

21. In einem ovalen Schwimmbecken (**2**.39) sollen Boden und Einfassungswände (Wandhöhe = 1,80 m) innen mit Chlorkautschuklack beschichtet werden. Wie viel m² sind zu beschichten?

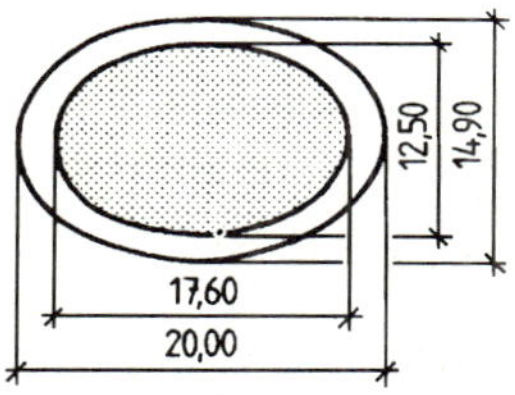

2.39 Schwimmbecken

2.7 Zusammengesetzte Flächen

Decken, Böden, Mansarden- und Treppenhauswände oder Giebelwände sind oft aus verschiedenen Flächen zusammengesetzt – aus Vierecken, Dreiecken, runden Teilen und unregelmäßige Vielecke. Wie berechnen wir Sie?

Um zusammengesetzte Flächen zu berechnen, teilen wir sie in möglichst wenige berechenbare Teilflächen auf. Diese Teilflächen werden berechnet und addiert oder subtrahiert.

Beispiel Die Fläche **2**.40 ist zu berechnen.
Die Fläche 1 ist ein Trapez, die Fläche 2 ist ein Halbkreis. Die weitere Zerlegung des Trapezes in Rechteck und Dreieck bringt keine Vorteile, erfordert im Gegenteil eine zusätzliche Berechnung von Einzelmaßen.

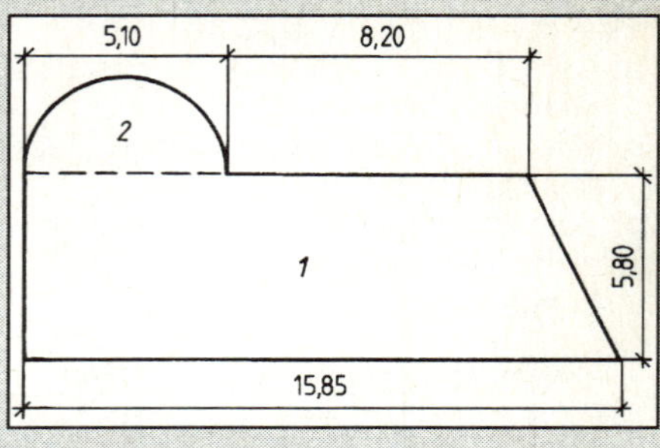

2.40 Fläche

Ansatz **Fläche 1** Trapez

$$A = \frac{15{,}85 + (5{,}10 + 8{,}20)}{2} \cdot 5{,}80 = 84{,}54\ \text{m}^2$$

Fläche 2 Halbkreis

$$A = \frac{5{,}10}{2} \cdot \frac{5{,}10}{2} \cdot \frac{3{,}14}{2} = 10{,}21\ \text{m}^2$$

Beide Flächen addiert ergeben die Lösung: **94,75 m²**

> Im Aufmaß dürfen keine *berechneten* Werte geschrieben, sondern nur die Zeichnungsmaße bzw. gegebenen Maße einsetzen werden. Fehlende notwendige Maße bilden einen Mangel, der in der Bauzeichnung selbst behoben werden muss. Werden doch berechnete Werte verwendet, müssen diese unterstrichen werden (z.B. 5,85).

Aufgaben

1. bis 10. Berechnen Sie die Flächen dieser zusammengesetzten Flächen (**2**.41 bis **2**.48).

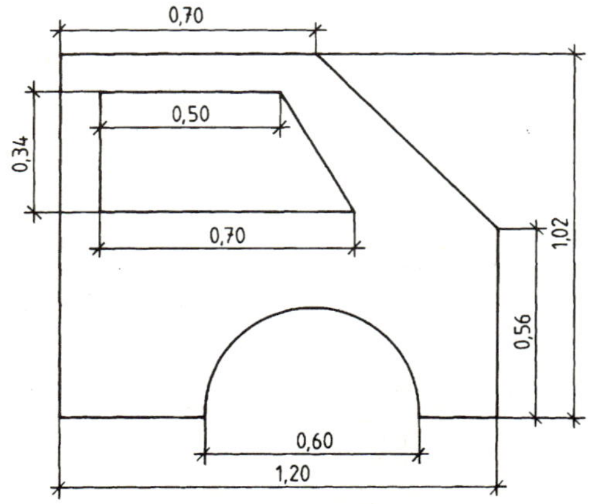

2.41 Die Trapezfläche ist abzuziehen.

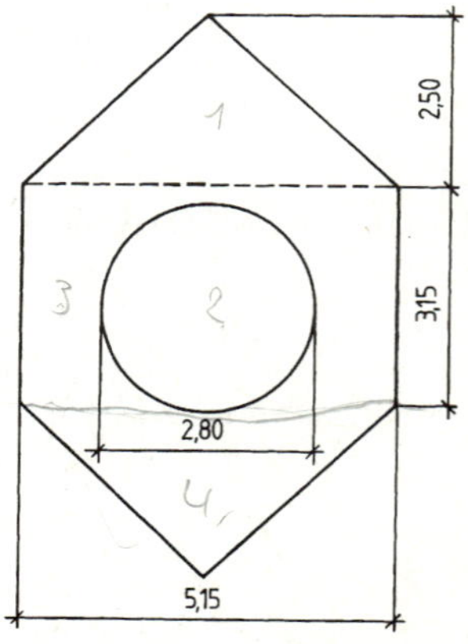

2.42 Die Kreisfläche ist abzuziehen.

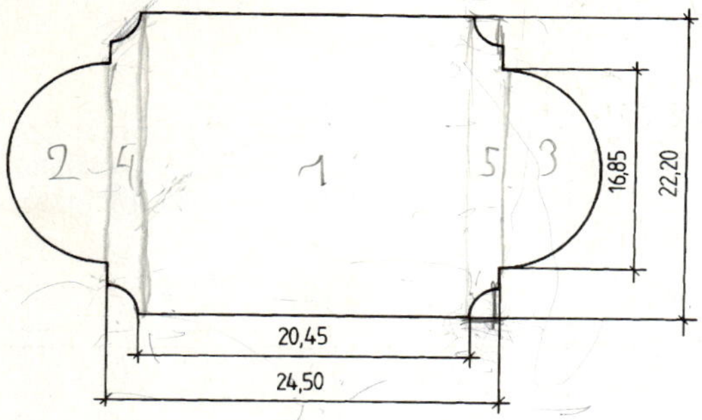

2.43

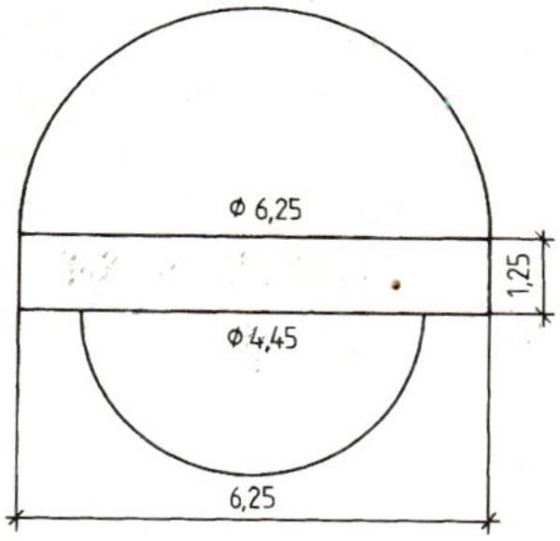

2.44

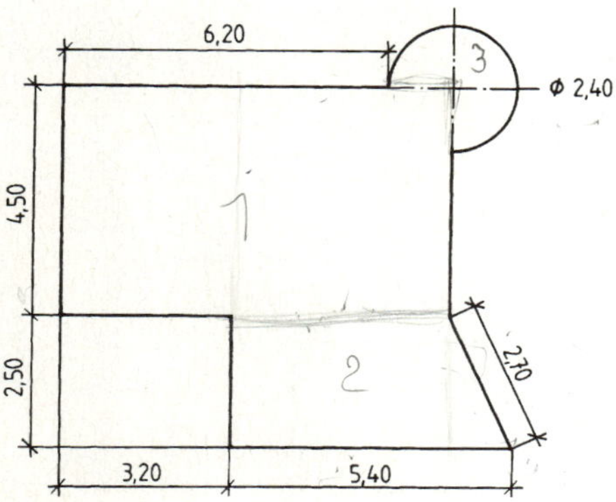

2.45

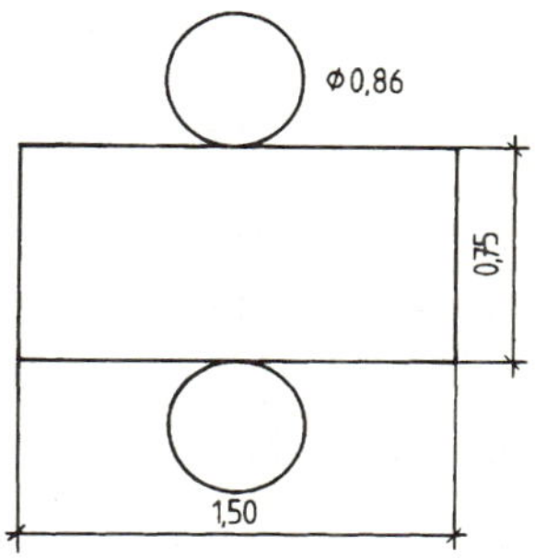

2.46

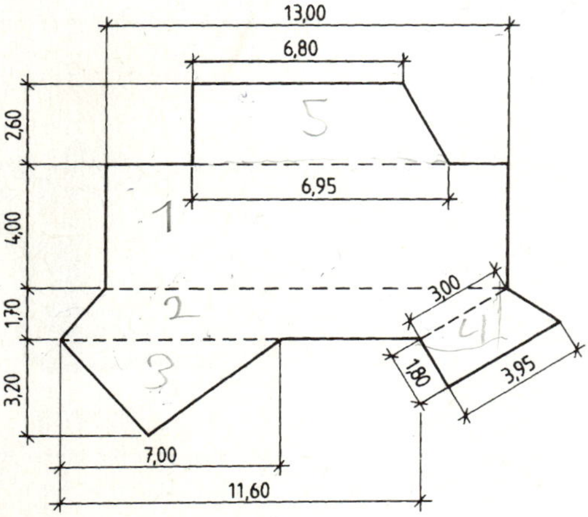

2.47

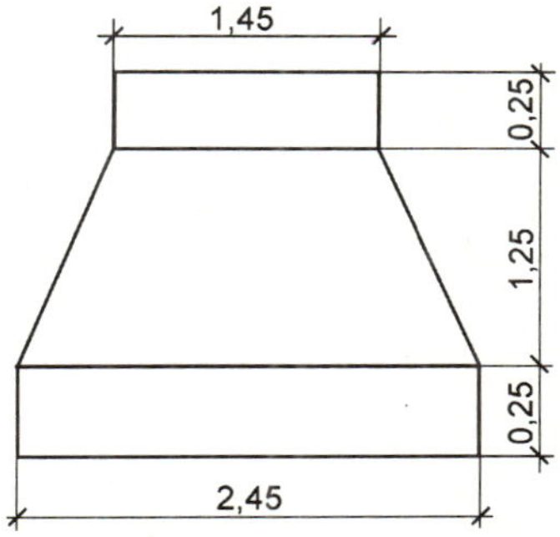

2.48

3 Körper

Ein Körper ist ein von ebenen oder gekrümmten Flächen allseitig begrenzter Teil eines Raumes. Die Gesamtheit der Begrenzungsflächen ist die Oberfläche des Körpers, der von ihm eingeschlossene Teil des Raumes sein Volumen. Mit den Kenntnissen der Flächenberechnung ist bereits eine wichtige Voraussetzung zur Körperberechnung erarbeitet worden.

3.1 Körpereinheiten

Maler und Lackierer bearbeiten zwar Flächen, wie wir sie in Abschnitt 2 kennen gelernt haben, doch sind diese Flächen in der Regel Oberflächen von geometrischen Körpern.

Körper haben drei Ausdehnungen (Dimensionen): Länge, Breite und Höhe.

Wir können bei Körpern die Kantenlänge mit der Einheit Meter (m), die Oberfläche mit der Einheit Quadratmeter (m²) und das Volumen (Rauminhalt) mit der Basiseinheit Kubikmeter (m³) berechnen.

Basis	**durch 1000**		
1m³	0,001 m	0,000.001 m	0,000.000.001 m
Kubikmeter (Einheit)	Kubikdezimeter **dm³**	Kubikzentimeter **cm³**	Kubikmillimeter **mm³**

> Die Umrechnungszahl bei Volumeneinheiten ist **1000**.
> Beim Umrechnen in die nächstgrößere Volumeneinheit wird der Wert **durch 1000 dividiert**.
> Beim Umrechnen in die nächstkleinere Volumeneinheit wird der Wert **mit 1000 multipliziert**.

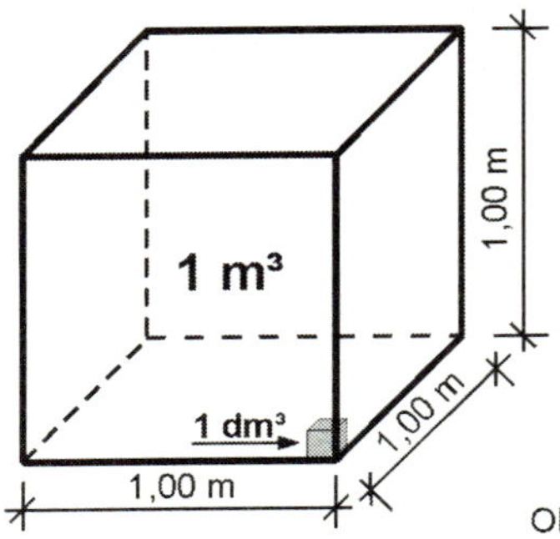

3.1 Kubikmeter

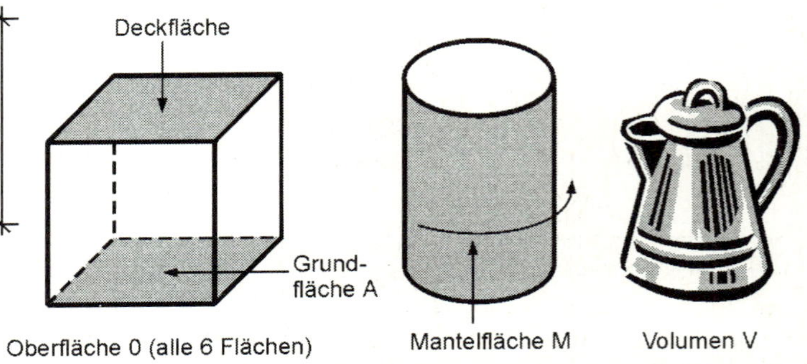

3.2 Körperberechnungen

Im Maler- und Lackiererhandwerk kommen Volumenberechnungen nicht nur bei festen Werkstoffen (z.B. Styropor) oder Pulvern (z.B. Tapetenkleister), sondern auch bei flüssigen Werkstoffen vor. Flüssige Werkstoffe (Dispersionsfarben, Lacke, Verdünnungen, etc.) werden in Liter (l), pastöse Stoffe in Kilogramm (kg) angeboten und berechnet.

Gebräuchlich sind die Volumeneinheiten Liter (l) und Milliliter (ml).

1 Liter = 1000 Milliliter	1 l = 1000 ml
1 l entspricht dem Volumen 1 dm³	1 ml entspricht dem Volumen 1 cm³

Beispiel Ein Gefäß hat 68,790 dm³ Volumen (Rauminhalt). Wie viel cm³, l bzw. ml sind das?

68,790 dm³ · 1.000 = **68.790,000 cm³**

68,790 dm³ ≙ 68,790 l

68,790 l ≙ 68.790,000 ml

Je nachdem, ob ein Werkstoff fest (pulverförmig) oder flüssig ist, rechnen wir mit Gewichtsmaßen oder Hohlmaßen.

Gewichtsmaße

mal 1000	**Basis**	**durch 1000**	
1000 kg	**1 kg**	0,001 kg	0,000.001 kg
Tonne	**Kilogramm** (Einheit)	Gramm	Milligramm
t		**g**	**mg**

1 dm³ Wasser wiegt bei 4° C ≙ 1 kg (**3.3**)

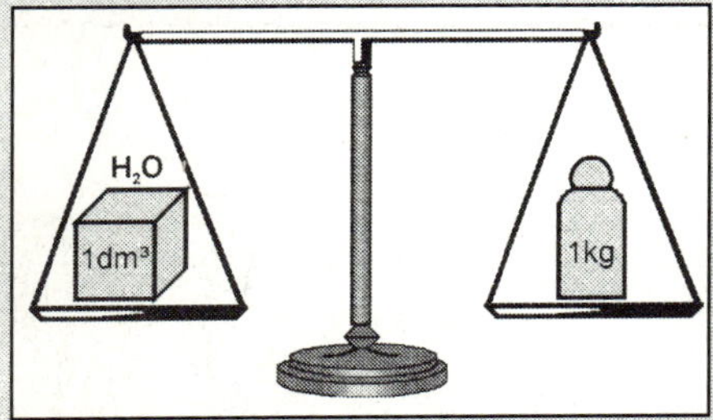

3.3 1 dm³ Wasser ≙ 1kg

mal 100	**Basis**
100 l	**1 l**
Hektoliter (hl)	**Liter** (Einheit) **= 1 dm³**

Flüssige Werkstoffe einschließlich Lacke und Lackfarben werden nur noch in Liter angeboten und berechnet.
1 Liter = 10 Deziliter (dl) = 100 Zentiliter (cl) = 1.000 Milliliter (ml)

Aufgaben

Rechnen Sie die folgenden Körpermaße in die angegebenen Einheiten um.

1.
a) $7{,}250\ m^3$ in l
b) $25\ m^3$ in dm^3
c) $22.250\ dm^3$ in m^3
d) $620\ m^3$ in l
e) $0{,}06\ m^3$ in dm^3
f) $2.161\ dm^3$ in m^3
g) $0{,}090\ m^3$ in cm^3
h) $32{,}82\ m^3$ in dm^3
i) $455\ dm^3$ in m^3
j) $0{,}2\ m^3$ in cm^3

2.
a) $245\ cm^3$ in l
b) $5{,}25\ m^3$ in dm^3
c) $46{,}2\ dm^3$ in m^3
d) $550\ cm^3$ in m^3
e) $0{,}08\ m^3$ in dm^3
f) $900\ dm^3$ in m^3
g) $0{,}03\ dm^3$ in cm^3
h) $1.220\ cm^3$ in m^3
i) $22{,}05\ m^3$ in cm^3
j) $0{,}815\ cm^3$ in dm^3

3.
a) $9.125\ cm^3$ in m^3
b) $0{,}61\ m^3$ in dm^3
c) $222\ dm^3$ in m^3
d) $22{,}25\ dm^3$ in l
e) $7{,}234\ m^3$ in l
f) $0{,}8\ m^3$ in dm^3
g) $5.120\ dm^3$ in m^3
h) $1.250\ dm^3$ in l
i) $22{,}250\ m^3$ in dm^3
j) 0,250 l in dm^3

4. Ein Eimer hat 84 cm^3 Volumen, ein zweiter nur 23.000 mm^3. Wie viel dm^3 sind das zusammen?

5. Eine Firma bietet folgende Verpackungsgrößen an: 5 Dosen zu je 375 ml, 46 Dosen zu je 0,750 l, 26 Dosen zu je 250 ml. Wie viel Liter umfasst das ganze Angebot?

6. Berechnen Sie das Gesamtgewicht von 24 Packungen je 0,500 kg, 6 Packungen zu je 300 g und 6 Packungen je 0,250 kg.

7. Der Reinigungsbehälter für Lackierwerkzeuge hat ein Volumen von 15.120 cm^3. Berechnen Sie die Menge Waschverdünnung in Liter.

3.2 Begriffe der Körperberechnung

Die Körper sind daran zu erkennen, dass sie durch ihre umhüllenden Flächen einen Raum begrenzen. Wir unterteilen die vielen Arten von Körpern in vier Gruppen (**3**.4 bis **3**.7):

Prismen | spitze Körper | stumpfe Körper | Kugeln

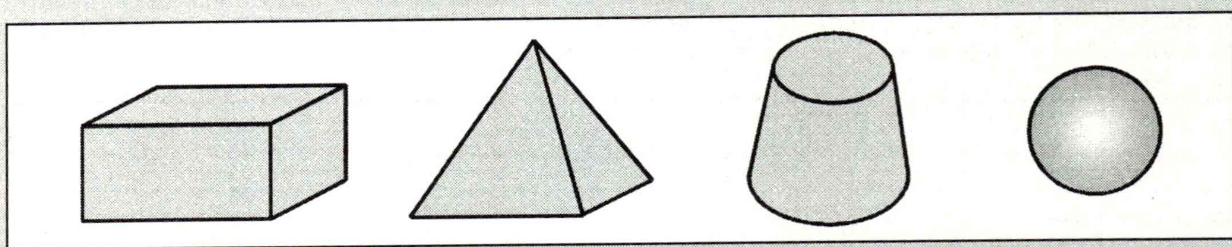

3.4 | **3**.5 | **3**.6 | **3**.7

Zusammengesetzte Körper
Aus den Körpern **3**.4 bis **3**.7 können wiederum neue Körper gebildet werden, indem man sie kombiniert.

Volumen (V)
Den Inhalt, den ein Körper durch seine ihn umhüllenden Flächen einschließt, nennt man Volumen (Rauminhalt).

Oberfläche (O)
Die Oberfläche eines Körpers bezeichnet die Summe aller ihn umgebenden Flächen.

Mantelfläche (M)
Die Mantelfläche bezeichnet die Summe aller Seitenflächen ohne Grund und Deckfläche.

Abwicklung
Werden die umhüllenden Flächen eines Körpers so aufgeklappt, dass sie an einem Stück bleiben, dann bezeichnet man diese Darstellung als Abwicklung.

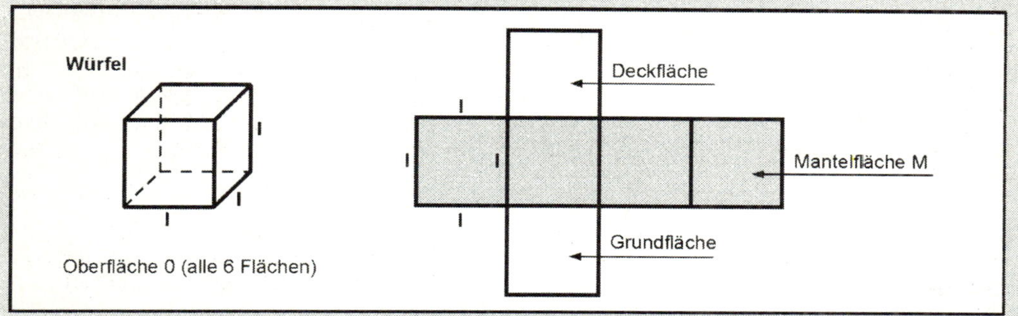

3.8 Abwicklung

3.3 Gerade Körper

Gerade Körper bilden die Mehrzahl der in unserem Handwerk zu bearbeitenden Körper, zumal sie oft von rechteckigen Flächen begrenzt sind, die als Beschichtungsflächen ebenfalls am häufigsten vorkommen.

Gerade Körper - allgemein

Die Mantelflächen stehen senkrecht auf der Grundfläche; Grund- und Deckenfläche sind gleich groß und parallel. Für alle geraden Körper gelten folgende Formeln:

Benennung / Bild	Formeln	Formelzeichen	Einheiten
Gerade Körper 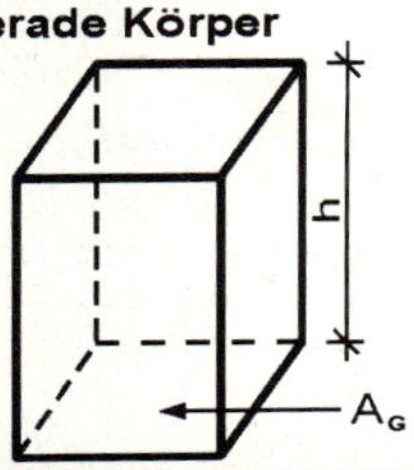	$M = U \cdot h$ $O = A_G \cdot 2 + M$ $V = A_G \cdot h$	M = Mantelfläche O = Oberfläche V = Volumen U = Umfang A_G = Grundfläche h = Höhe	mm², cm², dm², m² mm², cm², dm², m² mm³, cm³, dm³, m³ mm, cm, dm, m mm², cm², cm², m² mm, cm, dm, m

Bestimmte Körper haben charakteristische Formen. Dafür können vereinfachte Formeln angewandt werden:

Würfel

Die Oberfläche eines Würfels besteht aus sechs gleichen, quadratischen Flächen. Die gegenüberliegenden Quadrate sind parallel. Alle Winkel sind rechtwinklig (90°):

Benennung / Bild	Formeln	Formelzeichen	Einheiten
Würfel 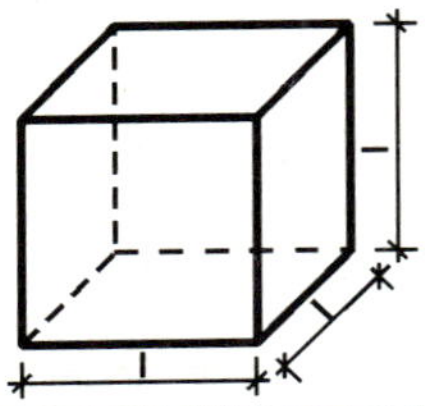	$M = l \cdot 4 \cdot l$ $O = l \cdot 4 \cdot l + l \cdot l \cdot 2$ $V = l \cdot l \cdot l$	M = Mantelfläche O = Oberfläche V = Volumen l = Seitenlänge	mm², cm², dm², m² mm², cm², dm², m² mm³, cm³, dm³, m³ mm, cm, dm, m

Beispiel Berechnen Sie Volumen, Mantelfläche und Oberfläche eines Styroporblocks mit l = 26 cm

V = 26 cm · 26 cm · 26 cm = **17.576 cm³**

M = 26 cm · 4 · 26 cm = **2.704 cm²**

O = 26 cm · 4 · 26 cm + 26 cm · 26 cm · 2 = **4.056 cm²**

Rechtecksäule

Die Oberfläche einer Rechtecksäule besteht aus Grund-, Deck- und vier Seitenflächen. Die gegenüberliegenden Seitenflächen sind gleich groß. Die Mantelfläche besteht aus vier Rechtecken. Die jeweils gegenüberliegenden Rechtecke sind gleich groß.

Benennung / Bild	Formeln	Formelzeichen	Einheiten
Rechtecksäule 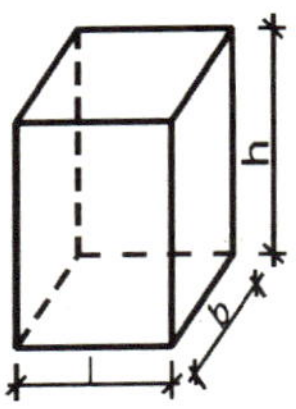	$M = (l + b) \cdot 2 \cdot h$ $O = (l + b) \cdot 2 \cdot h + l \cdot b \cdot 2$ $V = l \cdot b \cdot h$	M = Mantelfläche O = Oberfläche V = Volumen l = Seitenlänge b = Seitenbreite h = Höhe	mm², cm², dm², m² mm², cm², dm², m² mm³, cm³, dm³, m³ mm, cm, dm, m mm, cm, dm, m mm, cm, dm, m

Beispiel Eine Rechtecksäule für die Dekoration eines Messestandes soll beschichtet werden. Berechnen Sie Volumen, Mantelfläche und Oberfläche.
l = 2,00 m; b = 1,35 m; h = 2,25 m.

V = 2,00 m · 1,35 m · 2,25 m = **6,075 m³**

M = (2,00 m + 1,35 m) · 2 · 2,25 m = **15,08 m²**

O = (2,00 m + 1,35 m) · 2 · 2,25 m + 2,00 m · 1,35 m · 2 = **20,48 m²**

Dreiecksäule (Prisma)

Die Oberfläche einer Dreiecksäule besteht aus Grund-, Deck- und drei Seitenflächen. Die Mantelfläche besteht aus drei gleich hohen Rechtecken, die so breit sind wie die Seiten der Grund- bzw. Deckfläche.

Benennung / Bild	Formeln	Formelzeichen	Einheiten
Dreiecksäule 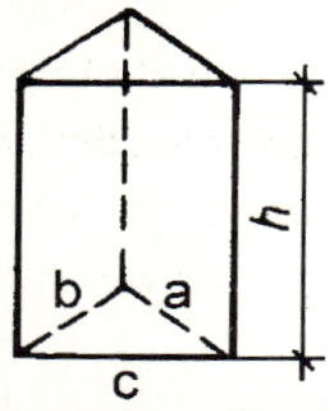 	$M = (a+b+c) \cdot h$ $O = (a+b+c) \cdot h + \frac{c \cdot h_c}{2} \cdot 2$ $V = \frac{c \cdot h_c}{2} \cdot h$	M = Mantelfläche O = Oberfläche V = Volumen a = Seitenlänge b = Seitenlänge c = Seitenlänge h = Höhe h_c = Höhe, rechtwinklig auf c	mm^2, cm^2, dm^2, m^2 mm^2, cm^2, dm^2, m^2 mm^3, cm^3, dm^3, m^3 mm, cm, dm, m mm, cm, dm, m mm, cm, dm, m mm, cm, dm, m mm, cm, dm, m

Beispiel Für eine Dekoration ist eine Dreieckssäule mit der Grundfläche eines gleichschenkligen Dreiecks auf allen Flächen mit Tapete zu bekleben. a = 53 cm, c = 72 cm, h_c = 39 cm und h = 1,96 m.
Berechnen Sie die Mantelfläche, Oberfläche und für das Gewicht das Volumen.

$$M = (0{,}53\ m \cdot 2 + 0{,}72\ m) \cdot 1{,}96\ m = \mathbf{3{,}49\ m^2}$$

$$O = (0{,}53\ m \cdot 2 + 0{,}72\ m) \cdot 1{,}96\ m + \frac{0{,}72\ m \cdot 0{,}39\ m}{2} \cdot 2 = \mathbf{3{,}63\ m^2}$$

$$V = \frac{0{,}72\ m \cdot 0{,}39\ m}{2} \cdot 1{,}96\ m = \mathbf{0{,}275\ m^3}$$

Zylinder (Rundsäule)

Grund- und Deckfläche sind Kreise, die Mantelfläche ergibt ein Rechteck. Die Grundlinie der Mantelfläche ist der Umfang des Zylinders.

Benennung / Bild	Formeln	Formelzeichen	Einheiten
Zylinder 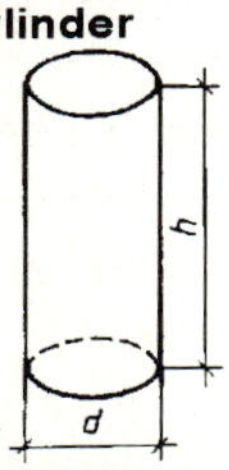 	$M = d \cdot 3{,}14 \cdot h$ $O = d \cdot 3{,}14 \cdot h + \frac{d}{2} \cdot \frac{d}{2} \cdot 3{,}14 \cdot 2$ $V = \frac{d}{2} \cdot \frac{d}{2} \cdot 3{,}14 \cdot h$	M = Mantelfläche O = Oberfläche V = Volumen U = Umfang d = Durchmesser h = Höhe	mm^2, cm^2, dm^2, m^2 mm^2, cm^2, dm^2, m^2 mm^3, cm^3, dm^3, m^3 mm, cm, dm, m mm, cm, dm, m mm, cm, dm, m

Beispiel Berechnen Sie Volumen, Mantel- und Oberfläche eines Zylinders mit d = 65 cm und h = 3,10 m.

$$V = \frac{0{,}65\ m}{2} \cdot \frac{0{,}65\ m}{2} \cdot 3{,}14 \cdot 3{,}10\ m = \mathbf{1{,}028\ m^3} \qquad M = 0{,}65\ m \cdot 3{,}14 \cdot 3{,}10\ m = \mathbf{6{,}33\ m^2}$$

$$O = 0{,}65\ m \cdot 3{,}14 \cdot 3{,}10\ m + \frac{0{,}65\ m}{2} \cdot \frac{0{,}65\ m}{2} \cdot 3{,}14 \cdot 2 = \mathbf{6{,}99\ m^2}$$

Aufgaben

1. Ein Würfel hat 85 cm Kantenlänge. Berechnen Sie die Mantelfläche und die Oberfläche.
2. Ein Würfel hat 2,89 m² Mantelfläche. Wie groß ist seine Kantenlänge?
3. Das Volumen eines Würfels beträgt 148.877 cm³. Eine Fläche des Würfels hat 2.809 cm². Berechnen Sie die Kantenlänge.
4. Fünf flache geschlossene Rechteckbehälter (**3**.9) sollen allseitig beschichtet werden. Wie viel m² sind zu berechnen?

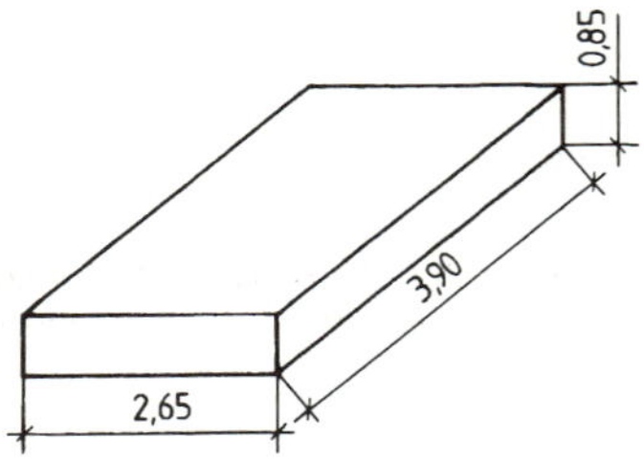

3.9 Rechteckbehälter

5. Zwei Podeste (**3**.10) sollen mit einer Lackfolie beklebt werden. Die quadratische Rückseite und die Bodenfläche bleiben frei. Wie viel m² Folie benötigen Sie bei 10% Verschnitt?

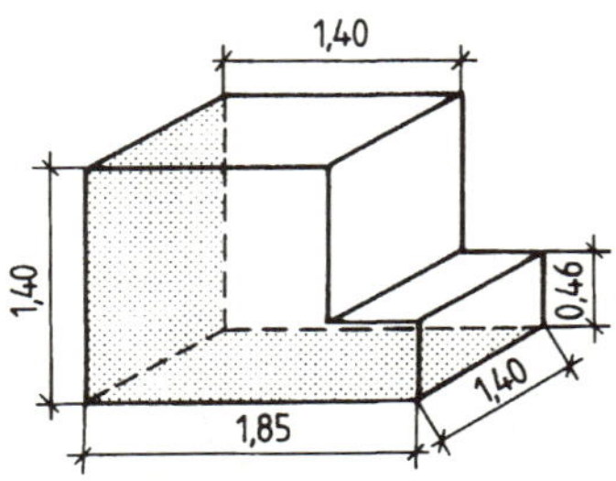

3.10 Podest

5. Sechs Schränke (**3**.11) sollen eine Naturlackierung bekommen. Deckfläche, Untersicht und Rückwand werden nur grundiert.
   a) Wie viel m² sind zu grundieren?
   a) Berechnen Sie die zu lackierenden Flächen.
6. Drei prismatische Stahlkörper (**3**.12) sind allseitig zu beschichten. Wie viel m² Beschichtungsfläche sind das?

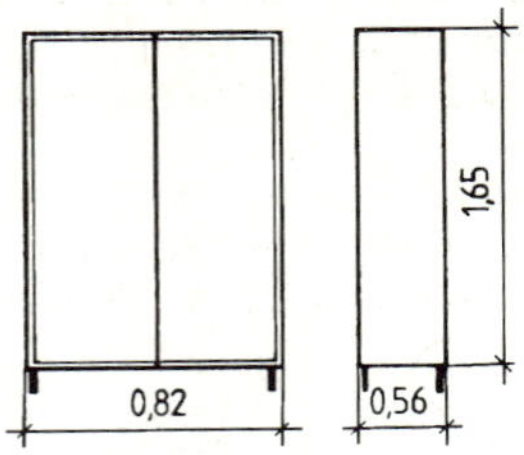

3.11 Schrank

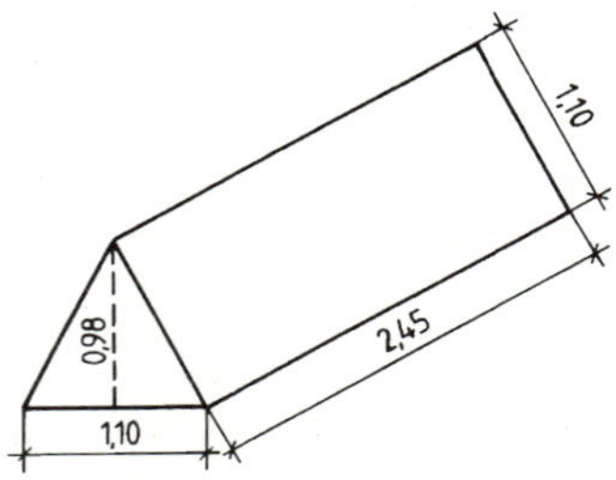

3.12 Prisma

7. Zehn Behälter (**3**.13), ohne Deckel, sind innen und außen zu beschichten. Berechnen Sie die Gesamtfläche.

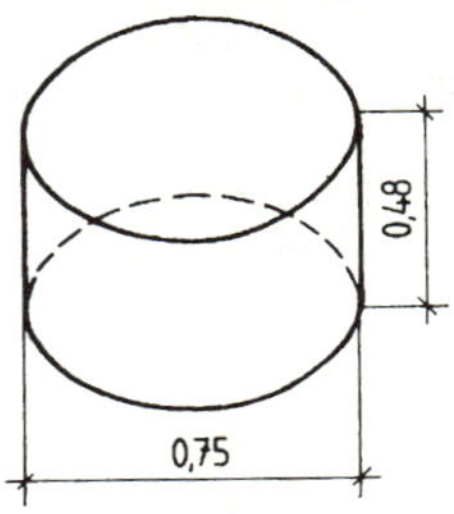

3.13 Behälter

8. Berechnen Sie die Beschichtungsfläche für den Lkw-Tankauflieger (**3**.14).

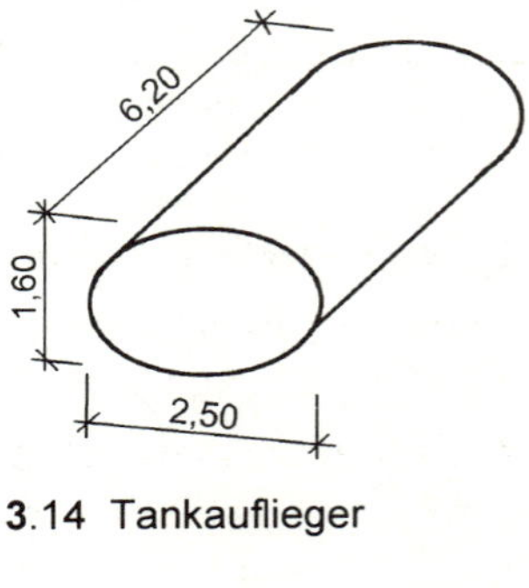

3.14 Tankauflieger

9. Der Tank (**3**.15) ist von außen (ohne Boden) mit einer Korrosionsschutzfarbe und einem Decklack zu beschichten.
   a) Wie viel m² beträgt die gesamte Beschichtungsfläche?
   b) Im unteren Bereich ist nachträglich ein Schutzstreifen auf die Beschichtung auf zubringen. Wie viel m² Fläche hat dieser Streifen?

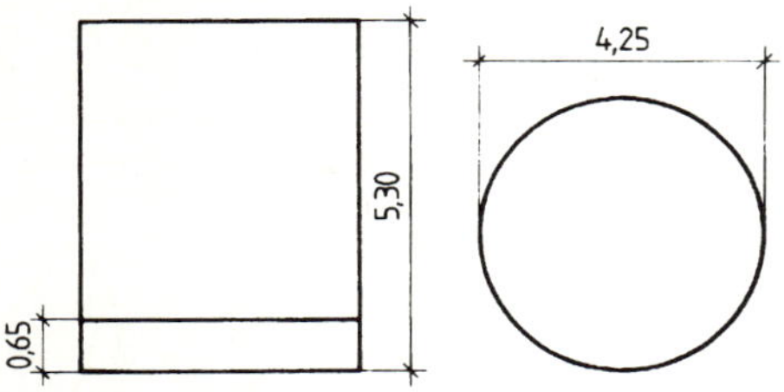

3.15 Tank

10. Ein Möbelwagenanhänger (**3**.16) ist einschließlich Dach, aber ohne Unterboden von außen zu beschichten. Der Anhänger hat eine Länge von 2,85 m. Berechnen Sie die Beschichtungsfläche.

11. In einer Bar sind 4 tragende Stützen in Form einer Dreiecksäule mit der Grundfläche eines gleichseitigen Dreiecks in einer Glättetechnik zu gestalten.
    $a = 35$ cm, $h_c = 29$ cm und $h = 2{,}50$ m.
    Berechnen Sie die Mantelfläche.

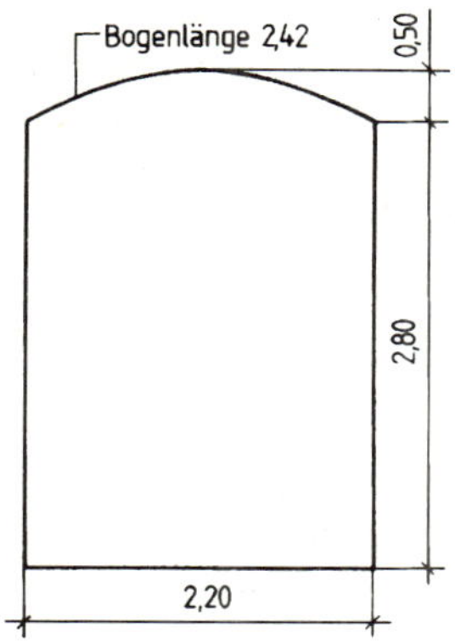

3.16 Möbelwagenanhänger

12. Ein Sattelschlepper ist ohne Bodenunterseite allseitig von außen zu lackieren. Berechnen Sie die zu lackierende Gesamtfläche.

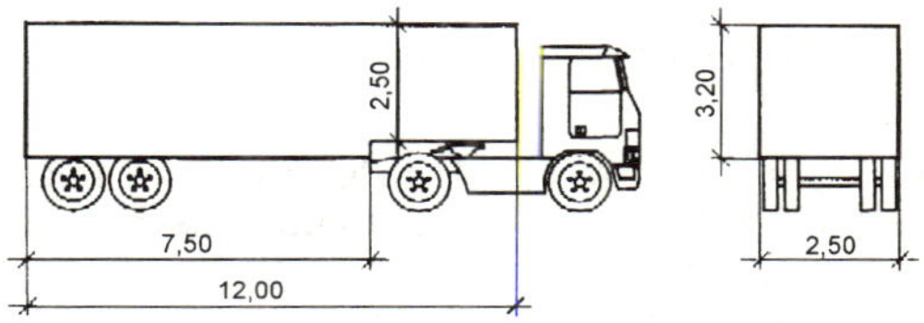

3.17 Sattelschlepper

3.4 Spitze Körper

Hierzu gehören Pyramiden und Kegel. Ihr gemeinsames Merkmal ist die fehlende Deckfläche, denn ihre Mantelflächen laufen in einer Spitze zusammen. In der Praxis begegnen uns vor allem Pyramiden mit eckiger Grundfläche bei Dächern und Dachaufbauten.

> Spitze Körper laufen in ihren Mantelflächen geradlinig in einer Spitze zusammen. Die Grundfläche kann bei Pyramiden ein Dreieck, Viereck oder Vieleck sein. Der Kegel hat immer eine runde Grundfläche.
> Neben der eigentlichen Körperhöhe h haben spitze Körper daher noch eine **Seitenhöhe h_s**

Die Mantelfläche eines spitzen Körpers mit eckiger Grundfläche hat so viele Dreiecksflächen, wie die Grundfläche Kanten hat.

Spitze Körper – allgemein

Die Grundfläche kann ein beliebiges Vieleck sein, die Seitenflächen sind Dreiecke. Die Seitenflächen laufen von der Grundfläche geradlinig in eine Spitze, die senkrecht über dem Mittelpunkt der Grundfläche liegt.

Benennung / Bild	Formeln	Formelzeichen	Einheiten
Spitze Körper 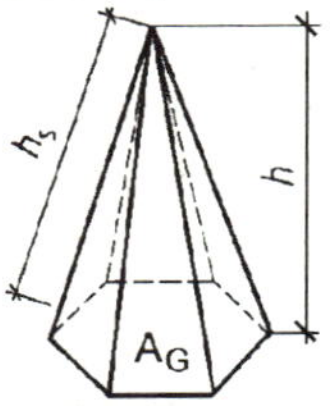	$M = \frac{U \cdot h_s}{2}$ $O = \frac{U \cdot h_s}{2} + A_G$ $V = \frac{A_G \cdot h}{3}$	M = Mantelfläche O = Oberfläche V = Volumen U = Umfang der Grundfläche A_G = Grundfläche h = Höhe h_s = Seitenhöhe	mm², cm², dm², m² mm², cm², dm², m² mm³, cm³, dm³, m³ mm, cm, dm, m mm², cm², dm², m² mm, cm, dm, m mm, cm, dm, m

Beispiel Berechnen Sie Volumen, Mantel- und Oberfläche eines spitzen Körpers mit der Grundfläche eines gleichseitigen Fünfecks.
A_G = 750 cm², l = 20 cm, h = 60 cm und h_s = 67,5 cm

$$M = \frac{20\,\text{cm} \cdot 5 \cdot 67{,}5\,\text{cm}}{2} = 3.375\,\text{cm}^2$$

$$O = \frac{20\,\text{cm} \cdot 5 \cdot 67{,}5\,\text{cm}}{2} + 750\,\text{cm}^2 = 4.125\,\text{cm}^2$$

$$V = \frac{750\,\text{cm}^2 \cdot 60\,\text{cm}}{3} = 15.000\,\text{cm}^3$$

Pyramide mit quadratischer Grundfläche

Die Grundfläche ist ein Quadrat, die vier Körperseiten sind Dreiecke.

Benennung / Bild	Formeln	Formelzeichen	Einheiten
Quadratische Pyramide 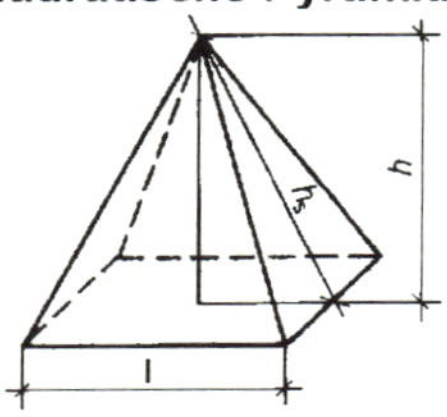	$M = \frac{l \cdot h_s}{2} \cdot 4$ $O = \frac{l \cdot h_s}{2} \cdot 4 + l \cdot l$ $V = \frac{l \cdot l \cdot h}{3}$	M = Mantelfläche O = Oberfläche V = Volumen l = Seitenlänge h = Höhe h_s = Seitenhöhe	mm², cm², dm², m² mm², cm², dm², m² mm³, cm³, dm³, m³ mm, cm, dm, m mm, cm, dm, m mm, cm, dm, m

Beispiel Berechnen Sie Volumen, Mantel- und Oberfläche einer quadratischen Pyramide mit l = 1,70 m, h = 2,10 m und h_s = 2,27 m.

$$V = \frac{1{,}70\,\text{m} \cdot 1{,}70\,\text{m} \cdot 2{,}10\,\text{m}}{3} = \mathbf{2{,}023\,m^3} \qquad M = \frac{1{,}70\,\text{m} \cdot 2{,}27\,\text{m}}{2} \cdot 4 = \mathbf{7{,}72\,m^2}$$

$$O = \frac{1{,}70\,\text{m} \cdot 2{,}27\,\text{m}}{2} \cdot 4 + 1{,}70\,\text{m} \cdot 1{,}70\,\text{m} = \mathbf{10{,}61\,m^2}$$

Kegel

Die Grundfläche ist ein Kreis. Die Seitenfläche läuft von der Grundfläche geradlinig in eine Spitze, die senkrecht über dem Kreismittelpunkt der Grundfläche liegt. Trennt man den Mantel auf, so ist die Abwicklung ein Kreisausschnitt.

Benennung / Bild	Formeln	Formelzeichen	Einheiten
Kegel 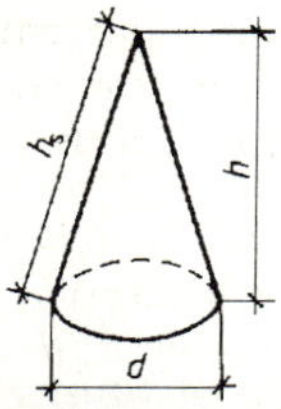	$M = \frac{d \cdot 3{,}14 \cdot h_s}{2}$ $O = \frac{d \cdot 3{,}14 \cdot h_s}{2} + \frac{d}{2} \cdot \frac{d}{2} \cdot 3{,}14$ $V = \frac{\frac{d}{2} \cdot \frac{d}{2} \cdot 3{,}14 \cdot h}{3}$	M = Mantelfläche O = Oberfläche V = Volumen d = Durchmesser ø h = Höhe h_s = Seitenhöhe	mm², cm², dm², m² mm², cm², dm², m² mm³, cm³, dm³, m³ mm, cm, dm, m mm, cm, dm, m mm, cm, dm, m

Beispiel Berechnen Sie Mantelfläche, Oberfläche und Volumen eines Kegels mit d = 80 cm, h = 95 cm und h_s = 1,03 m.

$$M = \frac{0{,}80\,m \cdot 3{,}14 \cdot 1{,}03\,m}{2} = \mathbf{1{,}29\ m^2}$$

$$O = \frac{0{,}80\,m \cdot 3{,}14 \cdot 1.03\,m}{2} + \frac{0{,}80\,m}{2} \cdot \frac{0{,}80\,m}{2} \cdot 3{,}14 = \mathbf{1{,}79\ m^2}$$

$$V = \frac{\frac{0{,}80\,m}{2} \cdot \frac{0{,}80\,m}{2} \cdot 3{,}14 \cdot 0{,}95\,m}{3} = \mathbf{0{,}159\ m^3}$$

Aufgaben

1. Berechnen Sie Mantel und Oberfläche einer Pyramide mit l = 3,50 m, h_s = 2,11 m und h = 1,18 m.
2. Das Kupferdach (**3**.18) ist mit einem korrosionsbeständigen Werkstoff zu beschichten. Berechnen Sie die Beschichtungsfläche in m².

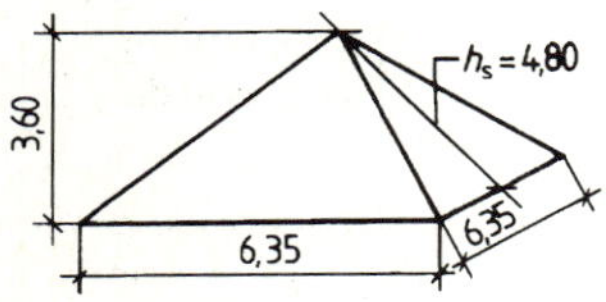

3.18 Kupferdach

3. Der Dachaufbau (**3**.19) soll einschließlich des umgebenden Rands beschichtet werden. Wie viel m² sind in Rechnung zu stellen.

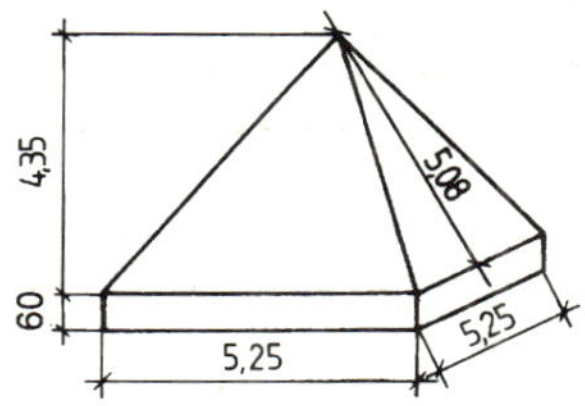

3.19 Dachaufbau

4. Berechnen Sie die Beschichtungsfläche des Silos (**3**.20). Das Silo wird außen allseitig (oben offen) beschichtet.
5. Die Oberfläche einer kegelförmigen Abdeckung (**3**.21) soll beschichtet werden. Berechnen Sie die Mantel- und Oberfläche dieser kegelförmigen Abdeckung eines Brunnens.

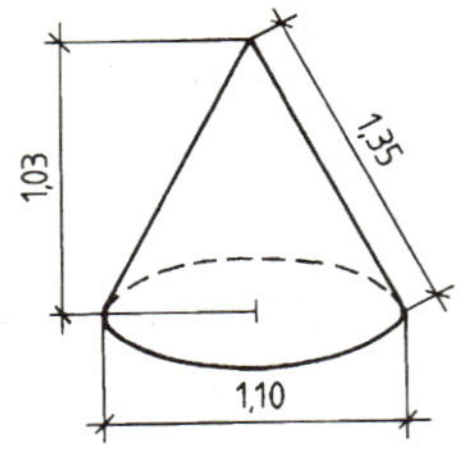

3.20 Silo

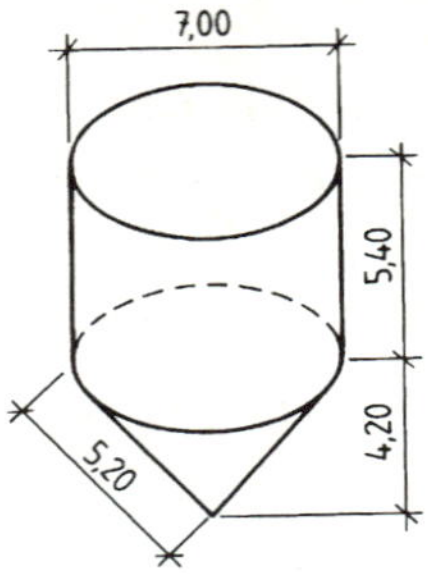

3.21 Abdeckung

6. Fünf Pyramiden wie 3.22 sollen so in den Mantelflächen beschichtet werden, dass die gegenüberliegenden Seiten immer weiß bzw. schwarz sind (ohne Boden).
   a) Wie viel m² sind weiß,
   b) wie viel m² schwarz zu beschichten?

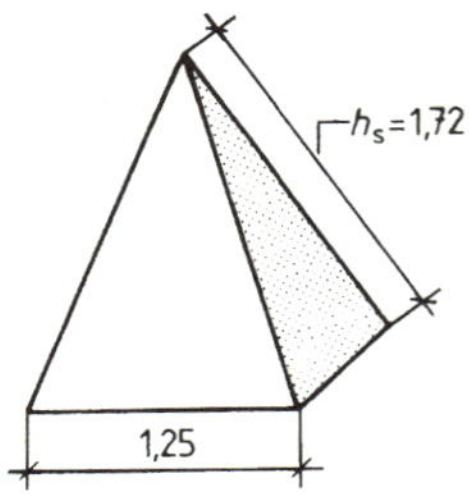

3.22 Pyramide

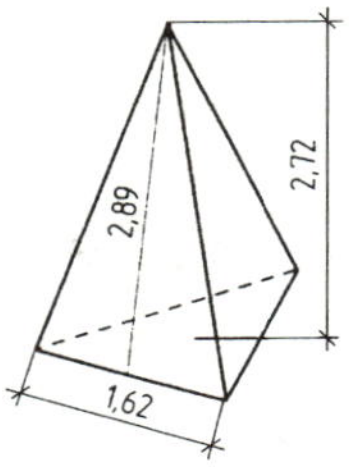

3.23 Dekopyramide

7. Eine Dekorationspyramide (3.23) ist mit einem Textilbelag zu belegen (ohne Boden). Wie viel m² Belag werden bei 10% Verschnitt verarbeitet?

8. Ein Kegel hat folgende Maße: d = 0,84 m, hs = 1,10 m. Welcher Ansatz ist für die Berechnung der Mantelfläche richtig?

   a) $\frac{0{,}42 \cdot 3{,}14 \cdot 1{,}10}{2}$

   b) $0{,}84 \cdot 3{,}14 \cdot 1{,}10$

   c) $\frac{0{,}84 \cdot 3{,}14 \cdot 1{,}10}{2}$

9. Eine Pyramide hat eine dreieckige Grundfläche: l = 0,84 m, h_c = 0,73 m, Seitenhöhe h_s = 1,05 m. Stellen Sie den Ansatz
   a) für die Grundfläche,
   b) für die Mantelfläche auf.

10. Ein Kegel hat das Volumen 7,419 m³ und die Körperhöhe h = 0,43 m. Berechnen Sie den Durchmesser der Grundfläche.

11. Die kegelförmigen Unterteile von vier Schwimmbojen mit den Maßen d = 0,60 m, hs = 1,73 m und h = 1,60 m sind zu entrosten und zu lackieren.
    a) Welche gesamte Beschichtungsfläche ist zu lackieren?
    b) Wie viel Liter Lack werden bei einem Verbrauch von 150 ml/m² benötigt?
    c) Welches Volumen besitzt jedes Bojenunterteil?

3.5 Stumpfe Körper

Wenn spitzen Körpern durch einen parallelen Schnitt zur Grundfläche die Spitze abgetrennt wird, entsteht ein stumpfer Körper. Grund- und Deckfläche sind ähnlich. Die Mantelfläche eckiger stumpfer Körper (Pyramidenstümpfe) besteht aus so vielen Trapezen, wie die Grundfläche Kanten hat.

> Stumpfe Körper haben eine Grund- und eine Deckfläche, die sich ähnlich sind. Die Größe der Fläche ist jedoch unterschiedlich.

Die "abgeschnittene" Spitze der Pyramide wird als Ergänzungspyramide, der untere Teil als Pyramidenstumpf bezeichnet.
Die Grundfläche des Pyramidenstumpfes kann ein Quadrat, ein Rechteck, ein Dreieck oder ein Vieleck sein. Die häufigste vorkommende Form ist jedoch der Pyramidenstumpf mit quadratischer Grundfläche.

Stumpfe Körper – allgemein

Die Grundfläche kann ein beliebiges Vieleck sein, die Seitenflächen sind Trapeze. Die Seitenflächen laufen von der Grundfläche geradlinig zur Deckfläche, die senkrecht über dem Mittelpunkt der Grundfläche liegt.

Benennung / Bild	Formeln	Formelzeichen	Einheiten
Stumpfe Körper 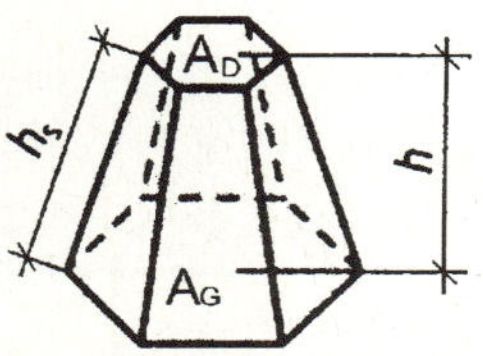	$M = \frac{U_G + U_D}{2} \cdot h_s$ $O = M + A_G + A_D$ $V = \frac{A_G + A_D}{2} \cdot h$	M = Mantelfläche O = Oberfläche V = Volumen U_G = Umfang (Grundfläche) U_D = Umfang (Deckfläche) A_G = Grundfläche A_D = Deckfläche h = Höhe h_s = Seitenhöhe	mm², cm², dm², m² mm², cm², dm², m² mm³, cm³, dm³, m³ mm, cm, dm, m mm, cm, dm, m mm², cm², dm², m² mm², cm², dm², m² mm, cm, dm, m mm, cm, dm, m

Beispiel Berechnen Sie von einem stumpfen Körper mit einer sechseckigen Grund- und Deckfläche zuerst die Mantelfläche, dann die Oberfläche und das Volumen.
Grundfläche: l = 92cm, h_c = 80 cm. Deckfläche: l = 31 cm, h_c = 27 cm.
Körperhöhe h = 2,07 m Körperseitenhöhe h_s = 2,18 m.

$$M = \frac{0{,}92\,m \cdot 6 + 0{,}31\,m \cdot 6}{2} \cdot 2{,}07\,m = \mathbf{7{,}64\,m^2}$$

$$O = 7{,}64\,m^2 + \frac{0{,}92\,m \cdot 0{,}80\,m}{2} \cdot 6 + \frac{0{,}31\,m \cdot 0{,}27\,m}{2} \cdot 6 = \mathbf{10{,}10\,m^2}$$

$$V = \frac{\frac{0{,}92\,m \cdot 0{,}80\,m}{2} \cdot 6 + \frac{0{,}31\,m \cdot 0{,}27\,m}{2} \cdot 6}{2} \cdot 2{,}18\,m = \mathbf{2{,}68\,m^3}$$

Pyramidenstumpf mit quadratischer Grundfläche

Grundfläche und Deckfläche sind Quadrate, die vier Seitenflächen sind Trapeze. Die Mittelpunkte von Grundfläche und Deckfläche liegen senkrecht übereinander. Stumpfe Körper haben wie spitze Körper eine Seitenhöhe h_s.

Benennung / Bild	Formeln	Formelzeichen	Einheiten
Quadratischer Pyramidenstumpf 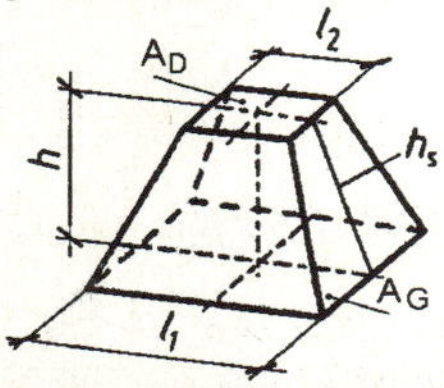	$M = \frac{l_1 + l_2}{2} \cdot h_s \cdot 4$ $O = \frac{l_1 + l_2}{2} \cdot h_s \cdot 4 + l_1 \cdot l_1 + l_2 \cdot l_2$ $V = \frac{l_1 \cdot l_1 + l_2 \cdot l_2}{2} \cdot h$	M = Mantelfläche O = Oberfläche V = Volumen l_1 = Seitenlänge A_G l_2 = Seitenlänge A_D h = Höhe h_s = Seitenhöhe	mm², cm², dm², m² mm², cm², dm², m² mm³, cm³, dm³, m³ mm, cm, dm, m mm, cm, dm, m mm, cm, dm, m mm, cm, dm, m

Beispiel Berechnen Sie Mantelfläche, Oberfläche und Volumen des quadratischen Pyramidenstumpfes. l_1 = 1,32 m, l_2 = 0,95 m, h = 1,16 m und h_s = 1,18 m.

$$M = \frac{1{,}32\,m + 0{,}95\,m}{2} \cdot 1{,}18\,m \cdot 4 = \mathbf{5{,}36\,m^2}$$

$$O = \frac{1{,}32\,m + 0{,}95\,m}{2} \cdot 1{,}18\,m \cdot 4 + 1{,}32\,m \cdot 1{,}32\,m + 0{,}95\,m \cdot 0{,}95\,m = \mathbf{8{,}00\,m^2}$$

$$V = \frac{1{,}32\,m \cdot 1{,}32\,m + 0{,}95\,m \cdot 0{,}95\,m}{2} \cdot 1{,}16\,m = \mathbf{1{,}534\,m^3}$$

Kegelstumpf

Grundfläche und Deckfläche sind Kreise. Die Mittelpunkte von Grundfläche und Deckfläche liegen senkrecht übereinander. Der Mantel hat die Form eines Trapezes, bei dem die große und kleine Grundlinie gebogen ist. Stumpfe Körper haben wie spitze Körper eine Seitenhöhe h_s.

Benennung / Bild	Formeln	Formelzeichen	Einheiten
Kegelstumpf 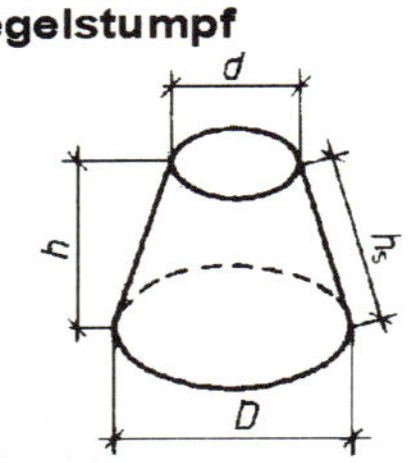	$M = \frac{D+d}{2} \cdot 3{,}14 \cdot h_s$ $O = M + \left(\frac{D}{2} \cdot \frac{D}{2} + \frac{d}{2} \cdot \frac{d}{2}\right) \cdot 3{,}14$ $V = \left(\frac{D}{2} \cdot \frac{D}{2} + \frac{d}{2} \cdot \frac{d}{2}\right) \cdot \frac{3{,}14}{2} \cdot h$	M = Mantelfläche O = Oberfläche V = Volumen D = großer Ø d = kleiner Ø h = Höhe h_s = Seitenhöhe	mm², cm², dm², m² mm², cm², dm², m² mm³, cm³, dm³, m³ mm, cm, dm, m mm, cm, dm, m mm, cm, dm, m mm, cm, dm, m

Beispiel Berechnen Sie die Mantelfläche, Oberfläche und das Volumen eines Kegelstumpfes. D = 75 cm, d = 55 cm, h = 28 cm und h_s = 30 cm.

$$M = \frac{0{,}75\,m + 0{,}55\,m}{2} \cdot 3{,}14 \cdot 0{,}30\,m = \mathbf{0{,}61\,m^2}$$

$$O = 0{,}61\,m^2 + \left(\frac{0{,}75\,m}{2} \cdot \frac{0{,}75\,m}{2} + \frac{0{,}55\,m}{2} \cdot \frac{0{,}55\,m}{2}\right) \cdot 3{,}14 = \mathbf{1{,}29\,m^2}$$

$$V = \left(\frac{0{,}75\,m}{2} \cdot \frac{0{,}75\,m}{2} + \frac{0{,}55\,m}{2} \cdot \frac{0{,}55\,m}{2}\right) \cdot \frac{3{,}14}{2} \cdot 0{,}28\,m = \mathbf{0{,}095\,m^3}$$

Aufgaben

1. Berechnen Sie den Mantel eines Pyramidenstumpfs mit l_1 = 60 cm, l_2 = 45 cm, und h_s = 58 cm.
2. Vier Behälter (**3**.24) ohne Deckel und Rand sollen innen und außen beschichtet werden. Wie viel m² sind zu berechnen?
3. Berechnen Sie von einem Wassereimer (**3**.25) ohne Bodenrand,
   a) die Mantelfläche,
   b) die Oberfläche außen mit Deckel ohne Boden und
   c) das Volumen des Behälters in Liter.

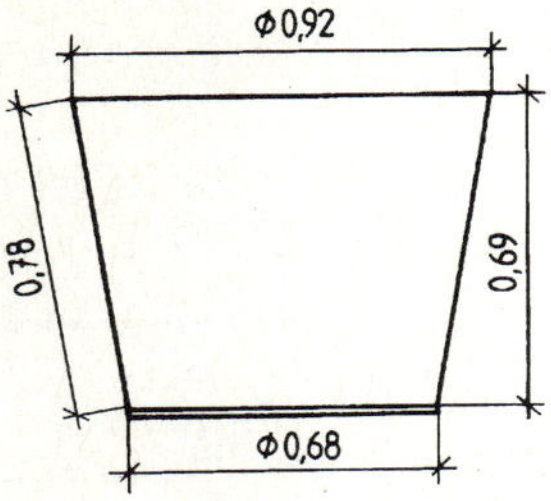

3.24 Behälter

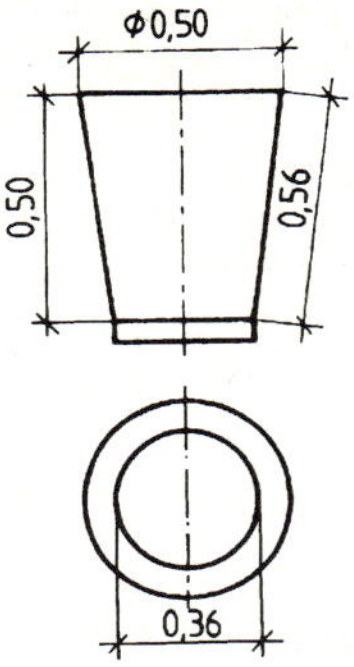

3.25 Wassereimer

4. Ein Farbbehälter hat die Maße D = 44 cm, d = 32 cm, h = 42 cm.
   a) Wie viel Liter Farbe fasst der Behälter?
   b) Ein Großbehälter mit der gleichen Farbe hat 0,480 m³ Inhalt.
      Wie oft kann man den kleinen Behälter umfüllen?

5. 20 Blumenkübel (ohne Deckel) wie 3.26 sind allseitig zu beschichten. Der Unterschied zwischen Innen- und Außenmaßen sowie der obere Rand sind nicht zu beachten. Wie viel m² Beschichtungsfläche sind es insgesamt?

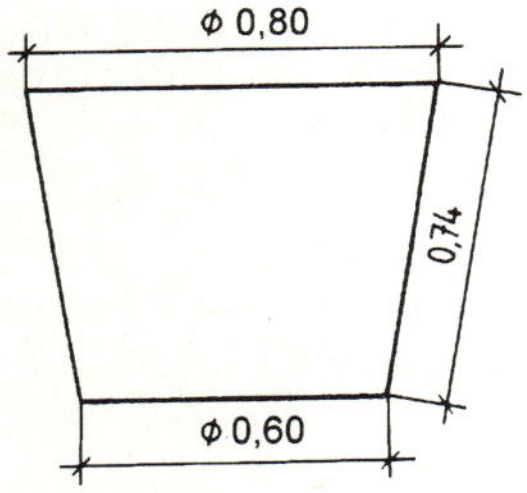

3.26 Blumenkübel

6. Ein Spezialtank (3.27) soll außen einschließlich der beiden Böden beschichtet werden. Berechnen Sie die zu beschichtende Oberfläche.

7. Für welchen Körper gilt der folgende Ansatz, und was wird hier berechnet?

$$\left(\frac{0,80}{2}\cdot\frac{0,80}{2}+\frac{0,60}{2}\cdot\frac{0,60}{2}\right)\cdot\frac{3,14}{2}\cdot 0,72$$

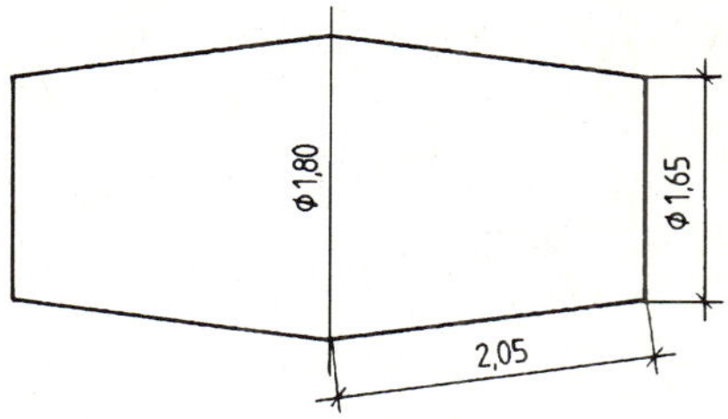

3.27 Spezialtank (Höhe 4,00 m)

8. Der Kunststoffbehälter (3.28) ist mit Silikatfarbe gefüllt. Wie viel Liter sind es?

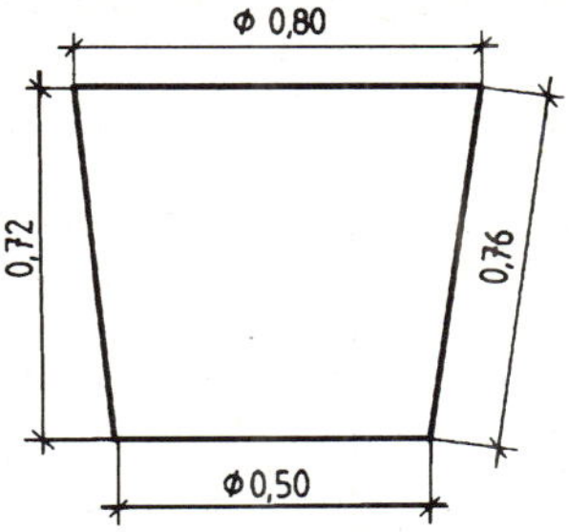

3.28 Kunststoffbehälter

9. Ein Altkleidercontainer (3.29) soll außen allseitig (ohne Boden, mit Deckel) gespritzt werden. Berechnen Sie die zu lackierenden Flächen.

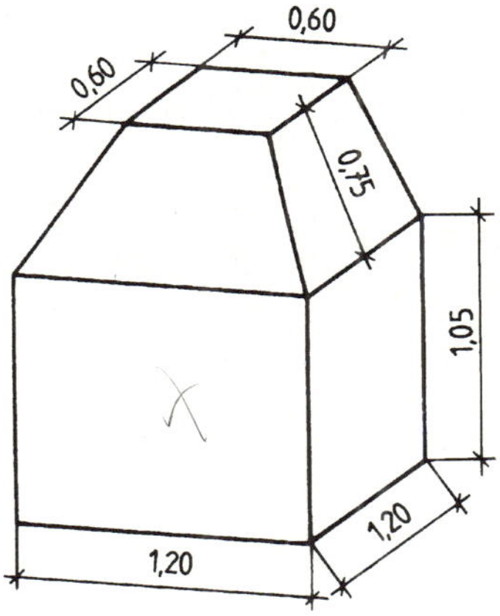

3.29 Altkleidercontainer

10. Berechnen Sie die Oberfläche des Kegelstumpfes mit D = 1,15 m, d = 0,95 m und h_s = 0,75 m.

3.6 Die Kugel

Kugeln und Halbkugeln begegnen uns in der Berufspraxis selten als Aufmaßobjekt. Vergoldete Kugeln finden wir auf Türmen oder als ähnliche Zierformen, andere auch als Behälter. Halbkugeln kommen in historischen Gebäuden als Deckengewölbe vor.

Jeder Punkt auf der Oberfläche hat den gleichen Abstand (Radius) zum Mittelpunkt. Die Kugel hat keine Mantelfläche.

Benennung / Bild	Formeln	Formelzeichen	Einheiten
Kugel 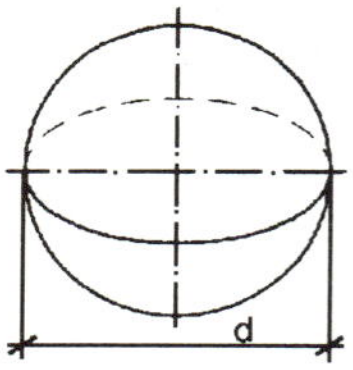	$O = d \cdot d \cdot 3{,}14$ $V = \frac{1}{6} \cdot d \cdot d \cdot d \cdot 3{,}14$	O = Oberfläche V = Volumen d = Durchmesser Ø	mm^2, cm^2, dm^2, m^2 mm^3, cm^3, dm^3, m^3 mm, cm, dm, m

Beispiel Der Kugelknauf eines Gitters soll vergoldet werden. Berechnen Sie die zu vergoldende Fläche und das Volumen der Kugel, wenn der Kugeldurchmesser 15 cm beträgt.

$$O = 0{,}15\,m \cdot 0{,}15\,m \cdot 3{,}14 = \mathbf{0{,}07\ m^2}$$

$$V = \frac{1}{6} \cdot 0{,}15\,m \cdot 0{,}15\,m \cdot 0{,}15\,m \cdot 3{,}14 = \mathbf{0{,}002\ m^3}$$

Für die Halbkugel gelten entsprechend die Hälften dieser Werte

$$O = \frac{d \cdot d \cdot 3{,}14}{2} \qquad V = \frac{1}{12} \cdot d \cdot d \cdot d \cdot 3{,}14$$

Aufgaben

1. Ein kugelförmiger Gasbehälter mit einem Ø = 2,54 m soll von außen beschichtet werden. Berechnen Sie die Fläche in m^2.

2. Ein Chemiewerk lässt 6 kugelförmige Behälter mit einem Ø = 1,45 m von außen mit Epoxidharz-Lackfarbe beschichten. Wie viel m^2 sind insgesamt zu beschichten?

3. Berechnen Sie das Volumen und die Oberfläche (einschließlich Grundfläche) von einer Halbkugel Ø = 46 cm.

4. Die Oberfläche einer Kirchturmkugel soll mit Blattgold vergoldet werden. Die Auflagefläche von Spitze und Halterung bleibt unberücksichtigt. Die Kugel hat einen Durchmesser von 70 cm.
   a) Berechnen Sie die Kugeloberfläche.
   b) Berechnen Sie den Bedarf an Gold bei einem Verschnitt von 20% und einer Blattgröße des Goldes von 8 cm · 8 cm.
   c) Wie viel Hefte (25 Blatt pro Heft) Gold müssen für die Arbeit bereitgestellt werden?

3.7 Zusammengesetzte Körper

Wie es zusammengesetzte Flächen gibt, kommen auch zusammengesetzte Körper vor. Zum Berechnen werden Sie ebenfalls in Einzelkörper zerlegt, einzeln berechnet und addiert. Ganz oder teilweise verdeckte Flächen an den Schnittstellen sind abzuziehen.

> Zusammengesetzte Körper werden in berechenbare Einzelkörper zerlegt und einzeln berechnet. Die Ergebnisse werden addiert.

Aufgaben

1. Ein zweiteiliger Schrank (**3**.30) soll allseitig beschichtet werden. Wie viel m² sind zu berechnen?

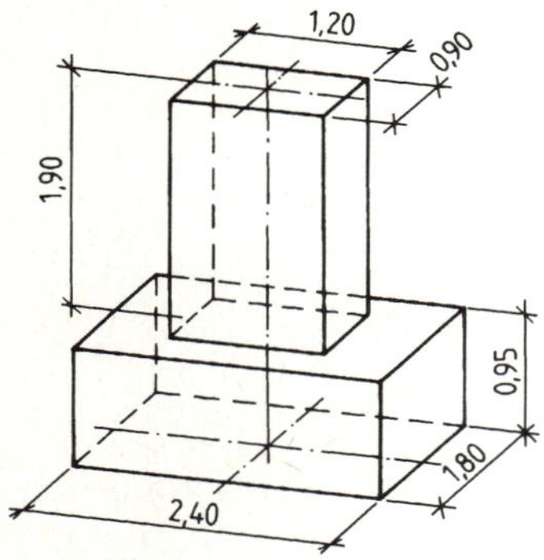

3.30 Schrank

2. Die Oberfläche des Metallkörpers (**3**.31) ist ohne Boden zu berechnen. Quader und Pyramidenstumpf sind aus einem Stück.

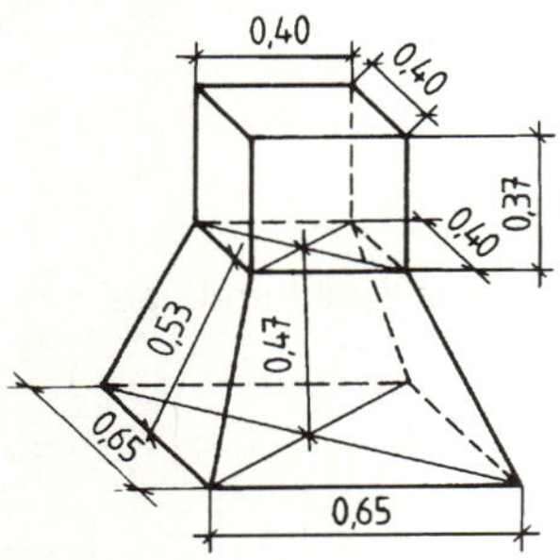

3.31 Metallkörper

3. Ein Öltank (**3**.32) soll von außen beschichtet werden, der Boden entfällt, die Deckfläche (Öffnung geschlossen) wird beschichtet.

a) Wie groß ist die Fläche des Öltanks?
b) Wie viel Liter Öl fasst der Tank?

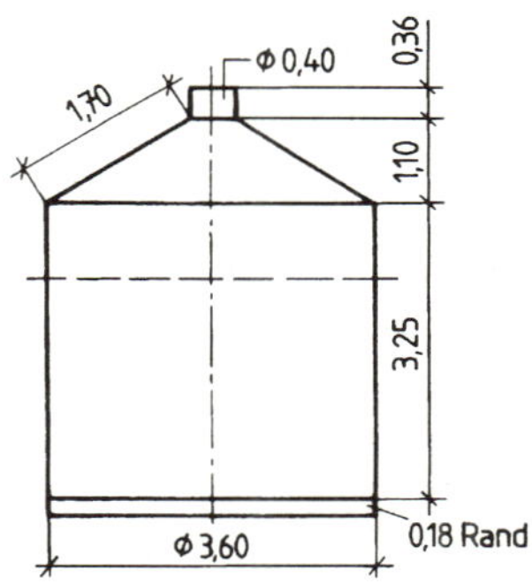

3.32 Öltank

4. Ein Zementwerk lässt vier Silos (**3**.33) beschichten. Berechnen Sie
a) die Außenfläche und
b) das Fassungsvermögen von einem Silo.

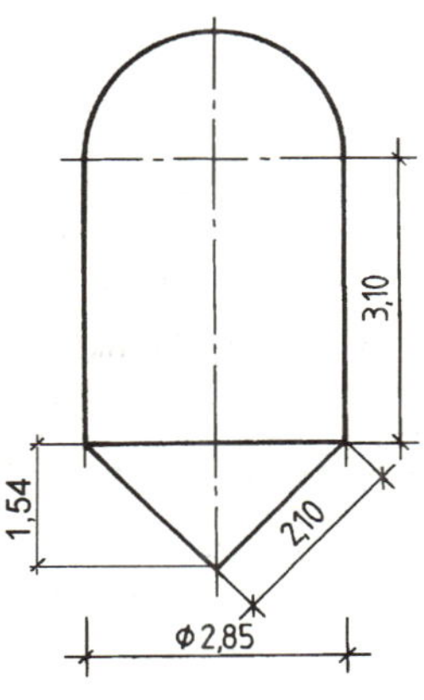

3.33 Silo

5. Berechnen Sie die allseitig zu beschichtende Lagerhalle (**3**.34).

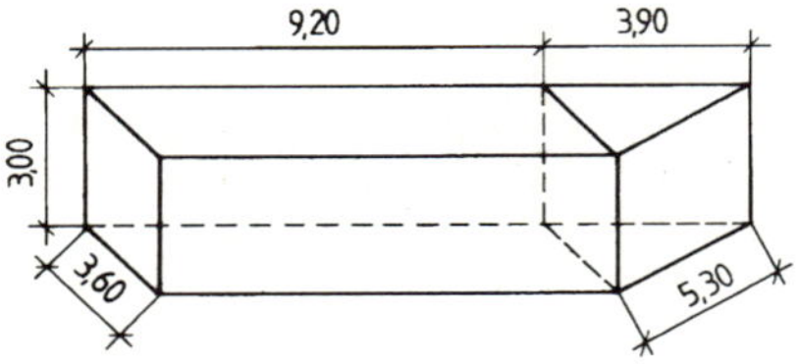

3.34 Lagerhalle

6. Der Wasserturm (**3**.35) soll wie folgt farbig beschichtet werden:
Körper 1, Zwischenkörper 3 und 5 weiß, die Körper 2 (einschließlich Untersicht), 4 und 6 rot.
Schreiben Sie die Maßansätze und berechnen Sie getrennt nach weißer und roter Beschichtungsfläche.

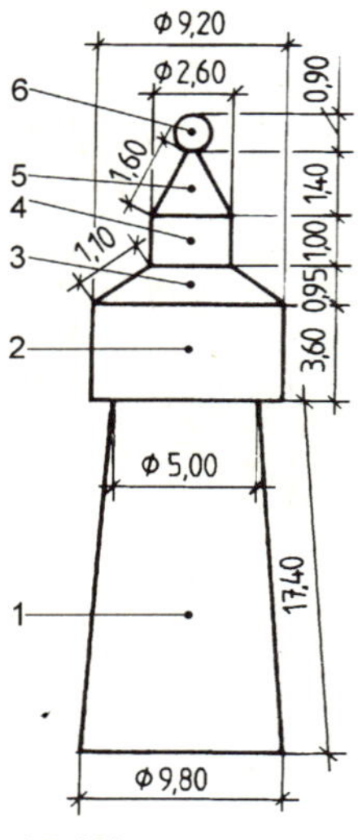

3.35 Wasserturm

7. Ein Ausstellungspodest (**3**.36), bei dem nur der Zylinder abmontiert werden kann, ist ohne Boden allseitig zu bekleben. Wie viel m² Fläche sind es?

8. Der Werbeträger (**3**.37) ist nicht auseinandernehmbar und allseitig (ohne Boden) hellgrau zu beschichten. Die Kugel als Firmenzeichen wird rot beschichtet.
a) Wie viel m² sind hellgrau,
b) wie viel sind rot zu beschichten?

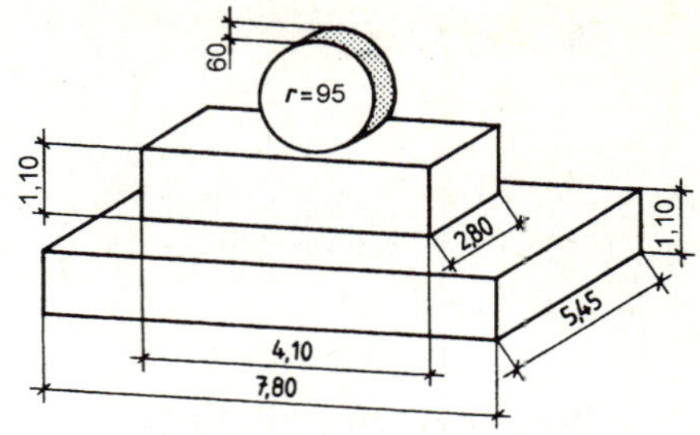

3.36 Podest

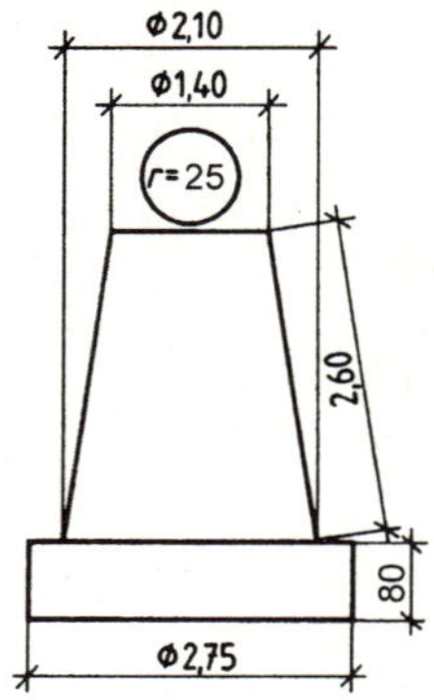

3.37 Werbeträger

9. Der Behälter eines Betontransportfahrzeugs (**3**.38) ist außen zu beschichten. Berechnen Sie die zu beschichtende Fläche ohne Einfüllloch.

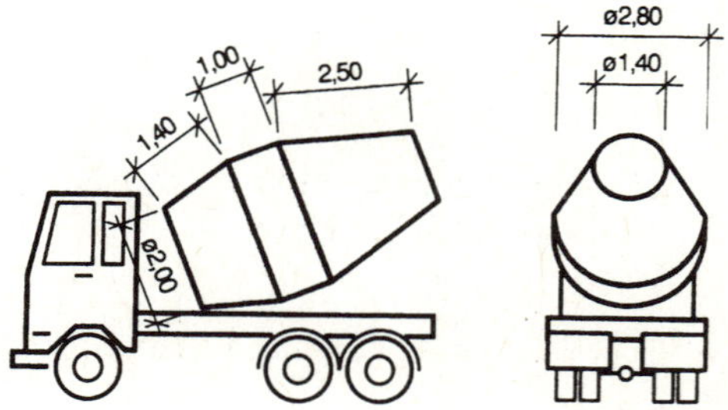

3.38 Betontransportfahrzeug

4 Werkstoffe

Auf Gebinden und Technischen Merkblättern ist der Verbrauch je m² angegeben. Mit diesen Angaben müssen Sie rechnen können, um z.B. den ungefähren Verbrauch für eine bestimmte Fläche oder Körperanzahl zu wissen.

4.1 Massenberechnung

Die von den Herstellern zu ihren Produkten herausgegebenen Technischen Merkblätter geben neben Werkstoffart und Anwendung auch die Dichte des entsprechenden Produktes an. Für die Ermittlung der Werkstoffverbrauchswerte (in kg oder l) ist die **Dichte** die notwendige Umrechnungsgröße.
Für Werkstoffberechnungen müssen zunächst einige Begriffe aus der Technologie (Physik) wiederholt werden.

Masse ist das Beharrungsvermögen eines Körpers, d.h., er bleibt im Ruhezustand oder in gleichförmiger Bewegung, wenn keine Kraft auf ihn einwirkt. Die Masse (m) hängt von der Menge (Volumen = V) des Körpers und seiner Stoffart ab. Einheit der Masse ist das kg.

Dichte. Der Vergleich von 1 kg Styropor mit 1 kg Blei zeigt, dass sich die Stoffe trotz gleicher Masse erheblich unterscheiden. Sie haben eine unterschiedliche Dichte. Die Dichte ρ (rho) eines Körpers ermitteln wir, wenn wir seine Masse durch sein Volumen dividieren.

Masse m ist die Eigenschaft eines Körpers, sich Veränderungen seines Bewegungszustands zu widersetzen.
Die Dichte ρ eines Stoffes ist der Quotient aus der Masse m und dem Volumen V.

Einheit der Masse: kg, g, t
Einheit der Dichte: kg/dm³, g/cm³, kg/l, g/ml, t/m³

$$\text{Dichte} = \frac{\text{Masse}}{\text{Volumen}}$$

$$\rho = \frac{m}{V}$$

$$\text{Volumen} = \frac{\text{Masse}}{\text{Dichte}} = \frac{m}{\rho}$$

$$\text{Masse} = \text{Dichte} \cdot \text{Volumen} = \rho \cdot V$$

Beispiel Ein Behälter hat ein Volumen von 10 dm³. Wie viel kg Lack mit der Dichte $\rho = 1{,}5\ \frac{kg}{dm^3}$ sind im Behälter?

$$m = \rho \cdot V = 1{,}5\ \frac{kg}{dm^3} \cdot 10\ dm^3 \quad \mathbf{= 15\ kg}$$

Umrechnungen. Beschichtungsstoffe werden überwiegend in l angeboten, Spachtelmassen, Edelputze und andere Erzeugnisse dagegen in kg. Für die Kalkulation der Malerbetriebe sind Umrechnungen zwischen Massenangaben in kg und Volumenangaben in l mithilfe der Dichte möglich.

Beispiel 2,500 kg Kunstharzlack sind in Liter umzurechnen. Dichte ρ = 1,25

$$V = \frac{2{,}500\ \text{kg} \cdot \text{dm}^3}{1{,}250\ \text{kg}} = 2{,}000\ \text{dm}^3 = \mathbf{2{,}000\ l}$$

$\text{Preis pro Kilogramm} = \dfrac{\text{Preis pro Liter}}{\text{Dichte}}$	Preis pro Liter = Preis pro Kilogramm · Dichte

Beispiel 1 1 Liter Fenstergrund kostet 6,95 €/l, das Material hat eine Dichte von 1,16 kg/l. Was kostet 1 Kilogramm?

$$\text{Preis pro Kilogramm} = \frac{6{,}95\ \frac{€}{l}}{1{,}16\ \frac{kg}{l}} = \mathbf{5{,}99\ €/kg}$$

Beispiel 2 1 kg Buntsteinputz mit der Dichte 1,63 kg/l kostet 1,81 €/kg. Ermitteln Sie den Literpreis.

$$\text{Preis pro Liter} = 1{,}81\ \frac{€}{kg} \cdot 1{,}63\ \frac{kg}{l} = \mathbf{2{,}95\ €/l}$$

Für Massenberechnungen und Umrechnungen mit kg und l benötigen Sie die Dichte des Werkstoffes. Sie finden sie in Technischen Merkblättern, oft auch auf den Gebindeetiketten.

Übersicht: Volumen- und Masseeinheiten

1 t	=	1000 kg	1000 l	=	1 m^3
1 kg	=	1000 g	1 l	=	1 dm^3
1 g	=	0,001 kg	1 ml	=	1 cm^3

Aufgaben

1. Berechnen Sie das Volumen von 38 kg Kunststoffdispersionsspachtel mit einer Dichte von 1,9 kg/dm³ in dm³.

2. Ein lösungsmittelhaltiges Abbeizmittel hat eine Dichte ρ von 1,24 kg/l. Welches Volumen ergeben
   a) 18 kg Abbeizmittel,
   b) 5 kg Abbeizmittel?
   c) Was kostet 1 l Abbeizmittel, wenn für 1 kg 2,63 € bezahlt werden?

3. Ein Blechkanister mit Testbenzin wiegt 3,915 kg. Das Behältervolumen ist 4,50 dm³. Berechnen Sie die Dichte ρ.

4. Ein kg Alkydharzlack hat die Dichte ρ = 1,4. Wie viel geht davon
   a) in ein Gebinde von 2 dm³ Volumen?
   b) in ein Gebinde von 7,5 dm³ Volumen?

5. Ermitteln Sie die Literpreise
   a) wenn 1 kg Heizkörperlack mit der Dichte ρ = 1,25 5,90 € kostet.
   b) wenn 1 kg Dispersionssilikatfarbe mit der Dichte ρ = 1,32 4,35 € kostet.
   c) wenn 1 kg Kunstharzspachtel mit ρ = 1,79 7,10 € kostet.

6. Berechnen Sie das entsprechende Volumen in Liter.
   a) 5,075 kg Lackfarbe (ρ = 1,45).
   b) 23,700 kg Fassadenfarbe (ρ = 1,58).

7. Berechnen Sie das Gewicht der Luft in einem Raum von 4,83 m · 5,32 m · 2,83 m. Luftdichte ρ = 0,00129.

8. Ein Kleistereimer wiegt 9,7 kg. Welche Dichte hat der Kleister, wenn das Volumen des Eimers 7,500 dm³ beträgt?

Werkstoffe werden auf verschiedene Art verpackt, je nachdem, ob sie trocken (pulverförmig), flüssig oder pastenförmig angeliefert werden. Die darauf abgestimmten Packungen (z.B. Kartons, Dosen, Eimer, Kanister, Fässer) haben ein unterschiedliches Fassungsvermögen. Der Maler und Lackierer sollte möglichst große Gebinde oder Großpackungen verbrauchen. Diese sind meist kostengünstiger, die Schütt- und Schwundverluste (Verluste bei der Verarbeitung) sind geringer, und die Umwelt wird durch weniger Verpackungsabfall geschont.

Brutto – Netto – Tara.

Das Bruttogewicht ist das Gesamtgewicht, also Verpackung und Inhalt (Werkstoff) zusammen.
Das Nettogewicht ist das reine Werkstoffgewicht.
Die Tara ist das reine Verpackungsgewicht.

In der Praxis ist das Bruttogewicht von Bedeutung, (**bfn = brutto für netto**), denn die Verpackung muss mitbezahlt werden.

Bruttogewicht = Nettogewicht + Tara

Nettogewicht = Bruttogewicht – Tara

Tara = Bruttogewicht – Nettogewicht

Beispiel In einem Malerbetrieb werden 48 Gebinde Acryllack mit einem Gesamtgewicht von 184,800 kg auf einem Regal gelagert. Die leeren Lackdosen haben ein Gewicht von je 425 g. Die Dichte des Acryllackes beträgt 1,370 kg/dm³.
Wie viel Liter Lack werden gelagert?

Nettogewicht = 184,800 kg – 48 · 0,425 kg = 164,400 kg

$$\text{Volumen} = \frac{\text{Masse}}{\text{Dichte}} = \frac{164{,}400\,\text{kg}}{1{,}370\,\frac{\text{kg}}{\text{dm}^3}} = 120{,}000\,\text{dm}^3 = \mathbf{120{,}000\,l}$$

Aufgaben

9. 10 kg Spachtelmasse netto sind in einem Behälter, Tara 1850 g, verpackt. Berechnen Sie das Bruttogewicht.

10. 5 kg Grundfüller werden für 56,00 € brutto angeboten. Die Tara beträgt 350 g.
Berechnen Sie
a) das Nettogewicht,
b) den Nettopreis.

11. 30 kg Grundierung netto sind in sechs 5-kg-Behälter verpackt. Gewicht 780 g je Behälter. Berechnen Sie das Gesamtbruttogewicht.

12. Das Bruttogewicht einer Lieferung beträgt 240 kg, die Verpackung 16 kg.
a) Berechnen Sie das Nettogewicht.
b) Wie viel % beträgt das Taragewicht?

13. Ein Malerbetrieb erhält zwei Fässer mit je 200 Liter Lackverdünnung geliefert. Das Leergewicht eines Fasses beträgt 32,250 kg. Die Dichte der Lackverdünnung wird mit 0,790 kg/l angegeben. Berechnen Sie das Gesamtgewicht der beiden Fässer.

14. In einen Kleintransporter werden 14 Eimer Fassadenfarbe geladen. Ein Eimer fasst 15 l Farbe. Die Fassadenfarbe hat eine Dichte von 1,550 kg/l. Ein leerer Eimer wiegt 0,800 kg. Berechnen Sie das Gewicht (Masse) in kg, mit dem der Kleintransporter beladen wird.

15. 50 kg Edelputz werden bfn angeboten, Verpackungsgewicht 6,255 kg. Berechnen Sie das Nettogewicht.

16. Fünf Eimer mit Dispersionsplastik werden angeliefert, ein Eimer hat 15 l Inhalt, $\rho = 2,4$.
 a) Wie viel Liter sind es insgesamt?
 b) Wie viel kg sind es?

17. 10 kg Füller werden für 112,00 € brutto angeboten. Das Verpackungsgewicht beträgt 600 g. Berechnen Sie das Nettogewicht und den Nettopreis.

18. Die Kalkgrube eines Restaurators hat die Maße 4,50 m · 2,25 m, Tiefe 1,50 m. Dichte ρ des Kalks ist 2,5.
 a) Wie viel m^3 fasst die gefüllte Grube?
 b) Wie viel kg sind das?
 c) Der Kalk aus der Grube wird in 10-l-Eimer gefüllt. Wie viel Eimer können gefüllt werden?

4.2 Werkstoffpreise

Der Preis von Werkstoffen und Materialien wird unterschieden in Stückpreis, Literpreis und Kilopreis. Durch das Berechnen von Werkstoffpreisen können Sie auch sehen, wie teuer die Ihnen anvertrauten Werkstoffe sind. In Rechnungen des Großhandels aufgeführte Preise enthalten nicht die gesetzliche Mehrwertsteuer (MwSt.). Bei Zahlungen des Rechnungsbetrages innerhalb einer bestimmten Frist kann ein Zahlungsnachlass (Skonto) vereinbart werden. Rabatt kann beim Kauf einer bestimmten Menge gewährt werden.

Aufgaben

19. Sie sollen die unten aufgeführten Werkstoffe bestellen.
 a) Berechnen Sie die Kosten der einzelnen Werkstoffe.
 b) Wie viel ist zu zahlen, wenn auf den Gesamtbetrag 2,5% Skonto gewährt wird?

Werkstoff	Packung l	Karton-inhalt Stück	Einkaufs-preis €/l
Zinkhaftgrund	0,500	6	7,98
Spezialverdünnung	1,000	6	5,25
Vorlack	2,500	4	6,38
Holzgrund	0,750	4	4,05

20. Ein 0,250-l-Gebinde Heizkörpervorlack kostet 2,20 €, ein gleiches mit 0,750 l kostet 4,30 €.
 a) Wie viel € kann man sparen, wenn gleich ein großes Gebinde gekauft wird?
 b) Wie viel Prozent Ersparnis sind das?

21. Holzschutz-Lasur kostet im 25-l-Gebinde 90,75 €.
 a) Wie viel teurer ist ein 5-l-Gebinde beim Literpreis von 3,98 €/l?
 b) Wie viel Prozent ist das kleinere Gebinde teurer?

22. 5,500 l Zweischicht-Metalliclack kosten 121,55 €.
 a) Was kostet ein Liter?
 b) Bei einer Nachbestellung zahlt der Meister 24,25 € pro Liter, um wie viel Prozent war der nachbestellte Lack teurer?

23. Reinacrylat-Fassadenfarbe wird in 10-l-Gebinden für 4,07 € angeboten. 150 Liter derselben Farbe kosten im wiederverwendbaren Großbehälter 1.053,00 € netto. Der Verbrauch wird mit 320 ml/m^2 angegeben.
 a) Wie hoch ist der Werkstoffpreis für die Beschichtung pro m^2 bei Verwendung von 10-l-Gebinden?
 b) Um wie viel Prozent ist der Preis/m^2 im Großgebinde niedriger?

24. 25 Werbeträger sind zu beschichten. Ein Werbeträger hat eine Beschichtungsfläche von 1,18 m^2. Der Verbrauch liegt bei 150 ml pro m^2. 1 Liter Acryllack kostet im Einkauf 8,40 €, 30% materialgebundene Gemeinkosten sind aufzuschlagen.
 a) Wie viel Liter Lack werden benötigt?
 b) Was kostet 1 Liter mit Aufschlag?
 c) Wie hoch sind die Materialkosten?

4.3 Werkstoffbedarf

Der Bedarf an Beschichtungsstoffen richtet sich nach der zu bearbeitenden Flächengröße. Angaben auf Verpackungsetiketten von Werkstoffen enthalten Inhaltsangaben in Kilogramm oder Liter und den Verbrauch in kg, l oder ml pro m². Weitere Informationen können aus den Technischen Merkblättern der Hersteller entnommen werden.

Der Bedarf wird ermittelt nach der vorgegebenen Film- und Schichtdicke.

Film- und Schichtdicke werden in µm (Mikrometer) angegeben.

$$1\,\mu m = \frac{1}{1000}\,mm = 0{,}001\,mm$$

$$1\,mm = 1000\,\mu m$$

Nassschicht- und Trockenschichtdicke. Beschichtungen setzen eine bestimmte Schichtdicke voraus. Diese wiederum ist abhängig von der aufgebrachten Nassschichtdicke und den flüchtigen Bestandteilen (Löse- bzw. Einstellmittel) im Beschichtungsstoff. Die nichtflüchtigen Anteile (Bindemittel, Pigmente, Füllstoffe u.a.) eines Beschichtungsstoffes bilden das Volumen nach der Trocknung.

Beispiel 1 Eine dickschichtige Korrosionsschutzbeschichtung soll bei einmaligem Auftrag eine Trockenschichtdicke von 380 µm aufweisen. Bei der Trocknung verringert sich die Nassschichtdicke um 24%. Wie dick muss die Nassschichtdicke aufgebracht werden, um die geforderte Trockenschichtdicke zu erhalten?

Nassschichtdicke = 100% flüchtige Bestandteile = 24%

Trockenschichtdicke = 100% − 24% = 76%

$$76\% \mathrel{\hat{=}} 380\,\mu m$$

$$100\% \mathrel{\hat{=}} \frac{380\,\mu m \cdot 100\%}{76\%} = \mathbf{500\,\mu m}$$

Beispiel 2 Ein Heizkörper soll neu beschichtet werden.

a) Wie viel m² Heizkörperfläche können mit einer Dose (750 ml) Heizkörperlack beschichtet werden? Verbrauch 1.000 ml pro 8,00 m².

b) Welche Schichtdicke wird erreicht?

a) $8{,}00\,m^2 \mathrel{\hat{=}} 1000\,ml$

$$1{,}00\,m^2 \mathrel{\hat{=}} \frac{1000\,ml \cdot 1{,}00\,m^2}{8{,}00\,m^2} = \mathbf{125\,ml}$$

$125\,ml \mathrel{\hat{=}} 1{,}00\,m^2$

$750\,ml \mathrel{\hat{=}} \mathbf{6{,}00\,m^2}$

b) Daraus folgt: $125\,\frac{ml}{m^2} \mathrel{\hat{=}}$ **125 µm Nassschichtdicke**

Der Verbrauch in Milliliter (**ml**) pro Quadratmeter (**m²**) entspricht der Nassschichtdicke in Mikrometer (**µm**).

Aufgaben

25. Eine Abdeckplane 8,00 m · 4,00 m kostet 32,09 €. Was kostet ein m² davon?

26. Ein Liter Perlmutt-Effektlack kostet Sie 41,20 €/l. Diamant -Effektlack kostet nur 36,74 €/l. Wie viel Prozent ist der Diamant-Effektlack billiger?

27. Ein Kunstharzspachtel grau kostet 6,82 €/kg. Spritzspachtel beige kostet beim selben Hersteller 8,14 €/kg. Wie viel Prozent ist der Spritzspachtel teurer?

28. Für eine Silikatfarbe braucht man lt. Technischem Merkblatt für 2 Beschichtungen bei glattem Putz 550 ml/m², bei rauem Putz 850 ml/m². Wie viel Prozent höher ist der Verbrauch bei rauem Putz?

29. Für zwei Beschichtungen auf Sichtbeton werden 400 ml/m² Reinacrylfarbe verbraucht, bei rauem Putz werden 850 ml/m² benötigt.
    a) Wie viel l benötigen Sie für 135,00 m² Sichtbeton?
    b) Wie viel m² rauen Putz können Sie mit 6 Gebinden von je 15 l streichen?

30. 845,00 m² Zinkblech für das Dach einer Lagerhalle sind zu bearbeiten. Die Beschichtung wird gepritzt und ist mit 120 ml/m² für die Grund- und 150 ml/m² für die Schlussbeschichtung zu kalkulieren. Zusätzlich wird mit 20 % Spritzverlust gerechnet. Die Materialkosten betragen 11,65 €/Liter.
    a) Wie viel Liter Beschichtungsstoff werden benötigt?
    b) Wie hoch sind die Materialkosten für die komplette Beschichtung?

31. Die Nassschichtdicke einer Lackierung wird mit 120 µm gemessen. Die Messung der Trockenschichtdicke ergibt 57 µm. Um wie viel % hat sich die Nassschichtdicke verringert?

32. Die Trockenschichtdicke einer Schlusslackierung soll mindestens 60 µm betragen. Durch Verdunsten der Lösemittel verringert sich die Nassschichtdicke um 37,5 %. Wie viel µm muss die Nassschichtdicke der Schlusslackierung mindestens betragen?

33. Im Technischen Merkblatt wird der Verbrauch einer 2K-Lackfarbe mit 120 ml pro m² angegeben. Wie viel Liter spritzfertige Lackfarbe muss angesetzt werden, wenn 72,50 m² beschichtet werden sollen?

34. Ein HS-Füllprimer hat einen Festkörpergehalt von 65 %. Dieser HS-Füllprimer wird in 2 Spritzgängen mit je 110 µm Nassschichtdicke aufgetragen.
    Berechnen Sie:
    a) die Trockenfilmdicke des HS-Füllprimers nach den zwei Spritzgängen.
    b) die Volumenanteile von Lösemittel in Liter, die bei der zweimaligen Beschichtung von 150,00 m² an die Umgebung abgegeben werden.

35. Ein Pritschenwagen darf mit 1,500 t beladen werden. Die Dichte der zu verladenden Silikatfarbe beträgt 1,540 kg/dm³, ein Eimer ist mit 15,000 Liter befüllt.
    Mit wie viel Eimern darf der Pritschenwagen beladen werden?

36. Ein EP-Grundierfüller hat im verarbeitungsfertigen Zustand eine Dichte ρ = 1,55. Es werden 600 ml dieses Werkstoffes in den Fließbecher einer Spritzpistole gegeben. Das Eigengewicht der leeren Pistole beträgt 600 g. Berechnen Sie das Gewicht der gefüllten Spritzpistole in kg.

37. In einem Farbsilo befinden sich 570,000 Liter Dispersionsfarbe. In zwei Spritzgängen werden mit einer Airlesspistole 320 ml Beschichtungsstoff aufgetragen.
    a) Wie viel m² Beschichtungsfläche können mit den 570,000 Litern bearbeitet werden?
    b) Der Beschichtungsstoff hat eine Dichte von 1,471 kg/dm³. Wie schwer ist der Beschichtungsstoff im Silo?

38. Bei einer Reparaturarbeit werden 2,500 l Polyesterspachtel auf ein Werkstück aufgetragen. Die Dichte des ausgehärteten Polyesterspachtels beträgt 1,650 kg/dm³.
    Um wie viel kg wird das Werkstück dadurch schwerer?

39. Ein 15-l-Eimer Silicon-Fassadenfarbe hat ein Gesamtgewicht von 24,500 kg. Der leere Eimer wiegt 800 g. Welche Dichte ρ hat der Beschichtungsstoff?

40. Die Trockenschichtdicke pro Beschichtungsauftrag wird mit 150 µm angegeben. Wie hoch ist der Verbrauch in g/m² bei einer Dichte von 1,17 kg/dm³ und flüchtigen Bestandteilen von 25 %?

5 Aufmaß

5.1 Aufmaßgrundlagen

Das Messen mit dem Metermaß und das sofortige Aufschreiben der Maße nennt man Aufmessen. Die nach den mathematischen Regeln niedergeschriebenen Längen- und Flächenmaße, Stückzahlen usw. sind das Aufmaß. Es muss unmissverständlich und auch später noch nachvollziehbar sein. Zusammen mit den Preisen je Einheit ist das Aufmaß wichtiger Bestandteil des Angebots. Die gemessenen m, m², Stück usw. (Massen) werden mit den Preisen multipliziert. In derselben klaren Schreibweise wird das Aufmaß für die Rechnung verwendet.

> Durch das Aufmessen bekommen Sie ein besseres Vorstellungsvermögen für Längen und Flächen. Sie lernen dadurch räumlich denken, d.h. einen Raum mit seinen Bauteilen und Flächen zu erfassen und wiederzugeben.

Aufmaßregeln. Einige Regeln zum Erstellen des Aufmaßes wurden schon erwähnt:

- das Setzen der Klammern (s. Abschnitt 1.3, S. 15)
- das Schreiben der Längenmaße (s. Abschnitt 2.1, S. 42)
- das Aufmassschreiben bei vertikalen, horizontalen und anderen Flächen (s. Abschnitt 2.4, S. 46)
- die direkte und indirekte Stückzahl (s. Abschnitt 2.4.1, S. 46)
- berechnete Werte dürfen im Aufmaß nicht geschrieben werden (s. Abschnitt 2.7, S. 61)

Schreiben der Faktoren. Im Gegensatz zu den mit m, m² usw. benannten Größen haben die Faktoren (z.B. die erwähnte Stückzahl, aber auch ½, 1 ¼ usw.) keine Benennung. Solche Brüche müssen als echte Brüche geschrieben werden. Als Dezimalbrüche könnten sie nämlich mit Größen verwechselt werden – z.B. 1 ¼ = 1,25 mit 1,25 m.

Reihenfolge der Maße in Räumen (**5**.1). Neben der erwähnten Maßschreibweise bei vertikalen und horizontalen Einzelflächen gibt es für Raumberechnungen weitere Regeln.

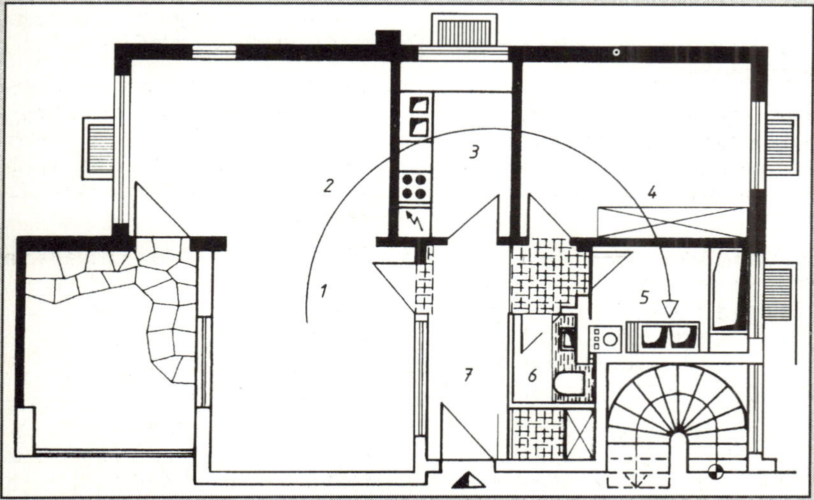

5.1 Nummerierung im Uhrzeigersinn

In Neubauten liegt nicht immer gleich fest, für welche Zwecke die Räume später benutzt werden (z.B. Wohnzimmer, Kinderzimmer). Man versieht die Räume deshalb mit Ziffern, wobei man im ersten Raum links vom Flur beginnt und im Uhrzeigersinn weiter zählt, die Diele zuletzt.

Um beim Aufmaß die Lage der Räume einheitlich zu erkennen, schreibt man die Grundrissmaße von Böden (und Decken) nicht immer als Breite und Länge. Man richtet sich dabei nach der Lage zur Straßenseite (evtl. auch Fensterseite) und schreibt dieses Maß zuerst (**5**.2).

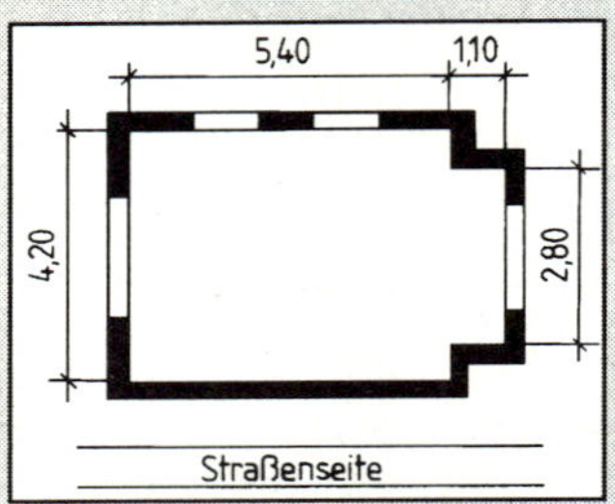

$\mathbf{5{,}40} \cdot 4{,}20 + \mathbf{1{,}10} \cdot 2{,}80$

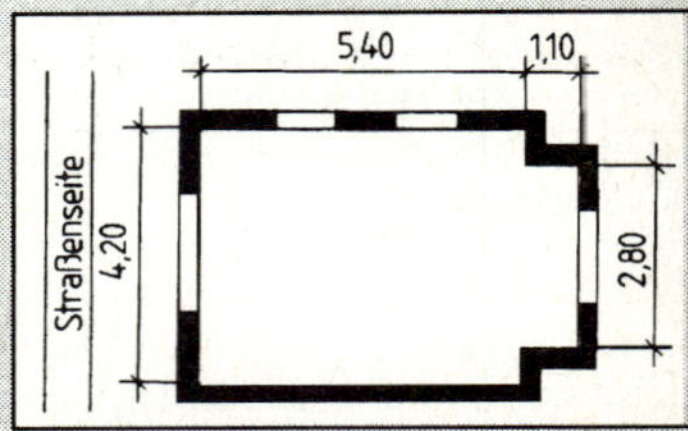

$\mathbf{4{,}20} \cdot 5{,}40 + \mathbf{2{,}80} \cdot 1{,}10$

5.2 Raumlage zur Straßenseite. Das Maß zur Straßenseite wird zuerst geschrieben. Daraus ist auch die Lage des Erkers zur Straßenseite ersichtlich.

Beispiel Aufmaß nach Abb. **5**.3

Ansatz: $\frac{6{,}95 + 8{,}20}{2} \cdot 5{,}10 = \mathbf{38{,}63\ m^2}$

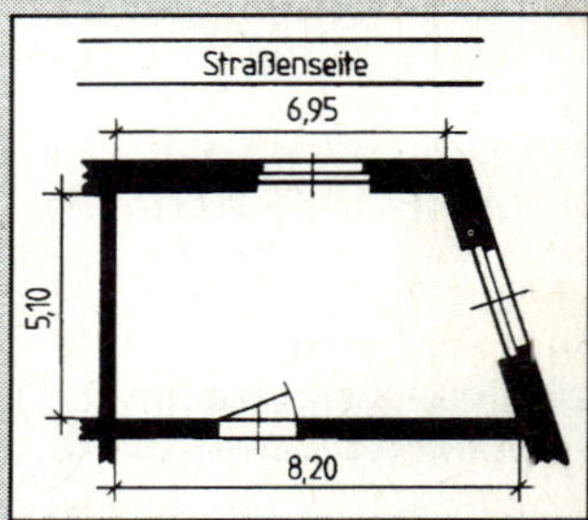

5.3 Raumlage zur Straßenseite

Aufgaben

1. Der Parkettboden (**5**.4) ist zu versiegeln.
   a) Stellen sie den Maßansatz auf.
   b) Wie viel m² sind zu versiegeln?
   c) Wie viel m Fußleisten sind zu beschichten?

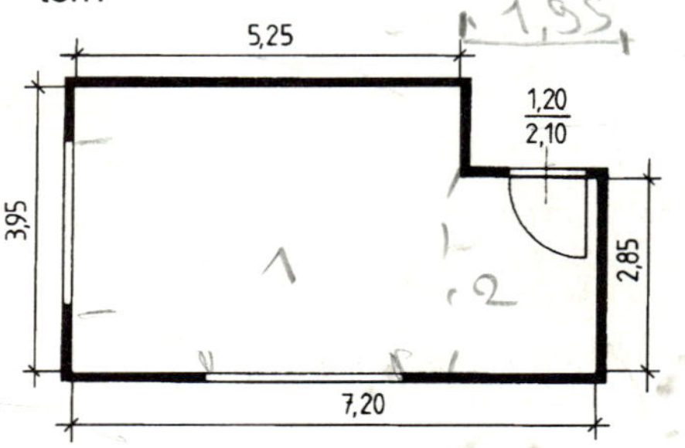

5.4 Parkettboden

2. Der Fußboden (**5**.5) wird mit PVC-Belag ausgelegt.
   a) Stellen Sie den Maßansatz auf.
   b) Wie viel m² Belag bestellen Sie, wenn 8% Verschnitt einzukalkulieren sind?
   c) Wie viel m Sockelleiste sind anzubringen?

3. Drei runde Sitzbänke (**5**.7) sind allseitig mit Dickschichtlasur zu behandeln. Kantenmaß 18 mm.
   a) Stellen Sie den Maßansatz auf und berechnen Sie die Fläche.
   b) Wie viel Liter Lasur müssen Sie bei einem Verbrauch von 180 ml/m² bestellen?

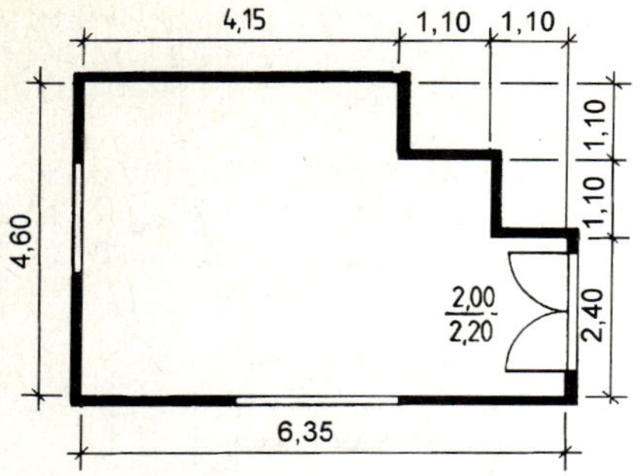

5.5 PVC-Bodenbelag

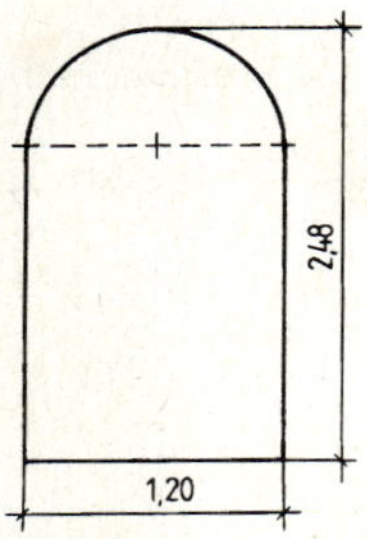

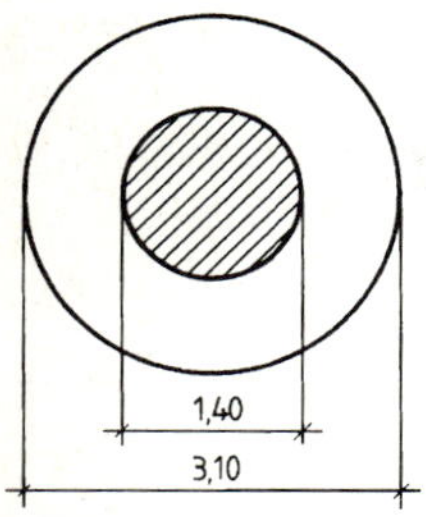

5.6 Türe

5.7 Sitzbank

4. Sechs Türen (**5**.6) sind beidseitig mit einem Klarlack zu beschichten.
   a) Stellen Sie den Maßansatz auf.
   b) Berechnen Sie die Gesamtfläche.

5. Die Giebelwand (**5**.8) ist mit Mineralfarbe zu beschichten.
   a) Erstellen Sie den Aufmassansatz.
   b) Berechnen Sie die Fläche.
   c) Ermitteln Sie den Materialverbrauch bei einem Verbrauch von 420 ml/m².
   Wie viel Farbe wird insgesamt benötigt?
   d) Nachträglich wird auf dem Giebel eine Werbefläche 3,15 m · 1,15 m farbig angelegt.
   Der Farbverbrauch liegt bei 180 ml/m² je Beschichtung. Wie viel l werden für zwei Beschichtungen benötigt?

6. Die beiden gegenüberliegenden Wände einer Werkhalle (**5**.9) sind zu beschichten.
   a) Stellen Sie den Maßansatz auf.
   b) Wie viel m² sind zu beschichten?
   c) Wie viel Dispersionsfarbe werden bei einem Verbrauch von 460 ml/m² benötigt?

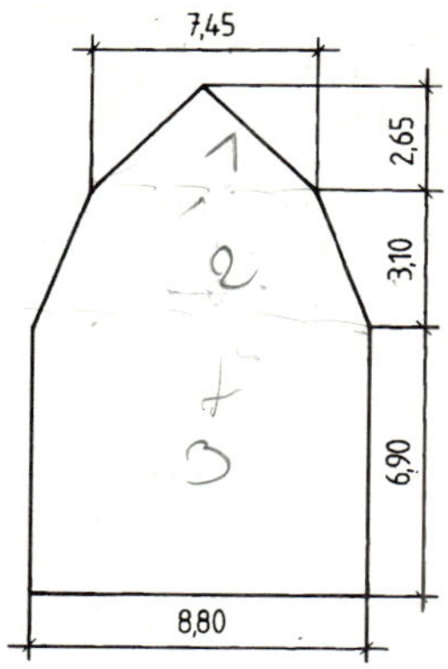

5.8 Giebelwand

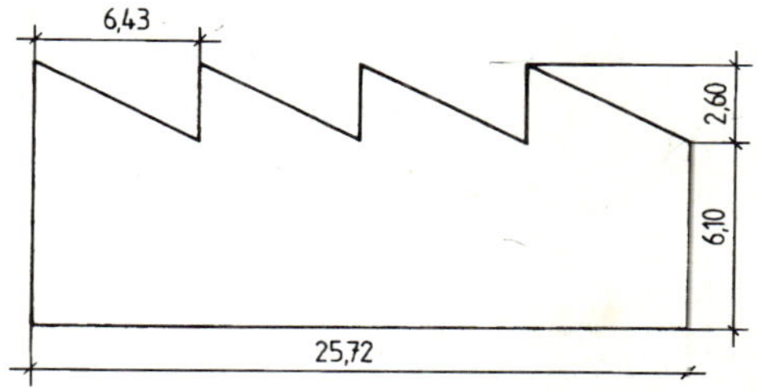

5.9 Seitenwand einer Werkhalle

7. Die Decke einer Kapelle (**5**.10) ist zu renovieren.
   a) Stellen Sie den Maßansatz auf.
   b) Berechnen Sie die Fläche.
   c) Für die zweimalige Beschichtung benötigen Sie 0,560 l/m² Silikatfarbe. Wie viel l Farbe verarbeiten Sie insgesamt?

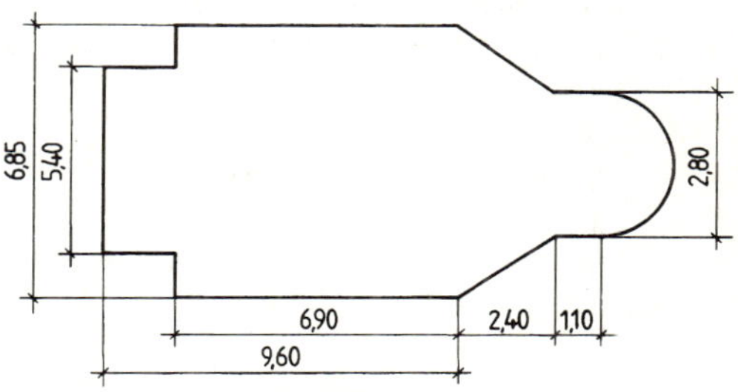

5.10 Decke einer Kapelle

8. Die fensterlose Fassade (**5**.11) ist zu beschichten.
   a) Stellen Sie den Maßansatz auf.
   b) Berechnen Sie die Fassade.
   c) Wie viel l Fassadenfarbe wird benötigt, wenn für 1,00 m² Fläche 0,650 l Beschichtungsstoff erforderlich sind?

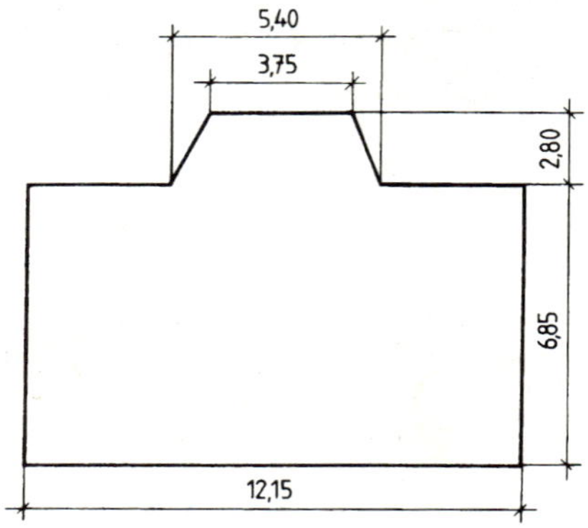

5.11 Fassade

9. Der Fußboden (**5**.12) ist zu versiegeln.
   a) Erstellen Sie den Maßansatz.
   b) Wie viel m² sind zu versiegeln?

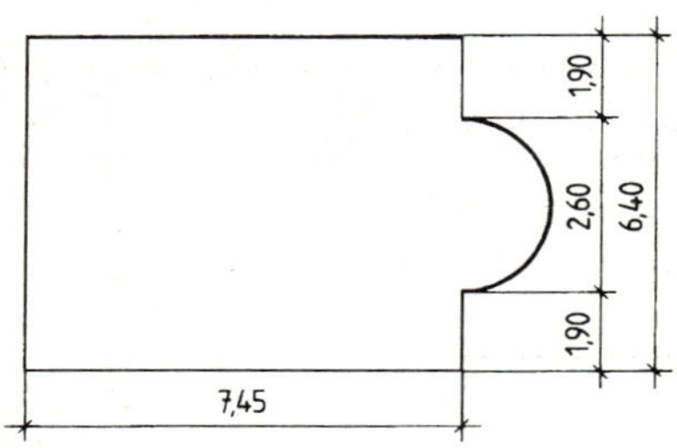

5.12 Bodenfläche

10. Zehn Metallplatten (**5**.13) sind beidseitig zu beschichten. Welcher Maßansatz ist richtig?

a) $10 \cdot (1{,}10 \cdot 0{,}80) + \frac{0{,}25 \cdot 0{,}25 \cdot 3{,}14}{2}$

b) $10 \cdot \left(\frac{1{,}10 + 0{,}85}{2} \cdot 0{,}50 + \frac{0{,}50}{2} \cdot \frac{0{,}50}{2} \cdot \frac{3{,}14}{2}\right) \cdot 2$

c) $10 \cdot \left(\frac{1{,}10 + 0{,}85}{2} + \frac{0{,}25 \cdot 0{,}25 \cdot 3{,}14}{2}\right)$

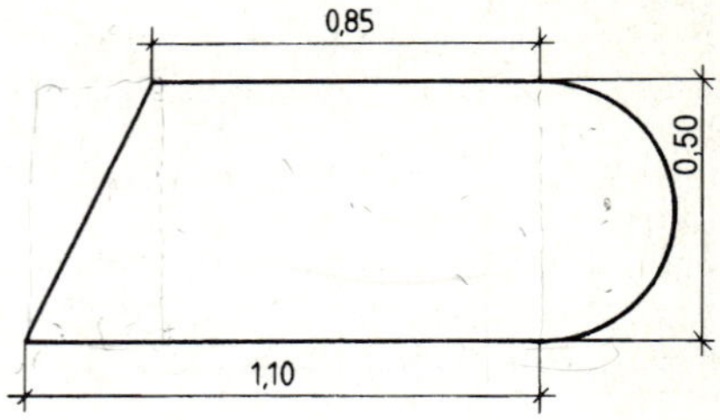

5.13 Metallplatten

11. Erstellen Sie für den im Grundriss dargestellten Wohnraum (**5**.14) das Aufmaß und berechnen Sie
   a) die Fläche für die Deckenbeschichtung und
   b) die Beschichtung der Fußleisten (ohne Türöffnung).

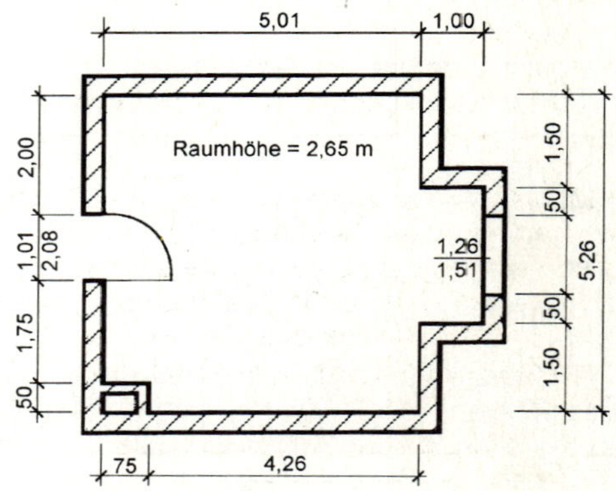

5.14 Wohnraum

12. Eine Lackiererei erhält den Auftrag, 12 verzinkte Blechtafeln beidseitig zu lackieren. Erstellen Sie das Aufmaß und berechnen Sie die Fläche.

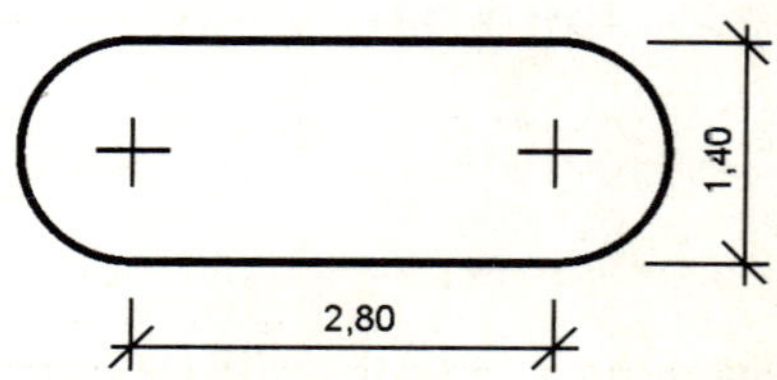

5.15 Blechtafel

5.2 Abwicklungen beim Aufmaß

Das Aufmaßrechnen des Malers und Lackierers ist ein Rechnen in der ersten und zweiten Dimension (Längen oder Flächen). Der Körperinhalt, das Volumen, ist nicht Gegenstand des Aufmaßrechnens. Allerdings bearbeitet der Maler und Lackierer Flächen, die Teile von Körpern sind, die sogenannten Körperoberflächen. Gegenstand des Aufmaßrechnens sind die Flächen, die den Raum oder Körper umschließen.
Das Aufmaß erfolgt je nach Art und Umfang des aufzumessenden Objekts hauptsächlich mit nachfolgenden Aufmasswerkzeugen: Gliedermaßstab (Zollstock), Rollbandmaß, Teleskopmessgerät, Hand-Lasermeter, Fächermaßstab und Dreikantmaßstab.

5.2.1 Abwicklung von Flächen

Die meisten Flächen, die der Maler und Lackierer bearbeitet, sind keine Einzelflächen, sondern zusammenhängende, aus mehreren Einzelflächen bestehende Flächengebilde. Diese Flächengebilde werden im Aufmaß abgewickelt.

Ein Flächengebilde muss abgewickelt werden, wenn

- > es aus mehreren gleichen oder gleichartigen, zusammenhängenden Einzelflächen besteht,
- > diese Flächen ein gemeinsames Maß haben (z.B. Höhe, Breite, Tiefe) und
- > die Einzelflächen in derselben Technik behandelt werden.

Vom Mantel der Rechtecksäule her ist bekannt, dass zwei gegenüberliegende Seiten gleich sind, d.h. gemeinsame Grundlinie und Höhe haben. So verhält es sich auch mit den gegenüberliegenden Wänden der meisten Räume auf rechteckiger Grundfläche = Boden.
Eine Innenraum-Oberfläche besteht aus der Deckenfläche, den Wandflächen und der Fußbodenfläche. Die gesamte Oberfläche des Innenraumes lässt sich zeichnerisch abwickeln. Ein Flächengebilde wird rechnerisch abgewickelt, indem nicht Einzelflächen, sondern eine zusammengesetzte Fläche geschrieben und berechnet wird. Mit der Abwicklung entsteht eine neue Fläche.

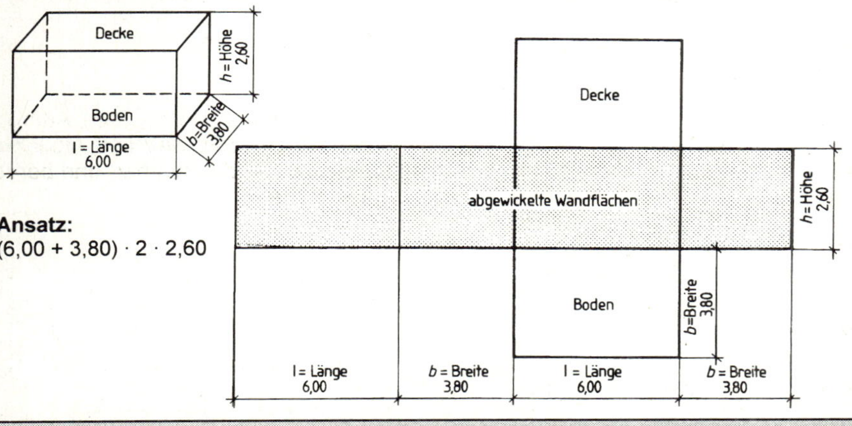

Ansatz:
(6,00 + 3,80) · 2 · 2,60

5.16 Raumabwicklung

In der VOB DIN 18 363 " Maler- und Lackiererarbeiten" sind die Begriffe Rohbaumaße und Fertigmaße definiert.

Rohbaumaße Konstruktionsmaße = Maße, der die Baukonstruktion tragenden, ungeputzten ungedämmten und nicht bekleideten Bauteile.

Fertigmaße Maße der sichtbaren Flächen und Längen, die überwiegend durch Aufmaß ermittelt werden.

Für Abwicklung **5**.16 gilt der Ansatz für raumhohe Flächen.

Es gibt aber auch Wände, die im oberen bzw. unteren Bereich eine Unterteilung (Fries oder Sockel) haben.

Der Fries ist eine Unterteilung oder ein Dekor im oberen Wandbereich. Er kommt vor allem in höheren Altbauten vor (**5**.17).

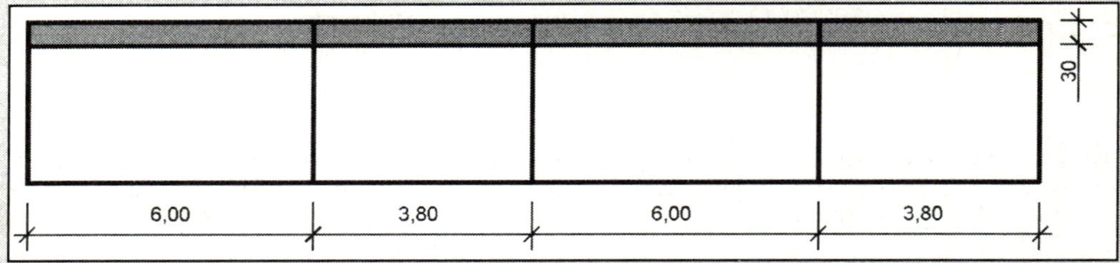

5.17 Wände mit Fries

Ansatz: (6,00 + 3,80) · 2 · 0,30 = **5,88 m²**

Der Sockel ist eine Teilung des unteren Wandbereichs. Im Gegensatz zu den Oberwänden kann er beschichtungstechnisch mit anderen Werkstoffen (z.B. Lack) bearbeitet, mit keramischen Belägen oder anderen Werkstoffen verkleidet werden. Beschichtete Sockel (**5**.18) sind in der betreffenden Technik gesondert zu berechnen.

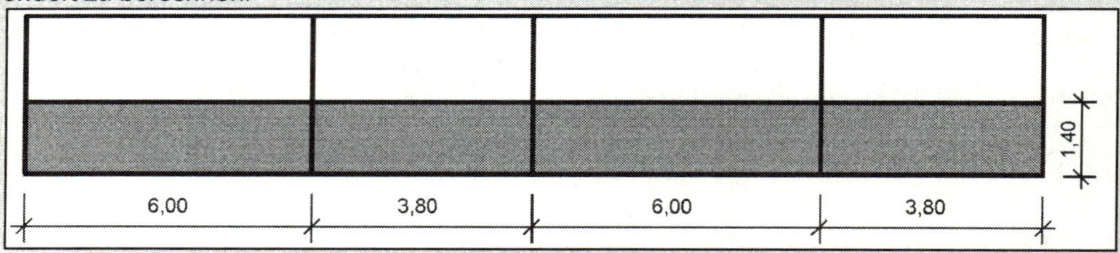

5.18 Wände mit Sockel

Ansatz: (6,00 + 3,80) · 2 · 1,40 = **27,44 m²**

Eine Abwicklung ist auch angebracht, wenn die gegenüberliegenden Wandflächen nicht gleich sind. Ein gemeinsames Maß und eine gemeinsame Beschichtungstechnik erfüllen die Forderung nach einer Abwicklung.

Man kann die durch den Erker unterbrochene Wand als eine Wand ansehen.

1,80 + 1,00 · 2 = 3,80 m

Dann bleiben noch die Seitenwände (1,10 m) des Erkers.

Ansatz: (5,10 + 1,10 + 3,80) · 2 · 2,60 = **52,00 m²**

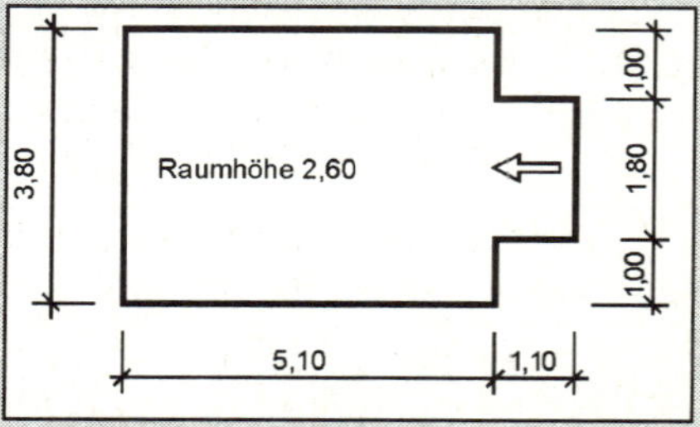

5.19 Raum mit Erker

Ein Raum (**5**.20) mit einer runde Erkerwand kann ebenfalls abgewickelt werden:

Zwei Längswände + Wand gegenüber Erker + beide Wandteile links und rechts neben der Erkerwand + Halbkreis.

Raumhöhe 2,55 m

Ansatz:

$$\left(5{,}60 \cdot 2 + 4{,}80 + 1{,}10 \cdot 2 + \frac{2{,}60 \cdot 3{,}14}{2}\right) \cdot 2{,}55 = \mathbf{56{,}82\ m^2}$$

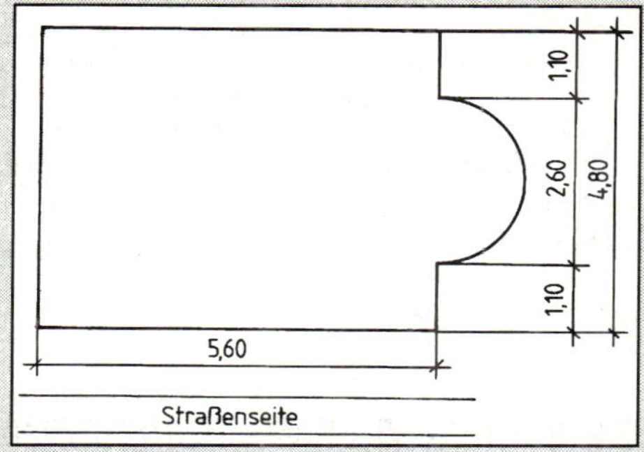

5.20 Raum mit rundem Erker

Raumumfassende Abschlüsse (z.B. Tapetenleisten, Borten, Stuckprofile, Sockelleisten) werden in gleicher Weise als Längen in Meter abgewickelt. Grundlage ist die Formel des Mantelumfangs einer Rechtecksäule: (l + b) · 2. Bei Sockelleisten sind die Unterbrechungen (z.B. Türen) > 1,00 m Einzelgröße abzuziehen.

Fahrzeuge. Auch Pritschenwagen und Aufbauten bei Großraumwagen lassen sich abwickeln; denn die gegenüberliegenden Seiten haben gleiche Maße.

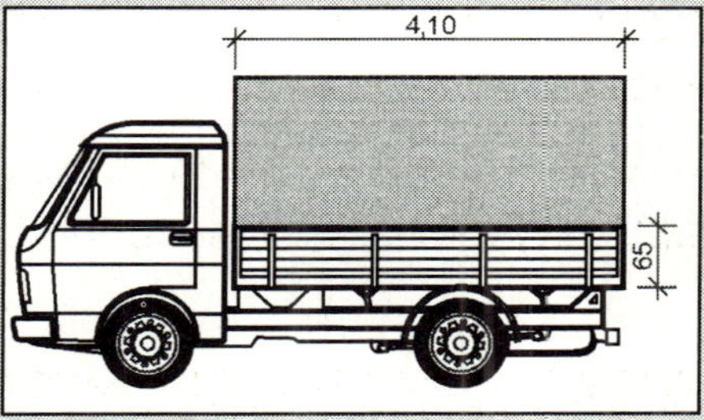

5.21 Pritschenwagen

Die Pritsche des Kleinkraftwagens (**5**.21) hat die Maße:

Länge = 4,10 m, Breite = 2,15 m, Höhe = 0,65 m

Ansatz: $(4{,}10 + 2{,}15) \cdot 2 \cdot 0{,}65 = \mathbf{8{,}13\ m^2}$

5.2.2 Abwicklung von Futter und Leibung

Türfutter und Leibungen bei Fenstern und Durchgängen erfüllen ebenfalls Voraussetzungen für eine Abwicklung.

Türfutter. Zur Abwicklung benötigen wir die Maße lichte Breite, lichte Höhe und die Futtertiefe.

Beispiel Die lichte Breite und die beiden lichten Höhen des Futters können zu einer Länge addiert werden. Öffnungsabwicklung: $1{,}00 + 2{,}00 \cdot 2 = 5{,}00$ m

Wir multiplizieren die Abwicklung mit der Futtertiefe 0,20 zu einer Fläche.

$5{,}00 \cdot 0{,}20 = \mathbf{1{,}00\ m^2}$

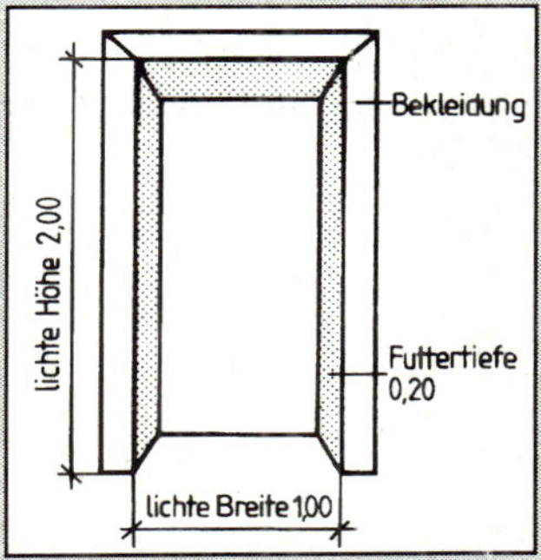

5.22 Türfutter

Fensterleibungen werden bei beschichteten Wänden mit der Wandfarbe beschichtet. Wie bei der Tür die Schwelle entfällt, gibt es beim Fenster durch die Fensterbank keinen unteren Leibungsteil (**5**.23).

Durchgänge zwischen zwei Räumen haben eine Leibung, deren Tiefe die Wanddicke ist. Bei Wandbeschichtungen sind die Leibung mitzuberechnen und die Öffnung abzuziehen, wenn diese > 2,50 m² ist (**5**.24).

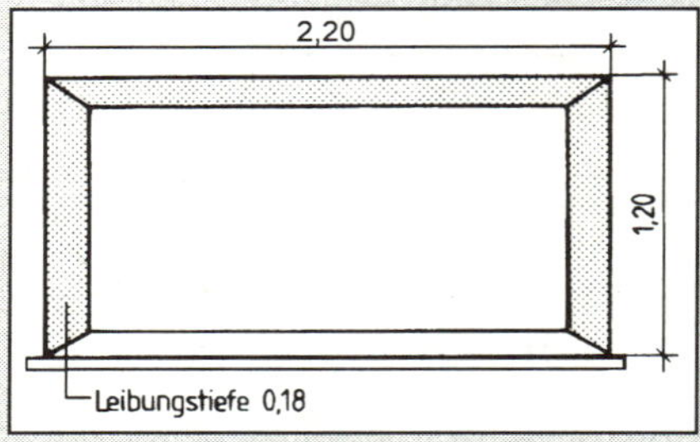

5.23 Fensterleibung

Ansatz:

(2,20 + 1,20 · 2) · 0,18 = **0,83 m²**

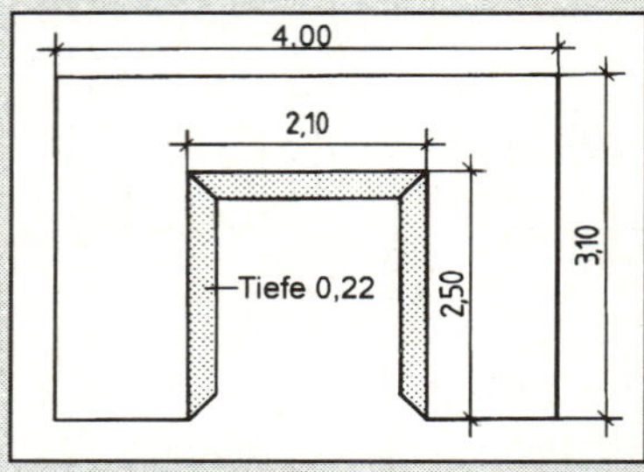

5.24 Wanddurchgang mit Leibung

Ansatz:

(2,10 +2,50 · 2) · 0,22 = **1,56 m²**

Aufgaben

1. a) Erstellen Sie für den Raum **5**.25 den Aufmaßansatz für Wände, Decke und Boden.
   b) Berechnen Sie alle Positionen getrennt.

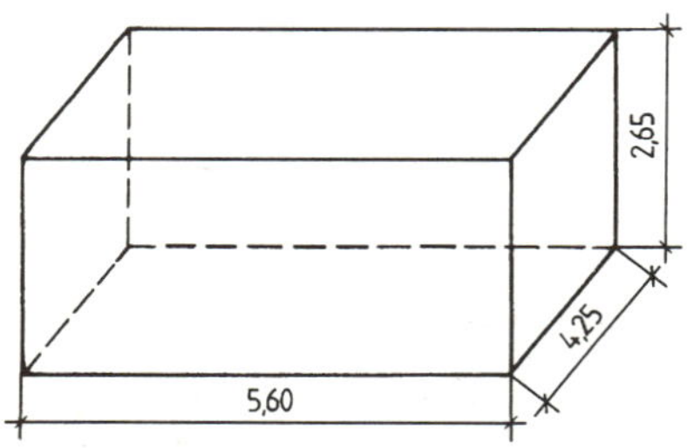

5.25 Raum

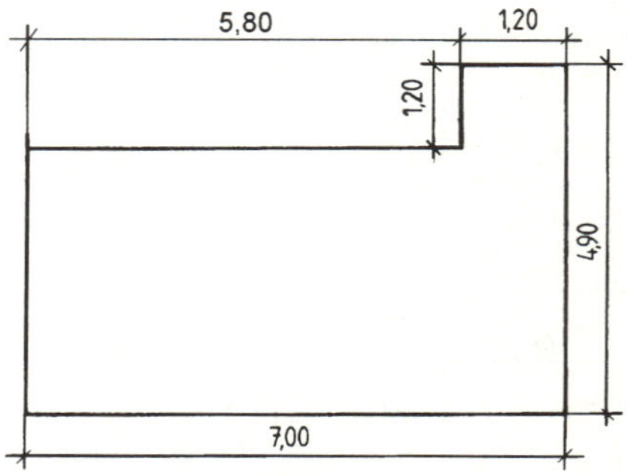

5.26 Grundriss

2. a) Stellen Sie das Aufmaß für die Wandflächen des Raums (**5**.26) auf.
   b) Berechnen Sie die Wändfläche (ohne Fries). Höhe 2,80 m, Fries 0,30 m.
   c) Berechnen Sie die Fläche in m² für den Wandfries.

3. Stellen Sie für das Zimmer (**5**.27) folgendes Aufmaß auf:
   Decke mit Fries (15 cm), Wände (ohne Öffnungen), Wandhöhe 2,60 m. Berechnen Sie dann die Fläche von Decke mit Fries.

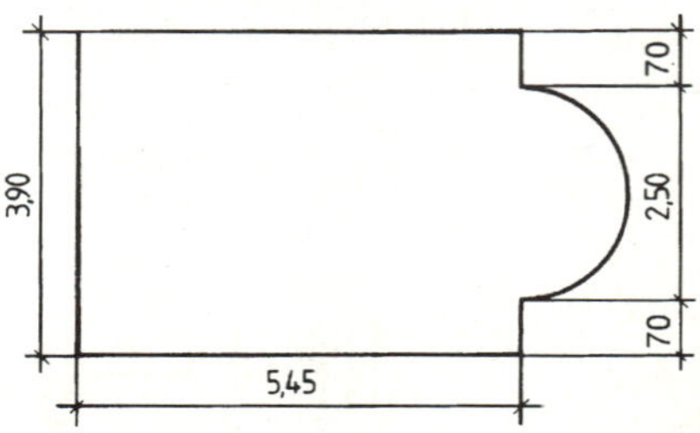

5.27 Zimmer mit Bogenerker

4. Die Wand (**5**.28) hat einen bogenförmigen Durchgang. Wand und Leibungen sind von einer Seite zu beschichten.
   a) Stellen Sie den Maßansatz auf (mit Abzug der lichten Fläche).
   b) Wie viel m² sind zu beschichten?

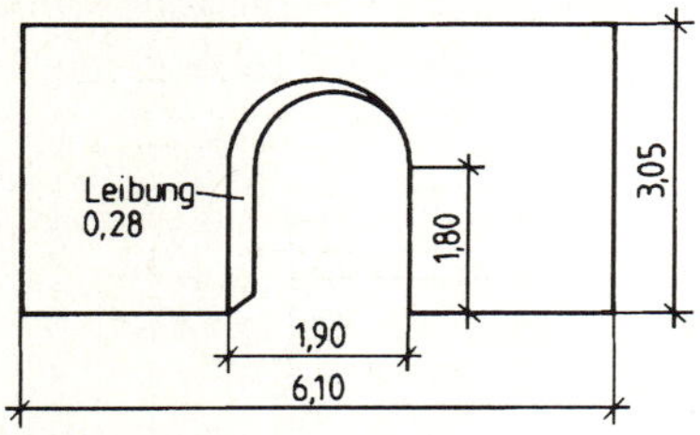

5.28 Wand mit Durchgang

5. Berechnen Sie die Fläche von 5 gleichen Türfutter nach folgenden Maßen:
   Lichte Breite 0,98 m, lichte Höhe 2,08 m, Futtertiefe 16 cm.

6. Die Futter von drei bogenförmigen Türen (**5**.29) sollen für eine Beschichtung geschliffen werden. Wie viel m² sind zu bearbeiten?

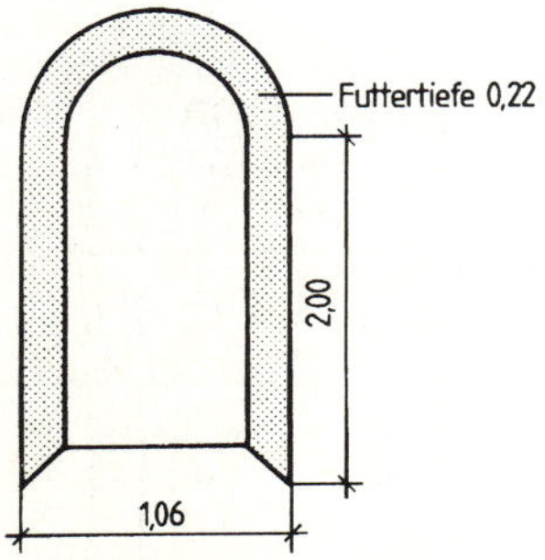

5.29 Bogenförmige Türfutter

7. Bei zwei Saaltüren (5.30) ist die Bekleidung farbig abzusetzen; die Türfutter sind für eine Gestaltung vorzubereiten.
   a) Wie viel m Bekleidung sind abzusetzen?
   b) Wie viel m² Türfutter sind vorzubereiten?

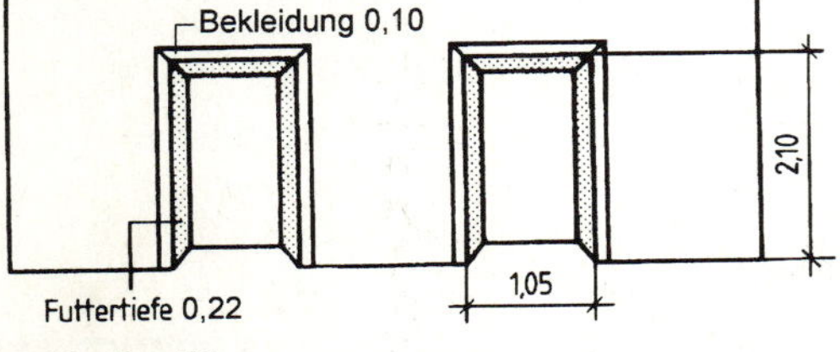

5.30 Saaltüren

8. Die Decke einer Kapelle (**5**.31) soll beschichtet werden. Die Wand hat einen umlaufenden Fries mit einer Breite von 30 cm.
   a) Stellen Sie den Maßansatz für Decke und Fries auf.
   b) Wie viel m² Decke sind zu beschichten?
   c) Wie viel m² hat die Friesfläche?

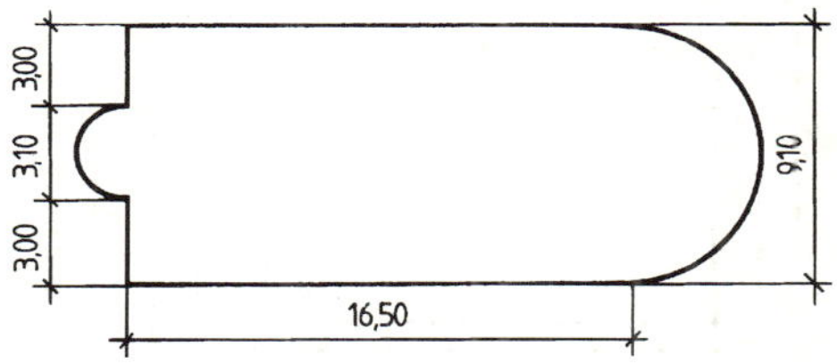

5.31 Grundriss Kapelle

9. Die Wandflächen des Vortragsraums (**5**.32) sollen ohne Tür- und Fensteröffnungen neubeschichtet werden.
   a) Stellen Sie das Aufmaß für die Wandfläche auf.
   b) Berechnen Sie die Wandfläche in m².

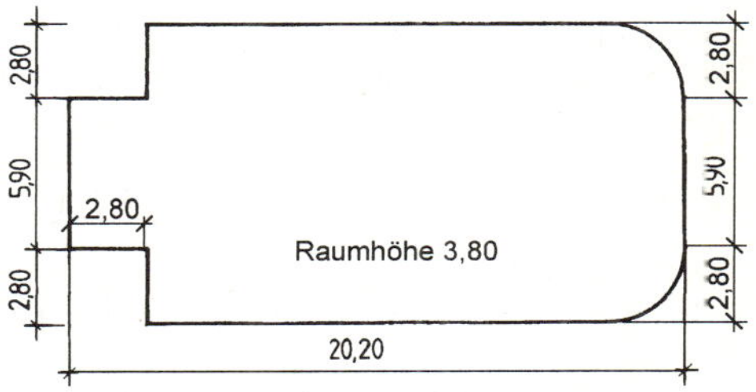

5.32 Vortragsraum

10. Ein Unternehmen erwirbt fünf Transportfahrzeuge (**5**.33) mit einem zylinderförmigen Behälter.
    Der Behälter wird allseitig umgespritzt.
    Verbrauch 150 ml/m².
    Wie viel Liter Lack werden benötigt?

5.33 Transportfahrzeug

5.3 Zuzüge und Abzüge

Wir haben bisher bei den Aufgaben keine Abzüge berücksichtigt. Durchbrechungen in Decken und Wänden, also Fenster und Türen, verringern die Beschichtungsfläche. Weil sie aber bei kleineren Abmessungen den Arbeitsaufwand bei der Beschichtung nicht verringern, regelt die Verdingungsordnung für Bauleistungen (VOB) im Abschnitt 5 das Abrechnen von Wandflächen mit Öffnungen, Aussparungen und Nischen.

VOB Teil C ATV. Die **V**erdingungs**o**rdnung für **B**auleistungen (VOB) hat seit ihrer Einführung im Jahre 1926 einige Änderungen erfahren. Bei dieser Neufassung der VOB wurden u.a. die "Allgemeinen Regeln" aus den einzelnen DIN-Normblättern herausgenommen und in die neu geschaffene DIN 18 299 für alle Gewerke verbindlich zusammengefasst. Im Teil C werden die "Allgemeinen Technischen Vertragsbedingungen für Bauleistungen (ATV)"geregelt.

Für den Maler und Lackierer gilt insbesondere die **ATV DIN 18 363**, Maler und Lackiererarbeiten. Hier sind im Abschnitt 5 die Abrechnungsbedingungen geregelt.

In Decken, Wänden, Decken- und Wandbekleidungen, Dämmungen und Außenwandbekleidungen werden Öffnungen, Aussparungen und Nischen bis zu 2,50 m² Einzelgröße übermessen.

Öffnungen sind Durchbrüche in Wänden und Decken, also Fenster, Türen, Deckenoberlichter und Durchbrüche.

Aussparungen sind Teilflächen der Wand- und Deckenflächen, die nicht oder mit anderen Beschichtungsstoffen behandelt werden.

Nischen sind Vertiefungen in der Wand, wobei die Nischentiefe kleiner als die Wanddicke ist. Die obere und untere Begrenzung kann durch die Decke bzw. durch den Fußboden gebildet sein. Dabei ist es gleichgültig, ob die Leibungen behandelt sind oder nicht.

Beispiel	Regelung
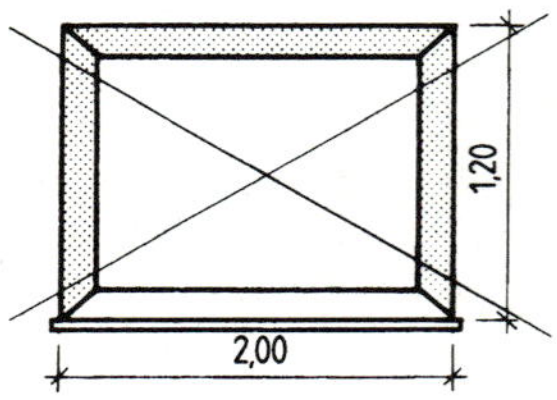 	Bis zu 2,50 m² große Öffnungen mit oder ohne beschichteten/unbeschichteten Leibungen werden nicht abgezogen, die Leibungen werden nicht berücksichtigt. **Beispiel** 2,00 · 1,20 = 2,40 m² **< 2,50 m²** **kein Abzug der Wandfläche** **keine Berücksichtigung der Leibungen**
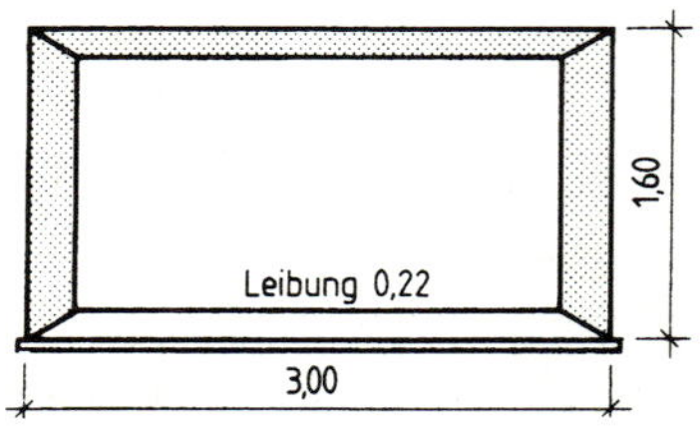 	Über 2,50 m² große Öffnungen mit oder ohne beschichteten/unbeschichteten Leibungen sind mit ihrem lichten Konstruktionsmaß abzuziehen, die Leibungen zu berücksichtigen. Für die Tiefe der Leibungen gibt es keine Begrenzungen. **Beispiel** 3,00 · 1,60 = 4,80 m² **> 2,50 m²** Leibungen (3,00 + 1,60 · 2) · 0,22 **Öffnungen abziehen** **Leibungen hinzurechnen**

Beispiel	Regelung
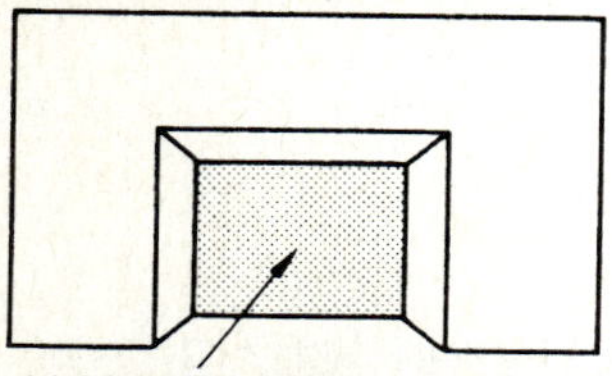 beschichtete Rückflächen zusätzlich sonst Behandlung wie Öffnung	> Nischen werden bis 2,50 m² Einzelgröße übermessen > Rückflächen von Nischen werden unabhängig von ihrer Einzelgröße gesondert gerechnet. > Die Leibungen werden erst dann gerechnet, wenn die Nische über 2,50 m² Einzelgröße ist. DIN 18363, 5.1.5 DIN 18363, 5.1.7 DIN 18363, 5.1.10

Beispiel Wandfläche und Leibung einer Nische sind zu beschichten. Die Rückwand der Nische ist mit einer Glättetechnik gestaltet.
Wand: Breite 6,50 m und Höhe 2,50 m.
Nische: Breite 2,30 m, Höhe 1,90 m und Leibungstiefe 18 cm.

Aufmaß	6,50 · 2,50	Wandfläche
	(2,30 + 1,90 · 2) · 0,18	Leibungsflächen der Nische
	− 2,30 · 1,90	Öffnung der Nische > 2,50 m²
	2,30 · 1,90	Rückwand der Nische

Sind bei einem Aufmaß Zuzüge und Abzüge durchzuführen, gilt folgende Reihenfolge:

Erst die Zuzüge, dann die Abzüge.

Mehrere gleiche Abzüge werden nicht in eine Klammer gesetzt.

Beispiel Wand mit drei Fenstern
15,95 · 2,65 − 3 · 2,10 · 1,40

Aufgaben

1. Die Wand (**5**.33) wird mit Dispersionsfarbe beschichtet. Stellen Sie den Aufmaßansatz nach VOB auf und berechnen Sie die Wände mit Leibungsflächen (Leibungstiefe 16 cm). Die Fensterbänke sind aus Granit.

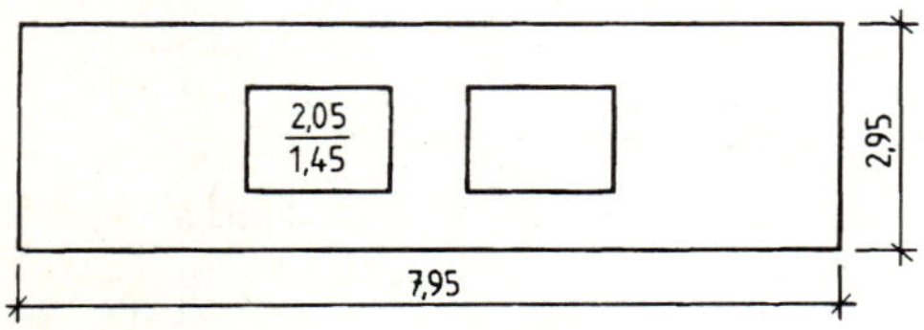

5.33 Wand mit zwei gleichen Fenstern

2. Die Wand (**5**.34) hat zwei verschiedene Fenster mit Marmorfensterbänken, Leibungstiefe 0,22 m. Erstellen Sie das Aufmaß und berechnen Sie die Wandfläche.

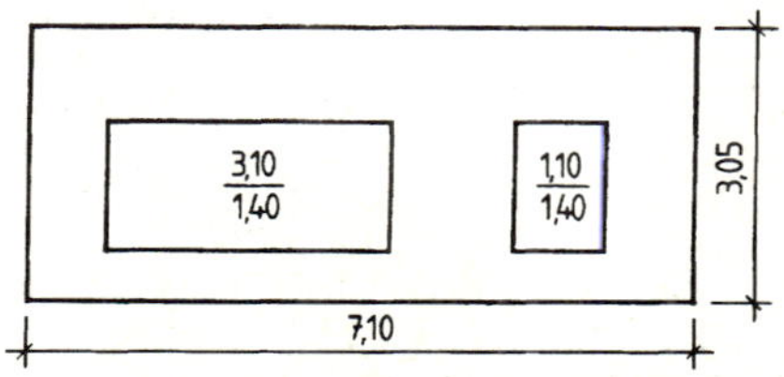

5.34 Wand mit unterschiedlichen Fenstern

3. Erstellen Sie für die Beschichtung der Wandflächen (**5**.35) das Aufmaß nach VOB. Leibungstiefe 0,20 m und die Fensterbänke sind aus Muschelkalk.

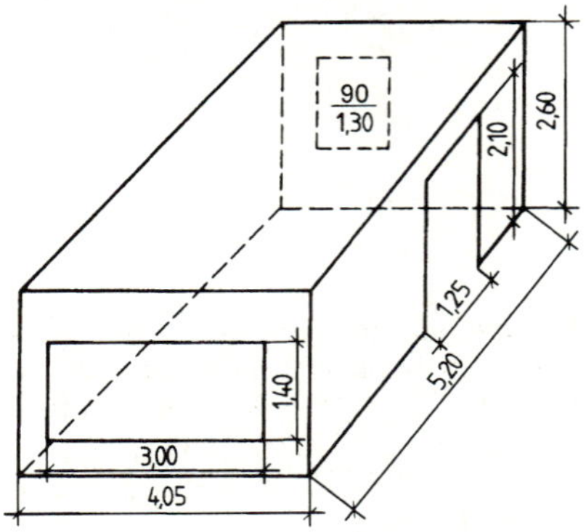

5.35 Raum

4. Eine beschichtete Wand (**5**.36) ist nach Fertigmaßen (sichtbare Flächen und Längen) zu berechnen. Erstellen Sie das Aufmaß und berechnen Sie die Fläche.

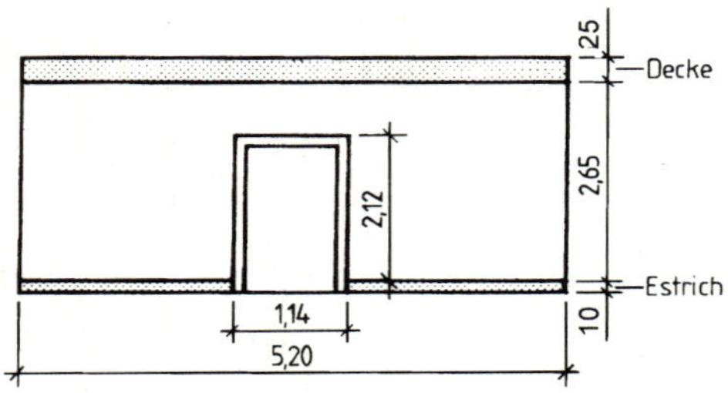

5.36 Wand mit Türöffnungen

5. Die Saalwand (**5**.37) hat zwei bogenförmige Eingänge mit einer Leibungstiefe von 24 cm. Berechnen Sie die zu beschichtende Wandfläche einschließlich der Leibungsflächen nach VOB.

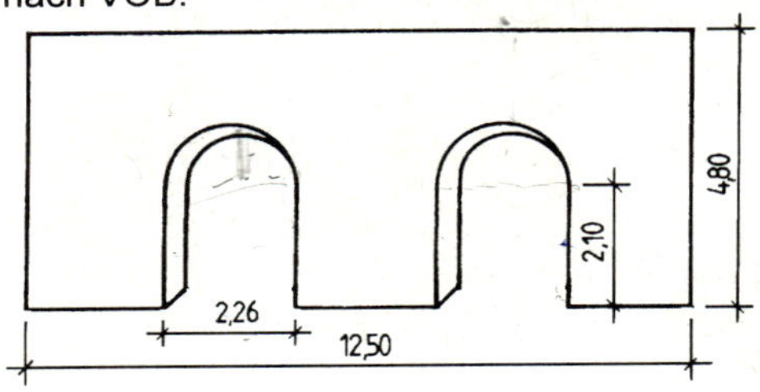

5.37 Saalwand

6. In der Wand (**5**.38) ist eine Nische zusammen mit der Wand zu beschichten. Die Nischenrückwand wird mit beschichtet. Leibungstiefe 55 cm. Berechnen Sie die Beschichtungsfläche nach VOB.

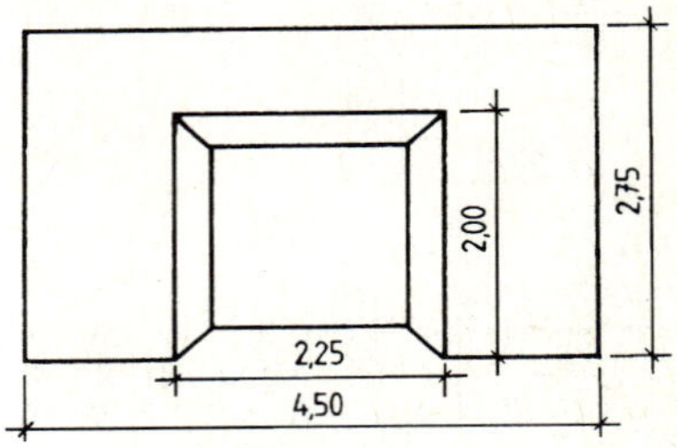

5.38 Wand mit Nische

7. In der Decke einer Werkhalle (**5**.39) befinden sich zwei Lichtöffnungen. Die Leibungstiefe der Oberlichter beträgt 0,50 m. Berechnen Sie die zu beschichtende Decke nach VOB.

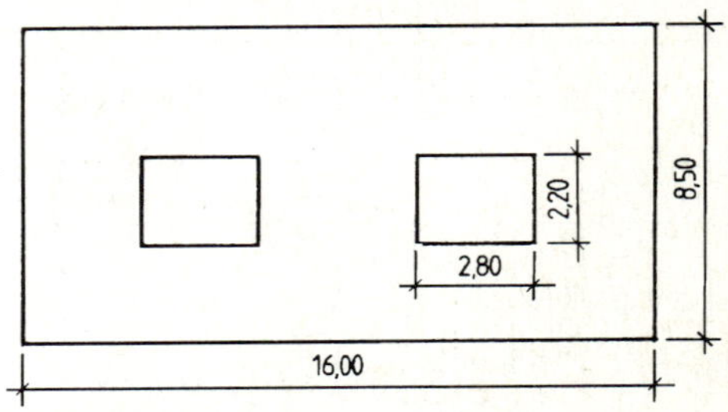

5.39 Decke mit Oberlichtern

8. Zwei gegenüberliegende Innengiebelflächen der Werkshalle (**5**.40) sind nach VOB zu berechnen. Türleibung 0,44 m.
Wie viel m² ergeben sich?

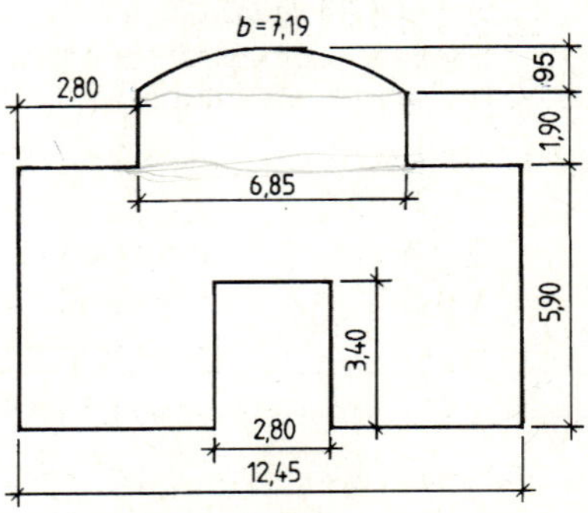

5.40 Innengiebel der Werkshalle

5.4 Aufmaß verschiedener Bauteile

Die VOB DIN 18 363 regelt neben den im Abschnitt 5.3 beschriebenen Bauteilen noch das Aufmaß anderer häufig vorkommender Bauteile, z.B. Türen, Fenster und Fensterläden, Trennwände und Metallteile (u.a. Heizkörper, Stahlkonstruktionen).

5.4.1 Türen

Türen sind einmal ein beschichtungstechnisch aufzumessendes Objekt, zum anderen haben wir die von Türen eingenommenen Flächen als Abzugsfläche (Öffnung) von beschichteten Wänden zu berücksichtigen (s. Abschn. 5.3). Die Türfutterabwicklung haben wir bei den Abwicklungen kennen gelernt (**5**.21).

> Türen und Bekleidungen werden je beschichtete Seite nach Fläche berechnet.
> Glasfüllungen, kunststoffbeschichtete Füllungen oder Füllungen aus Naturholz und dergleichen werden übermessen (VOB 5.1.12).
> Bei Türen und Blockzargen über 60 mm Dicke sowie Futter und Bekleidung von Türen wird die abgewickelte Fläche gerechnet (VOB 5.1.13).

Zum Berechnen müssen wir die Teile einer Tür mit den feststehenden Benennungen kennen (**5**.41).

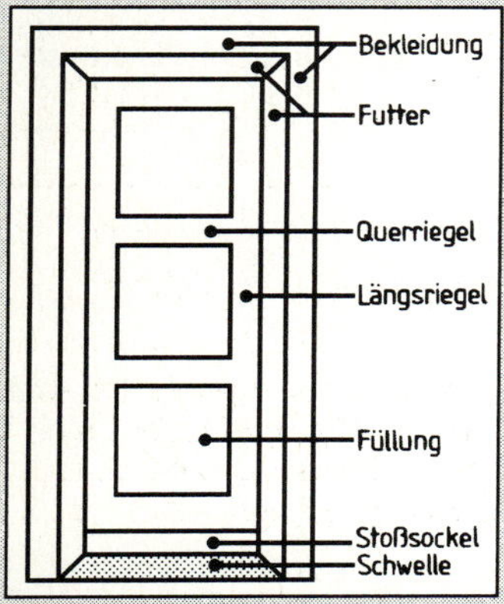

5.41 Benennungen der Tür

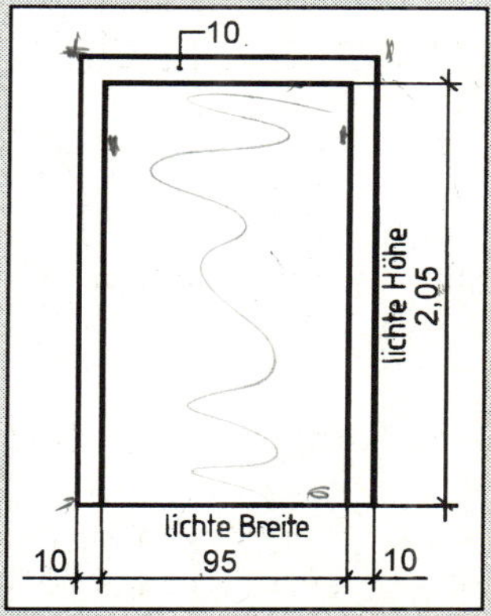

5.42 Tür

Berechnen nach Aufmaß

Türbreite	= lichte Breite + linke und rechte Bekleidungsbreite
Türhöhe	= lichte Höhe + obere Bekleidungsbreite

Beispiel Berechnen Sie die einseitig zu beschichtende Türfläche (**5**.42).

Ansatz $(0{,}95 + 0{,}10 \cdot 2) \cdot (2{,}05 + 0{,}10) =$ **1,15 · 2,15**

Ansatz (verkürzt) **1,15 · 2,15** (größtes Ausbaumaß)

Werden Türen mit Futter (im Beispiel 0,20 m) ein- oder beidseitig beschichtet, so ergeben sich folgende Maßansätze:

Tür einseitig mit Futter	1,15 · 2,15 + (0,95 + 2,05 · 2) · 0,20 (größtes Ausbaumaß + Futterabwicklung)
Tür beidseitig mit Futter (eine Seite ist immer mit Futter)	1,15 · 2,15 · 2 + (0,95 + 2,05 · 2) · 0,20 (größtes Ausbaumaß · 2 + Futterabwicklung)
2 Türen beidseitig	2 · [1,15 · 2,15 · 2 + (0,95 + 2,05 · 2) · 0,20]

> Bei mehreren Türen gleicher Ansätze wird die Gesamtfläche einer Tür berechnet und mit der direkten Stückzahl multipliziert.

Das Türblatt wird auch ohne Rahmen abgerechnet z.B. Holztür mit Stahlzarge, Naturholztür mit deckend lackiertem Rahmen. Dann ist die Falzbreite (2 cm) an drei Seiten zu berücksichtigen, denn das Türblatt ist immer größer als die lichte Tür (Ausnahme: Pendeltüren).

Lichtes Maß	0,95 · 2,05	
Türblattbreite	0,95 + 2 Falzbreiten je 0,02	**= 0,99 m**
Türblatthöhe	2,05 + 1 Falzbreite 0,02	**= 2,07 m**

> Die Falzbreite dient nur zum Berechnen der Türblattmaße.
> Türfalze < 60 mm werden nicht abgewickelt. Sonderausführungen, z.B. Schutzraum- oder Kühlraumtüren mit Dicken > 60 mm werden abgewickelt.

Bekleidung. Gelegentlich werden Bekleidungen farbig abgesetzt oder sind bei Glastüren der einzige Beschichtungsträger.

Regel	größtes Ausbaumaß	– lichtes Maß
Beispiel	1,15 · 2,15	– 0,95 · 2,05

Bekleidung mit Futter ist überwiegend anzutreffen.

Beispiel (1,15 · 2,15 – 0,95 · 2,05) · 2 + (0,95 + 2,05 · 2) · 0,20
Bekleidung + Futter

Berechnung nach Konstruktionsmaß (5.43)

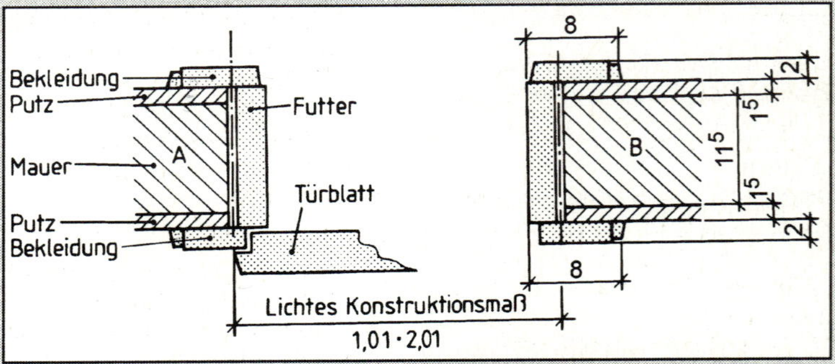

5.43 Schnitt einer Tür mit Futter und Bekleidung

Aufmaßansatz nach Konstruktionsmaß.

Beispiel Lichtes Konstruktionsmaß 1,01 m · 2,01 m
Bekleidungsbreite 8 cm, Bekleidungsdicke 2 cm, Mauerstärke 11,5 cm, Putzdicke 1,5 cm.

Türblatt einseitig 1,01 · 2,01
Türblatt einseitig mit Bekleidung 1,01 · 2,02 + (1,01 + 2,01 · 2) · 0,12 Abw. (Abwicklung)
Abwicklung = Bekl.- Breite (0,08) + 2 · Bekl.- Dicke (0,02 · 2) = 0,12

Türblatt beidseitig mit Bekleidung und Futter 1,01 · 2,02 · 2 + (1,01 + 2,01 · 2) · $0{,}38^5$ Abw.
Abwicklung = Mauer ($0{,}11^5$) + 2 · Putzdicke ($0{,}01^5$ · 2) + Bekl.- Breite (0,08) + 4 · Bekl.- Dicke (0,02 · 4) = $0{,}38^5$

Aufgaben

1. Berechnen Sie die Beschichtungsfläche der Türen nach dieser Tabelle.

Anzahl Seiten	lichtes Maß	Beklei-dung	Futter
1 einseitig	0,90 · 2,00	0,10	
5 einseitig mit Futter	0,98 · 2,08	0,12	0,20
12 beidseitig mit Futter	1,00 · 2,10	0,15	0,22

2. In einer Wohnung sind folgende Türen beidseitig zu beschichten:
8 Türen, größtes Ausbaumaß 1,14 · 2,16, Futter 0,12 m, Bekleidung 0,08 m,
3 Türen, größtes Ausbaumaß 1,20 · 2,20, Futter 0,20 m, Bekleidung 0,10 m.
Wie viel m² sind zu beschichten?

3. In einem Hotel werden 24 gleiche Türblätter beidseitig mit PUR-Lack beschichtet. Türblattmaße 1,02 · 2,04. Wie viel m² Fläche sind es insgesamt?

4. In einer Gaststätte sind vier Türen (**5**.44) mit halbkreisförmigem Abschluss beidseitig zu beschichten. Futtertiefe 24 cm. Berechnen Sie die Beschichtungsfläche?

5. Sechs Türen (**5**.45) sind beidseitig zu bearbeiten: Türblätter farblose Beschichtung (Falzbreite 0,02 m), Bekleidung und Futter farbige Beschichtung. Futtertiefe 30 cm, Bekleidungsbreite 12 cm.
a) Wie viel m² farblose Beschichtung und
b) wie viel m² farbige Beschichtung müssen berechnet werden?

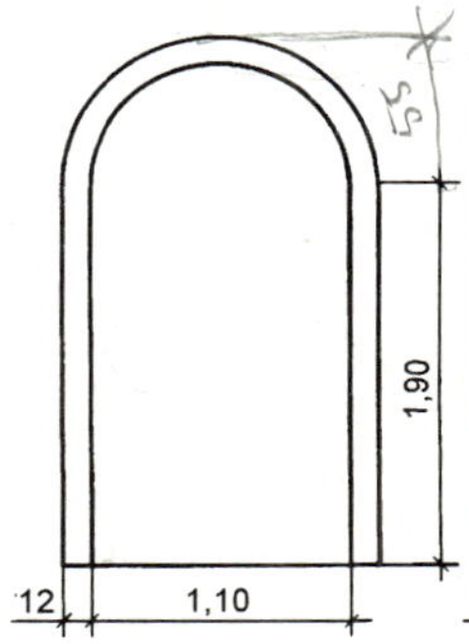

5.44 bogenförmige Tür

5.45 Tür in zwei Techniken

6. Für welche Beschichtungsflächen gelten die folgenden Aufmaßansätze?
a) 5 · [1,06 · 2,13 + (0,90 + 2,05 · 2) · 0,20]
b) 4 · 0.96 · 2,20 · 2
c) 5 · (1,06 · 2,13 − 0,88 · 2,04)

7. Türmaße: größtes Ausbaumaß 1,18 · 2,08, Bekleidung 10 cm, Futtertiefe 24 cm.
Schreiben Sie danach folgende Maßansätze:
a) 1 Türblatt einseitig,
b) 2 Türblätter beidseitig
c) 4 Futter mit Bekleidung,
d) 4 Türen beidseitig mit Futter und Bekleidung.

8. Eine zweiflügelige Pendeltür hat die Maße 1,12 · 2,15 je Türpendel, Bekleidung 12 cm, Futter 26 cm. Wie viel m² sind beidseitig zu bearbeiten?

5.4.2 Fenster und Fensterläden

Fenster. Fensterbeschichtungen sind ein breites Auftragsgebiet des Maler- und Lackiererhandwerks. Wie bei Türen gibt es auch bei Fenstern zahlreiche Konstruktionsarten. Der Zeitaufwand für eine Fensterbeschichtung kann, je nach Bauart, sehr verschieden sein.
Fenster werden je beschichtete Seite unter Angabe der Konstruktionsart nach Flächen berechnet.

Konstruktionsarten. Man unterscheidet nach

der Bewegungsart der Flügel	z.B. Dreh-, Kipp-, Schwingflügel-Fenster
der Anzahl der Flügel	ein-, mehrflüglig
der Konstruktion	z.B. Sprossen, Halbkreisoberlicht

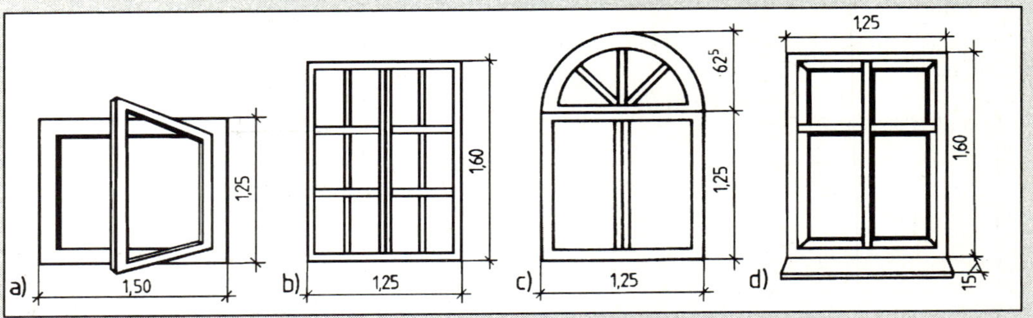

5.46 Fensterarten
a) Drehflügelfenster b) Fenster mit Sprossen c) Fenster mit Halbkreisoberlicht
d) Doppelfenster (Verbundfenster) mit Fensterbank

Fenster sind Öffnungen in der Wand und werden entsprechend der VOB abgerechnet. Durch den Aufwand beim Beschneiden werden Glasscheiben und andere Füllungen übermessen.
Erschwernisse bei der Beschichtung durch die Fensterkonstruktion dürfen rechnerisch nicht durch eine Flächenvergrößerung aufgewogen werden.

> Fenster werden je beschichtete Seite nach Fläche berechnet (VOB 5.1.12).
> Erschwernisse durch die Fensterkonstruktion sind durch einen Schwierigkeitsfaktor im Einheitspreis je m² zu berücksichtigen.
> Beispiel: 1,25 · 1,60 · Preis/m² · Schwierigkeitsfaktor.

Beispiel Zu den Fensterarten (**5**.46) gibt es folgende Maßansätze:

a) einseitige Beschichtung $1{,}50 \cdot 1{,}25$

b) einseitige Beschichtung, 24,50 €/m², Schwierigkeitsfaktor 2,80 $1{,}25 \cdot 1{,}60 \cdot 12{,}50 \frac{€}{m^2} \cdot 2{,}80$

c) zweiseitige Beschichtung $\left(1{,}25 \cdot 1{,}25 + \frac{1{,}25}{2} \cdot \frac{1{,}25}{2} \cdot \frac{3{,}14}{2}\right) \cdot 2$

d) Verbundfenster + Fensterbank (2 · 2 Seiten) $1{,}25 \cdot 1{,}60 \cdot 4 + 1{,}25 \cdot 0{,}15$

Aufgaben

9. Berechnen Sie die Flächen für ein Fenster entsprechend den Beispielen (**5**.46, a, c und d).

10. Berechnen Sie für das Beispiel (**5**.46, b) den Stückpreis bei einem Preis/m² von 12,80 €.

11. In einer Wohnung sind neun Drehflügelfenster 1,20 · 1,55 einseitig zu beschichten. Wie viel m² sind zu berechnen?

12. Sechs Fenster (**5**.47) sind beidseitig zu beschichten, Preis/m² 15,30 €, Schwierigkeitsfaktor 1,20.
Wie groß sind die Kosten für die Fensterbeschichtung?

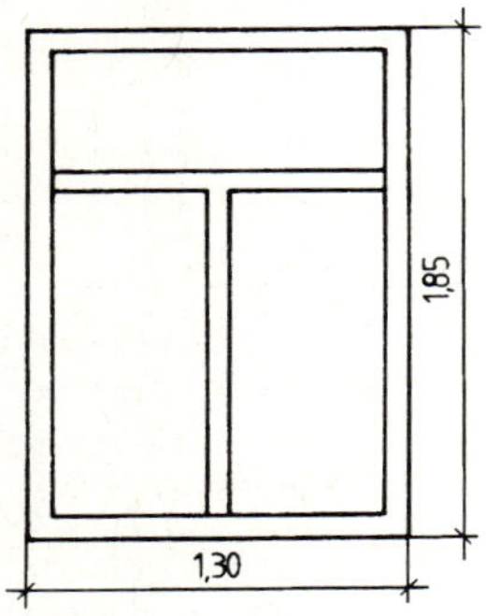

5.47 Fenster mit Oberlicht

13. Fünf Werkstattfenster (**5**.48) 2,60 · 2,35 sind innen und außen zu beschichten. Der Preis beträgt 18,60 € je m², der Schwierigkeitsfaktor ist 2,60.
   a) Berechnen Sie die zu bearbeitenden Gesamtflächen.
   b) Wie viel Liter Acryllack benötigen Sie, wenn der Verbrauch 80 ml/m² beträgt.
   c) Wie viel € kostet die Beschichtung der fünf Werkstattfenster?

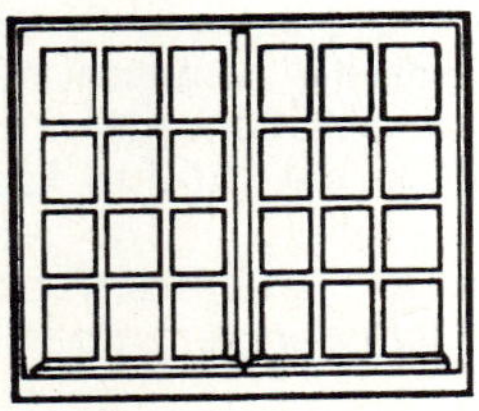

Maße 2,60 · 2,35

5.48 Werkstattfenster

14. In einem Altbau sind 16 Fenster (**5**.49) mit den entsprechenden Abmessungen beidseitig zu beschichten. Wie viel m² sind es insgesamt?

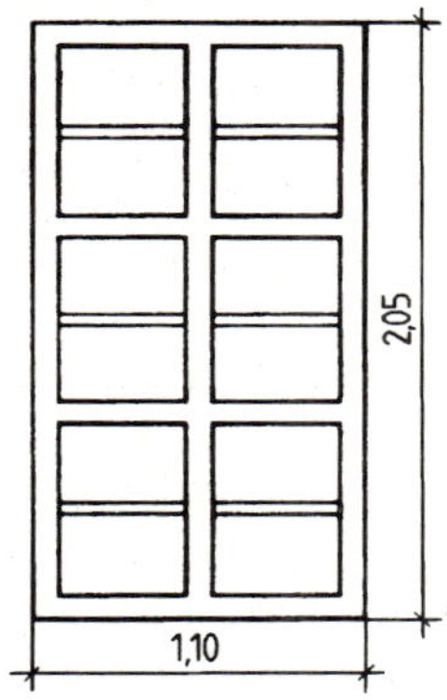

5.49 Altbaufenster

15. 6 Fenster (**5**.50) sind beidseitig zu beschichten. Die Beschichtung kostet 16,10 €/m², Schwierigkeitsfaktor 1,25. Wie viel kostet das Beschichten der Fenster?

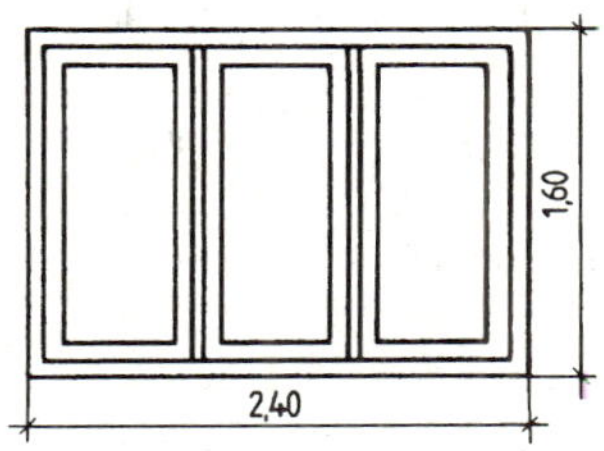

5.50 Dreiteiliges Fenster

16. Zehn Fenster (**5**.51) mit einer Fensterbank von 24 cm Tiefe sind einseitig zu beschichten. Wie viel m² beträgt die Fläche der Fenster einschließlich der Fensterbänke.

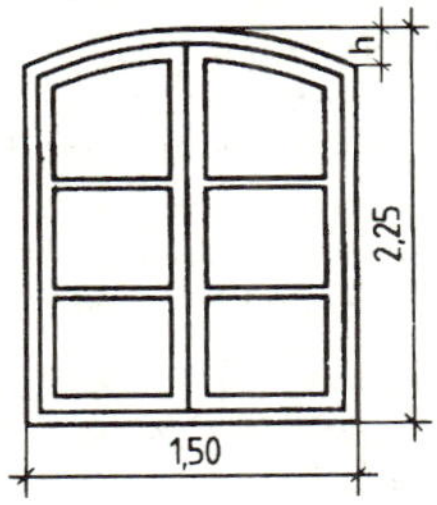

h = 20 cm

5.51 Fenster mit Fensterbank

Fensterläden, Roll- und Klappläden werden auch nach Stück abgerechnet. Für die Berechnung der Beschichtungsfläche gelten die Maße der lichten Fensteröffnung. Die überwiegend paarweise angeordneten Läden werden als eine durchgehende Fläche angesehen, was ja auch bei geschlossenen Läden der Fall ist. Die verschiedenen Konstruktionen (z.B. vollflächig glatt, mit Rahmen, beweglich ausstellbar, schräg geneigte Stülpbrettchen) werden auch hier mit einem Schwierigkeitsfaktor auf glatte Läden (Normalausführung) belegt (z.B. 1,25 oder 1,50). Aussteller, Laufschienen und Einzelteile (Feststeller) berechnet man nach Meter bzw. Stück.

Aufgaben

17. Zwölf Paar Fensterläden (**5**.52) sind beidseitig zweimal zu beschichten.
    a) Berechnen Sie die Fläche der Läden.
    b) Für eine Beschichtung werden 250 ml/m² Dispersionslack benötigt. Wie viel Lack muss zur Verfügung gestellt werden?

18. Zehn Rolläden der Größe 1,20 · 1,55 sind beidseitig zu beschichten.
    a) Berechnen Sie die Beschichtungsfläche.
    b) Wie viel m Leitschienen sind vorhanden?

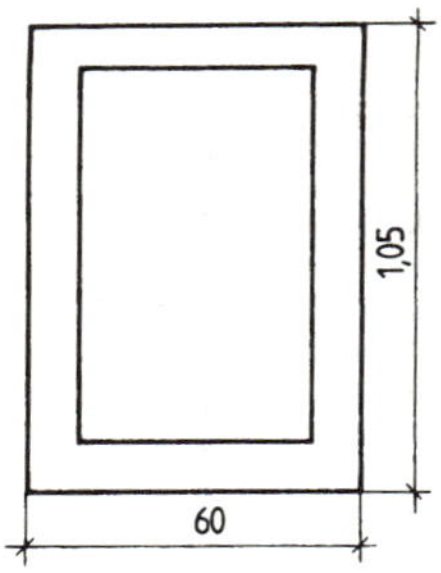

5.52 Normal-Fensterläden

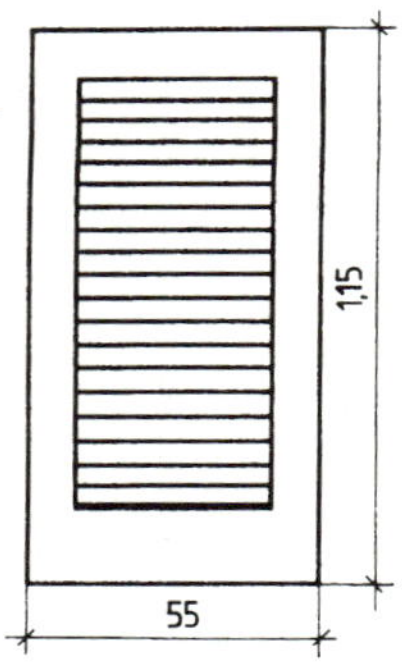

5.53 Fensterladen mit Stülpbrettchen

19. Sechs Paar Fensterläden und zwei Einzelläden (**5**.53) sind beidseitig zu beschichten. Verbrauch 160 ml/m².
    a) Berechnen Sie die Gesamtfläche der Fensterläden.
    b) Wie viel Liter Lack sind erforderlich.

20. Vier Fensterläden (**5**.54) sind beidseitig zu beschichten. Die Rahmen werden farbig abgesetzt. Rechnen Sie mit Schwierigkeitsfaktor 1,25 und 12,35 € für 1,00 m². Wie viel kostet die Beschichtung der Läden?

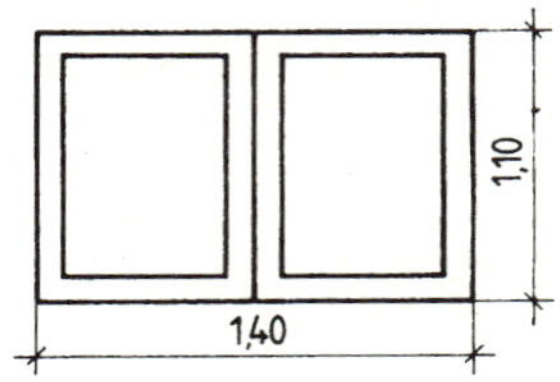

5.54 Fensterladen

21. In einem historischen Hotelgebäude sind 24 Fensterläden (**5**.55) beidseitig zweimal zu beschichten. Der Verbrauch an Lack beträgt für eine Beschichtung 150 ml/m².
    a) Wie viel m² sind zu beschichten?
    b) Wie viel Liter Lack wird benötigt?

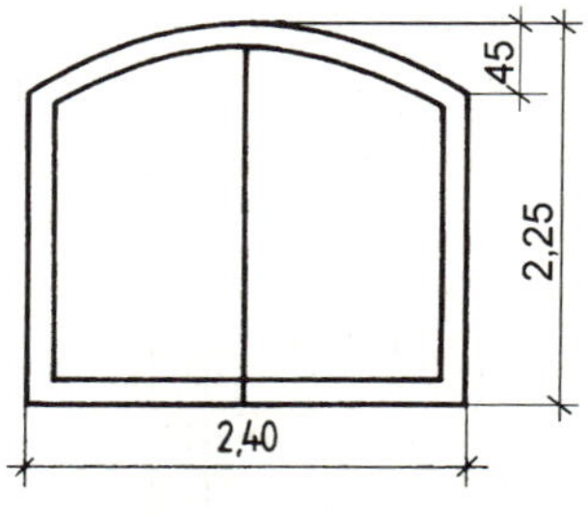

5.55 Stichbogenläden

22. In einem Landhaus sind acht Paar Fensterläden 0,75 · 1,30 beidseitig zu beschichten, Preis je m² 14,68 €. Die Außenseiten erhalten eine farbige Einfassung, 1,00 m kostet 2,80 €.
    a) Wie viel € sind für die Fensterläden und
    b) wie viel € für die Einfassungen zu berechnen?

5.4.3 Trennwände und Untersichten

Trennwände werden je beschichtete Seite nach Flächen berechnet. Glasfüllungen, kunststoffbeschichtete Füllungen oder Füllungen aus Naturholz und dgl. werden übermessen (VOB DIN 18 363, 5.1.12).
Untersichten von Dächern und Dachüberstände mit sichtbaren Sparren werden nach den fertigen Maßen der erbrachten Leistung gemessen.

Trennwände werden je beschichtete Seite nach Fläche gerechnet (VOB 5.1.12)
Die Untersichten von Dächern und Dachüberständen mit sichtbaren Sparren werden in der Abwicklung gerechnet (VOB 5.1.15)

Beispiel Erstellen Sie das Aufmaß für den Dachüberstand und die Sparren nach folgenden Angaben: Länge des Dachüberstandes 16,80 m, Sparrenabstand (Achsmaß) 0,70 m. Anzahl der Felder 24, Anzahl der Sparren 23, Sparrenkopf 10 cm · 18 cm, Tiefe des Dachüberstandes 65 cm

$16{,}80 \cdot 0{,}65 \quad + \quad 23 \cdot (0{,}10 \cdot 2 \cdot 0{,}65 + 0{,}10 \cdot 0{,}18)$
Fläche Dachüberstand + Sparren + Sparrenköpfe
(Sparren < 30 cm werden in der Fläche Dachüberstand übermessen)

Aufgaben

23. In einem Bürogebäude sind 8 Trennwände mit Glasfüllungen (**5**.56) beidseitig zu beschichten.
   a) Berechnen Sie die Fläche der Trennwände.
   b) Wie viel l Lack sind zu kalkulieren, wenn nach Herstellerangaben 130 ml je m² nötig sind?

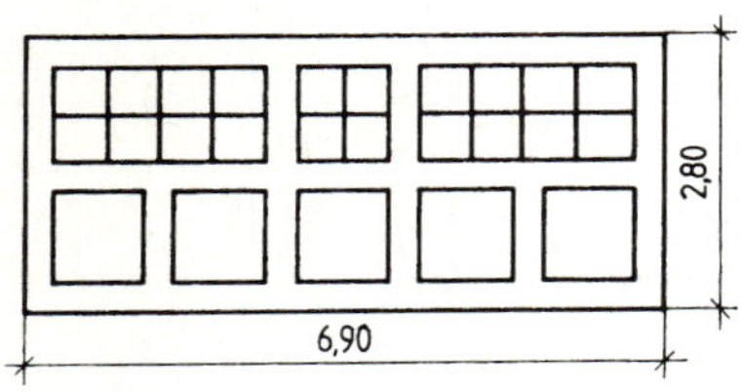

5.56 Trennwand mit Glasfüllungen

24. Ein Büroraum (**5**.57) hat die eingezeichneten Trennwände, Höhe 2,10 m.
   a) Wie lange sind die 4 zu bearbeitenden Trennwände?
   b) Wie viel m² sind abzurechnen, wenn die Trennwände beidseitig beschichtet werden?

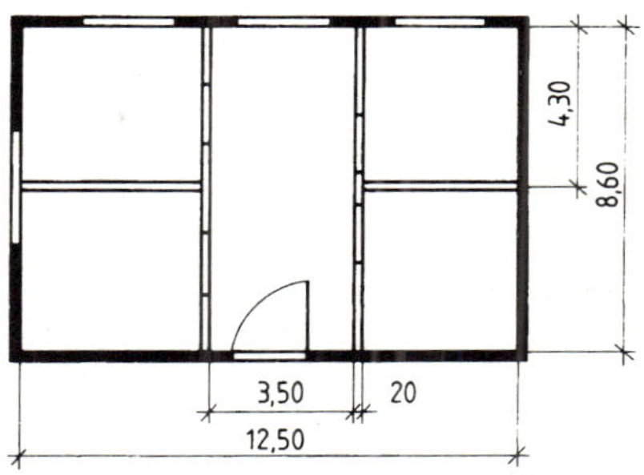

5.57 Büroraum

25. Schreiben Sie das Aufmaß für einen Dachüberstand nach den folgenden Angaben: Länge Dachüberstand 12,60 m, Sparrenabstand 70 cm, Tiefe des Dachüberstandes 67 cm. Sparrenkopf 10 cm · 18 cm.
   a) Berechnen Sie die Anzahl der Felder.
   b) Berechnen Sie die Anzahl der Sparren.
   c) Berechnen Sie die zu beschichtende Fläche.
   d) Wie viel Liter Dünnschichtlasur werden bei einem Verbrauch von 140 ml je m² benötigt?

5.4.4 Bauteile nach Längenmaß

Die Bauteile der Abschnitte 5.4.1 bis 5.4.3 werden nach dem Flächenmaß (m²) abgerechnet. Doch gibt es auch Bauteile, die aufgrund ihrer Konstruktion nach dem Längenmaß (m) abgerechnet werden: z.B. Leibungen, Abschlussprofile, Fußleisten, Deckenbalken, Gesimse, Fachwerkhölzer, Sparren, Stahlprofile und Rohre bis 30 cm Abwicklung.

Gesimse, Umrahmungen und Faschen von Füllungen oder Öffnungen werden beim Aufmaß der Fassadenfläche übermessen. Faschen sind die frontseitigen Einfassungen in Putz, Stein oder Holz bei Fenster- und Türöffnungen.

> Gesimse, Umrahmungen und Faschen werden beim Ermitteln der Fläche übermessen. Gesimse und Umrahmungen werden unter Angabe der Höhe und Ausladung, bei Faschen der Abwicklung, zusätzlich gerechnet. Sie werden in ihrer größten Länge gemessen (VOB 5.1.9).

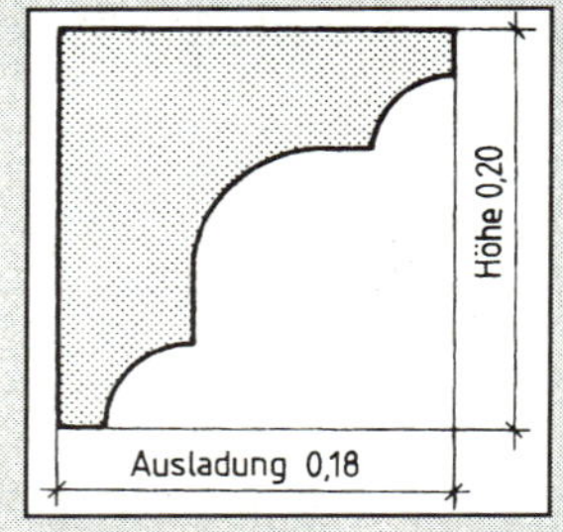

5.58 Gesims

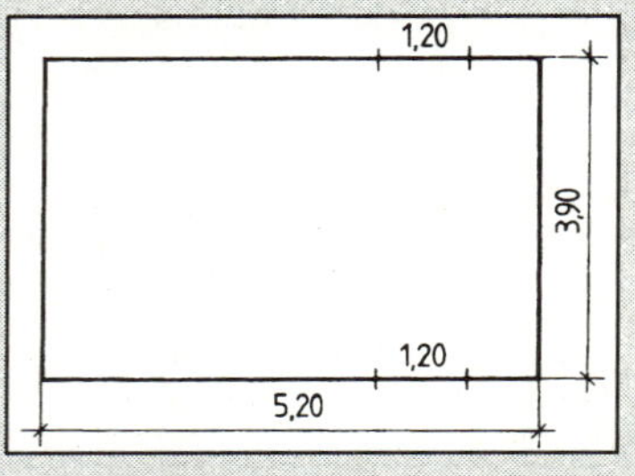

5.59 Fußleisten

Beispiel Schreiben Sie das Aufmaß für ein Gesims (**5**.58) mit einer Ausladung von 18 cm, Höhe 20 cm und Länge von 7,50 m.
<u>**Ansatz:**</u> 0,20/0,18, Länge 7,50

Fuß- und Deckleisten, Sockelfliesen und dgl. bis 10 cm Höhe werden übermessen (VOB 5.1.6). Entscheidend hierfür ist die sichtbare Höhe des Sockels.
Unterbrechungen über 1,00 m Einzellänge werden abgezogen.
Bei einer Fußleistenhöhe bis einschließlich 10 cm wird die Wandhöhe von der Decke bis zum Fußboden gemessen. Sind die Fußleisten 11 cm und höher, wird die Wandhöhe von der Decke bis zur Oberkante der Fußleiste gemessen. Das gleiche gilt für Sockelleisten.

Beispiel Berechnen Sie für den Raum (**5**.59) die Länge der Fußleisten (Höhe 15 cm) und die Wandfläche. Raumhöhe 2,50 m, Türen 1,20 m · 2,05 m.
<u>**Ansatz:**</u> (5,20 + 3,90) · 2 − 2 · 1,20 (Höhe 0,15) Fußleisten = **15,80 m**
(5,20 + 3,90) · 2 · (2,50 − 0,15) Wandfläche = **42,77 m²**

Holzbalkendecke. Eine zu behandelnde Holzbalkendecke z. B., deren Balken mit einem anderen Beschichtungsstoff zu behandeln sind, ist in der gesamten Fläche zu übermessen, d.h., die von den Balken bedeckte Grundflächen werden nicht abgezogen, die Holzbalken jedoch werden in ihrer Abwicklung zusätzlich berücksichtigt.

> Deckenbalken bis 30 cm Einzelbreite werden übermessen. (VOB 5.1.11)
> Die Beschichtung in einem anderen Farbton oder anderer Technik wird zusätzlich gerechnet.

Beispiel Eine Deckenfläche (**5**.60) mit Holzbalken wird beschichtet. Wie werden die Leistungen abgerechnet: a) Beschichtung mit gleichem Beschichtungsstoff.
b) Decke und Balken in verschiedenen Techniken.

Ansatz: a) $10{,}90 \cdot 5{,}65 + 4 \cdot 0{,}20 \cdot 2 \cdot 5{,}65$

b) $10{,}90 \cdot 5{,}65 + 4 \cdot (0{,}28 + 0{,}20 \cdot 2) \cdot 5{,}65$

a) Deckenfläche + Abwicklung Balken (ohne Balkenbreite)

b) Deckenfläche + Abwicklung Balken (mit Balkenbreite)

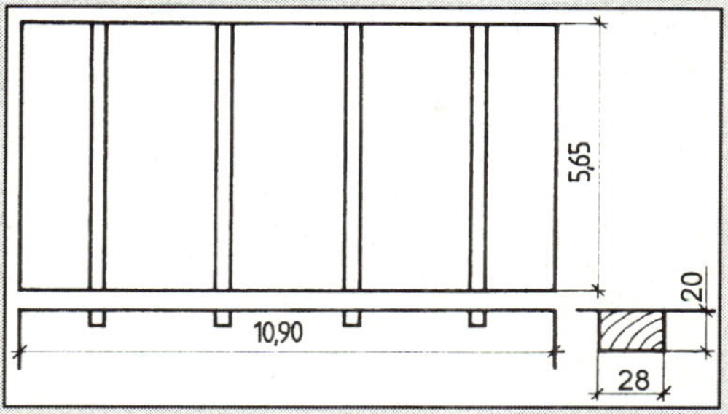

5.60 Decke mit Balken

Fachwerk. Bei Fachwerkfassaden werden die Balken bis 30 cm Einzelbreite übermessen und die Öffnungen gem. VOB abgezogen. Sofern diese Fachwerkhölzer farbig abgesetzt oder in einer anderen Beschichtungstechnik bearbeitet werden, erfolgt eine zusätzliche Abrechnung nach Längenmaß.

Beispiel Für die Sanierung der Fachwerkfassade (**5**.61) sind die Malerarbeiten zu kalkulieren.
Die Ausfachung des Holzfachwerkes und die Balken sollen beschichtet werden.
Die Öffnungen sind alle < 2,50 m².

a) Berechnen Sie die Fassadenfläche.

Ansatz: $8{,}00 \cdot 8{,}50 + \frac{8{,}00 \cdot 3{,}00}{2}$ **= 80,00 m²**
(Balkenbreite < 30 cm)

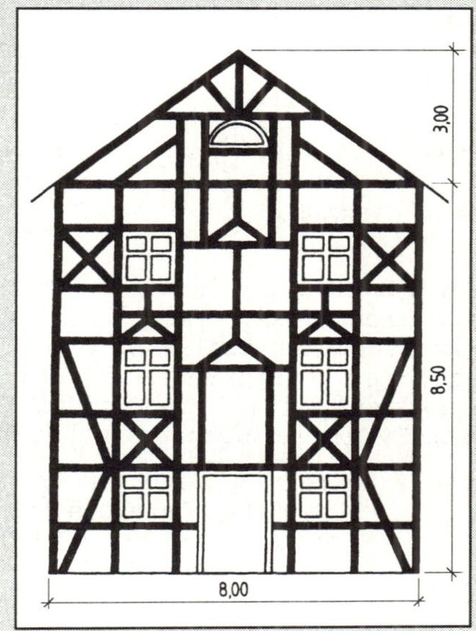

5.61 Fachwerkfassade

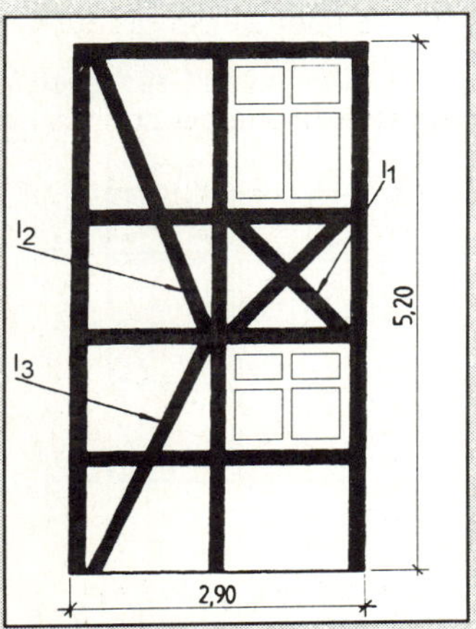

5.62 Ausschnitt

b) Berechnen Sie für den Ausschnitt (**5**.62) die Beschichtung der Balken.
l_1 = 2,30 m, l_2 = 3,20 m, l_3 = 3,00 m, Balkenbreite 18 cm.

Ansatz: $4 \cdot 2{,}90 + 3 \cdot 5{,}20 + 2 \cdot 2{,}30 + 3{,}20 + 3{,}00 = 38{,}00$ m

Bei Berechnungen nach dem Längenmaß (m) ist die Höhe, Breite oder Abwicklung anzugeben.
Sie sind erforderlich zum Berechnen des Preises je Meter (€/m).
Bei Abrechnungen nach Längenmaß werden Unterbrechungen > 1,00 m Einzellänge abgezogen.

Aufgaben

26. Die Saaldecke (**5**.63) ist einschließlich Stuckfries zu renovieren.
Gesimshöhe 12 cm.
    a) Wie viel m² Deckenfläche sind zu bearbeiten?
    b) Wie viel Meter Stuckfries sind farbig abzusetzen?

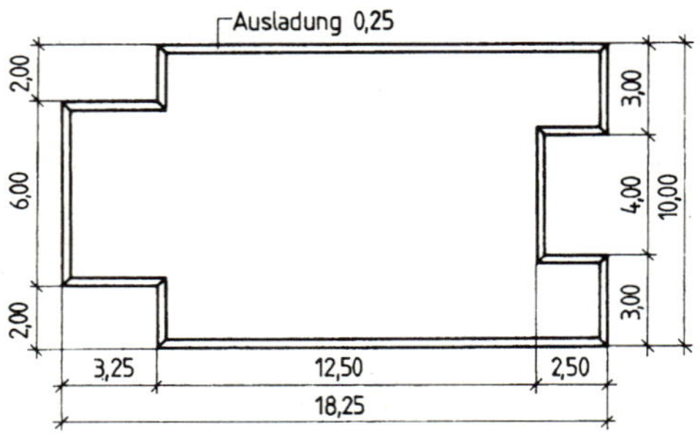

5.63 Saaldecke

27. Im Raum (**5**.35, S. 98) ist die Fußleiste zu beschichten. Berechnen Sie die zu beschichtende Länge der Fußleisten.

28. Die Saalwand (**5**.37, S. 98) hat auch in den Türleibungen Fußleisten. Stellen Sie den Maßansatz auf und berechnen Sie die Länge der Fußleisten.

29. Die sechs Türen (**5**.45, S. 101) sind beidseitig an der Bekleidung mit farbigen Leisten einzufassen. Verschnitt 5%.
    a) Wie viel m Leisten sind nötig?
    b) Die Leisten sind 2,00 m lang. Wie viel Stäbe benötigen Sie, wenn Sie das Ergebnis auf ganze Stäbe aufrunden?

30. Die quadratische Gastzimmerdecke (**5**.64) wird renoviert.
    a) Berechnen Sie die mit Dispersionsfarbe zu beschichtenden Putzflächen (Balken lasiert).
    b) Wie viel m Balken sind für die Lasurtechnik zu berechnen? (Kreuzungen durchmessen)
    c) Wie viel m² Fläche haben die Balken (Kreuzung durchmessen)?

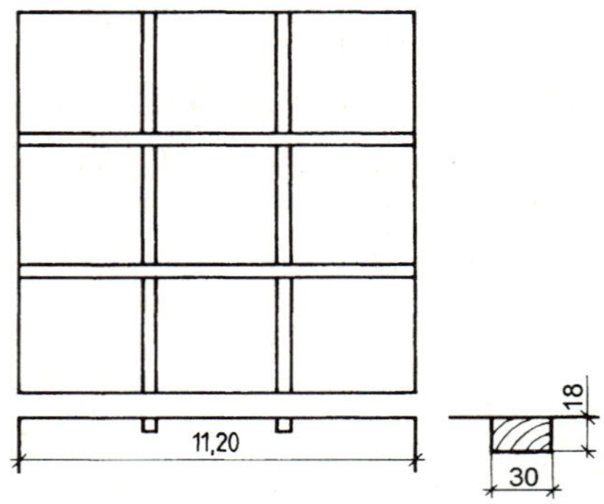

5.64 Gastzimmerdecke

31. Die Holzdecke (**5**.65) ist neu zu beschichten. Deckenfelder und Balken werden mit einer Holzlasur beschichtet.
Balkenbreite 20 cm, Balkenhöhe 12 cm
    a) Wie viel m² Deckenfläche sind zu beschichten?
    b) Wie viel m Balken sind zu bearbeiten? (Kreuzungen durchmessen)

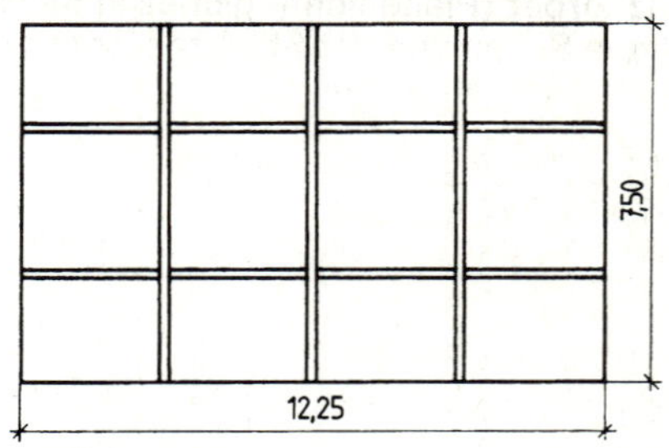

5.65 Holzdecke

5.4.5 Metallbauteile

Heizkörper werden nach der abgewickelten Oberfläche, der "Heizfläche" berechnet. Da sich beim Aufmaß am Objekt die Naben und Wölbungen nicht einwandfrei abwickeln lassen, ist die Berechnung nach Tabellen genauer und schneller.

Für die Berechnung durch Aufmaß von Gliederheizkörpern (**5**.67) gilt:

Beschichtungsfläche je Glied = Bauhöhe · Bautiefe · **2,2** *)
Beschichtungsfläche je Heizkörper = Gliederanzahl · Bauhöhe · Bautiefe · **2,2** *)

***)** Der Multiplikator ist je nach Konstruktion zu wählen. Anhaltswerte sind z. B. DIN-Stahlradiatoren **2,2**; DIN-Gussradiatoren **2,8**; Plattenheizkörper (profiliert) **2,1**.

Beispiel DIN-Stahlradiator, Bautiefe 160 mm, Bauhöhe 600 mm, Gliederanzahl 12

Beschichtungsfläche = 12 · 0,60 · 0,16 · 2,2 = **2,53 m²**

Für die Abrechnung von Heizkörpern kann die Heizfläche von Radiatoren aus Tabellen entnommen werden. Zur Berechnung nach Tabellen (**5**.66) werden Heizkörpertyp, Bauhöhe, Bautiefe, Nabenabstand, Gliederzahl und Anzahl der Heizkörper benötigt.

Tabelle **5**.66 DIN-Radiatoren

	Bauhöhe **H** in mm	Nabenabstand **N** in mm	**Heizfläche je Glied in m²** Bautiefen **T** in mm: 70	110	160	220	250
	1	2	3	4	5	6	7
Gussradiatoren DIN 4720	280	200	-	-	-	-	0,185
	430	350	-	-	0,185	0,255	-
	580	500	0,120	0,180	0,255	0,345	-
	980	900	0,205	-	0,440	0,580	-
Stahlradiatoren DIN 4722	300	200	-	-	-	-	0,160
	450	350	-	-	0,155	0,210	-
	600	500	-	0,140	0,205	0,285	-
	1000	900	-	0,240	0,345	0,480	-

Flachheizkörper (Plattenform) gibt es in mehreren Typen. Sie werden nach dem Flächenmaß, den zu lackierenden Seiten und der Stückzahl berechnet.

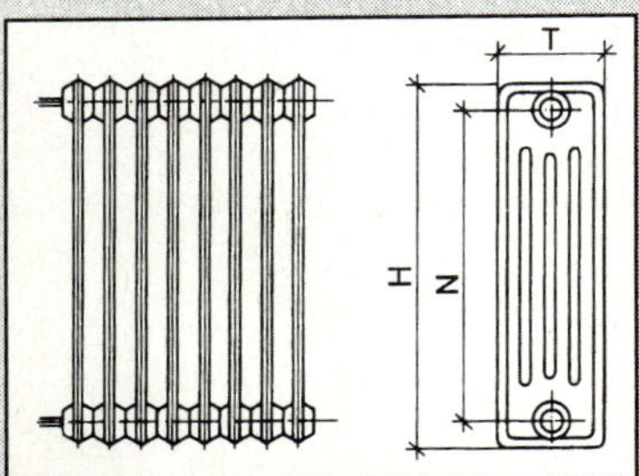

5.67 DIN-Radiator

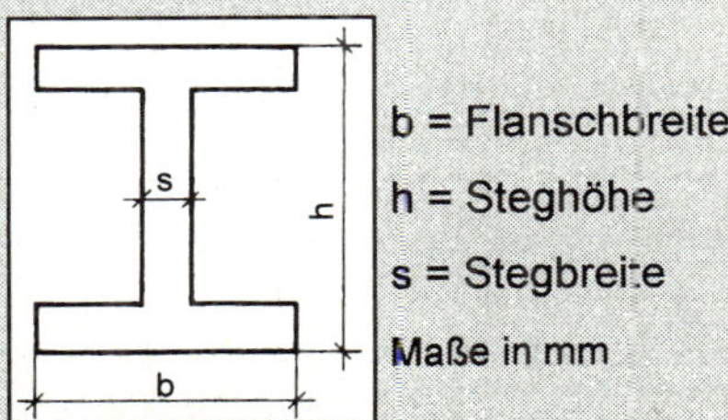

5.68 I-Stähle, TT-Profile

Stahlbauteile. Flächen von Profilen werden nach Tabellen berechnet, soweit diese vorhanden sind. Ohne Tabellen berechnet man sie nach der abgewickelten Fläche (VOB 5.1.18).
Abgerechnet wird

> nach Flächenmaß (m²), wenn die Abwicklung > 30 cm ist (VOB 0.5.1),
> nach Längenmaß (m), wenn die Abwicklung < 30 cm ist (VOB 0.5.2).

Für Träger nach DIN gibt es Tabellen, aus denen man nach der Höhe und Breite (alle Maße in mm) die Beschichtungsfläche in m² entnehmen kann. VOB DIN 18364 (Korrosionsschutzarbeiten an Stahl- und Aluminiumbauten) räumt die Möglichkeit ein, Korrosionsschutzarbeiten auch nach dem Gewicht der Konstruktion abzurechnen.

Die erforderlichen Maße für die Abwicklung von Stahlträgern sind von der Form des Trägers (**5**.68) abhängig

Beispiel Schmale I - Träger mit parallelen Flanschflächen (DIN EN 10034), z.B. b = 90 mm, h = 200 mm, Länge = 7,00 m.

Abwicklung: (0,09 · 4 + 0,20 · 2) · 7,00 = **5,32 m²**

Die Tabelle **5**.69 ist ein Beispiel für die Oberflächenberechnung von Stahlkonstruktionen.

Tabelle **5**.69 Normal I - Träger DIN EN 1024 (alte Norm DIN 1025) –Auswahl–

Kurz-zeichen **IPN**	Höhe **h** in mm	Breite **b** in mm	Gewicht je m in kg	Beschichtungs-fläche je m in m²	Beschichtungs-fläche je t in m²
80	80	42	5,94	0,304	51,17
200	200	90	26,2	0,709	27,06
240	240	106	36,2	0,844	23,31
280	280	119	47,9	0,966	20,16
400	400	155	92,4	1,330	14,39
450	450	170	115,0	1,480	12,86
475	475	178	128,0	1,550	12,10
500	500	185	141,0	1,630	11,56
600	600	215	199,0	1,920	9,65

Beispiel Es werden Träger für eine Halle beschichtet. Berechnen Sie die Beschichtungsfläche.
2 Träger **IPN** 475 mit einer Länge von 4,60 m
3 Träger **IPN** 200 mit einer Länge von 2,60 m

Beschichtungsfläche **IPN** 475 = 2 · 1,550 · 4,60 = **14,26 m²**
Beschichtungsfläche **IPN** 200 = 3 · 0,709 · 2,60 = **5,53 m²**

Wellbleche und -platten werden nach m² berechnet. Dabei sind Wellenhöhe und -abstand zu beachten und anzugeben. Bei angenommen gleicher Länge und Breite ist ein Wellblech, je nach Wellenhöhe und –abstand, gegenüber dem glatten Blech etwa mit den Faktoren (F) 1,54 bis 2,45 zu belegen. Die Faktoren geben an, um wie viel die abgewickelte Fläche größer ist als die überdeckte Fläche.

Beispiel Es wird eine Fläche 3,50 · 4,60 mit Wellblech belegt.
Faktor 2,45

Beschichtungsfläche = 3,50 · 4,60 · 2,45 = **39,45 m²**

Aufgaben

32. Berechnen Sie nach Tabelle **5**.66 folgenden Gussradiator DIN 4720: Bauhöhe 430 mm, Bautiefe 220 mm, 12 Glieder.

33. In einer Wohnung sind fünf Stahlradiatoren DIN 4722 zu beschichten. Bautiefe 220 mm, Bauhöhe 1000 mm. Drei Radiatoren haben 10 Glieder, zwei je 8 Glieder.
    a) Berechnen Sie die Gesamtfläche der Radiatoren.
    b) Wie viel Liter Heizkörperlack benötigen Sie, wenn zum Beschichten 120 ml/m² vorgesehen sind?

34. Ein Malerbetrieb hat 40 DIN-Radiatoren farbig zu beschichten, und zwar
    10 Gussradiatoren, 18 Glieder, H = 430 mm, T = 220 mm
    12 Gussradiatoren, 22 Glieder, H = 580 mm, T = 110 mm
    14 Stahlradiatoren, 26 Glieder, H = 600 mm, T = 160 mm
    4 Stahlradiatoren, 32 Glieder, H = 1000 mm, T = 110 mm
    Berechnen Sie die Beschichtungsfläche aller Heizkörper in m²
    a) nach Tabelle **5**.66,
    b) nach Aufmaß.
    Vergleichen Sie die beiden Ergebnisse.

35. Bei einer Deckenkonstruktion sind folgende Normal-I-Träger nach DIN EN 1024 mit Korrosionsschutz zu beschichten:
    4 Träger 3,80 m lang, 200 mm hoch, 90 mm breit
    6 Träger 4,75 m lang, 280 mm hoch, 119 mm breit
    2 Träger 5,00 m lang, 500 mm hoch, 185 mm breit
    Berechnen Sie die Gesamtfläche nach Tabelle **5**.69.

36. Fünf I-Träger sind nach Abwicklung zu berechnen, b = 140 mm, h = 160 mm, l = 6,40 m.
    Wie viel m² sind zu beschichten?

37. Vier I-Träger **IPN** 600 sind zu beschichten. h = 600 mm, b = 215 mm, Länge je 4,95 m.
    Berechnen Sie die Beschichtungsfläche der Träger in m²
    a) nach Tabelle **5**.69,
    b) nach Aufmaß.

38. Sechs Wellblechverkleidungen 2,40 · 3,15 m sind vor der Montage beidseitig zu beschichten: Profilhöhe 27/100, Baubreite 8 Wellen 800 mm, Schwierigkeitsfaktor = 1,25.
    Wie viel m² sind insgesamt zu beschichten?

5.4.6 Rohre, Geländer und Zäune, Dachrinnen

Rohrleitungen sind nach VOB DIN 18363 nach Länge (m) unter Angabe des äußeren Rohrdurchmessers zu rechnen. Dabei werden Schieber, Flansche usw. übermessen (VOB 5.1.19).

Rohrgeländer werden nach Länge der Rohre und deren äußere Durchmesser gerechnet (VOB 5.1.17). Dabei sind die Rohre getrennt nach ihren Durchmessern und der ausgeführten Beschichtungsart zu erfassen.
Nach VOB DIN 18364 werden Rohre über 30 cm Abwicklung nach Flächenmaß (m²) bis 30 cm nach Längenmaß (m) abgerechnet.

Tabelle **5**.70 Nahtlose Stahlrohre nach DIN 2448-St 35 (Auszug)

Nennweite NW	Außendurchmesser in mm	Innendurchmesser in mm	Oberfläche m² je m
100	114,3	107,1	0,359
125	139,7	131,7	0,439
150	168,3	159,3	0,528
200	219,1	207,3	0,688
250	273,0	260,4	0,857
300	323,9	309,7	1,017
350	355,6	339,6	1,117
400	406,4	388,8	1,276
500	508,0	486,0	1,595

Für Rohre bzw. Stahlprofile mit quadratischem oder rechteckigem Querschnitt gelten die gleichen Abrechnungsbedingungen.

Für Beschichtungsflächen ist der Außendurchmesser abzulesen. Danach kann die Oberfläche je m² für 1,00 m Länge abgelesen werden.

Beispiel Ein Stahlrohr NW 150 hat eine aufgemessene Länge von 24,80 m. Berechnen Sie die Oberfläche nach Tabelle **5**.70.

Beschichtungsfläche = 0,528 · 24,80 = **13,09 m²**

Geländer und Zäune werden beidseitig beschichtet, jedoch nur einseitig berechnet (VOB 5.1.16). Nach Längenmaß oder auch nach Flächenmaß. Bei Zäunen, Gittern und Geländern gehören Konstruktionsbeschreibungen über Bauart, Stababstand usw. zu den notwendigen Angaben.

Handläufe werden unter Berücksichtigung der Abwicklungsmaße nach m gerechnet.

Beispiel Ein 6,50 m langer und 1,10 m hoher Zaun ist beidseitig zu beschichten. Wie wird die Leistung abgerechnet?

Beschichtungsfläche = 6,50 · 1,10 = **7,15 m²**

Beispiel Ein Treppengeländer soll mit Alkydharzlackfarbe beschichtet werden. Der Handlauf wird andersfarbig beschichtet. Welche Abrechnungseinheiten sind für das Aufmaß vorzusehen?
Treppengeländer: Abrechnung erfolgt nach Flächenmaß
Handlauf: Abrechnung erfolgt nach Längenmaß unter Angabe der Abwicklung.

Beispiel Ein zu beschichtendes Rohrgeländer besteht aus 2 waagrechten Rohren mit einem ø von 40 mm und 4 senkrechten Rohren mit einem ø von 30 mm. Wie lautet das Aufmaß?

4,25 · 2 = **8,50 m** ø 40 mm
0,90 · 4 = **3,60 m** ø 30 mm

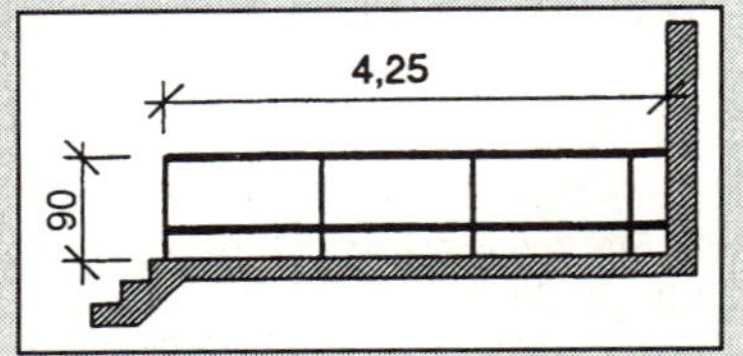

5.71 Rohrgeländer

Dachrinnen sind Halbrohre. Doch gibt es auch andere Querschnitte, z.B. bei Kunststoffrohren. Die Rinnen werden an ihren Vorderwulsten in der Länge gemessen und nach Längenmaß (m) unter Angabe des Rinnenquerschnitts berechnet (VOB 5.1.21). Der Umfang kann auch abgewickelt werden.

Beispiel 2 Dachrinnen mit einer Länge von je 12,60 m. Umfangsabwicklung 0,26 m. Wie lautet das Aufmaß?

12,60 · 2 = **25,20 m** Abwicklung 0,26 m

Dachrinnen unterschiedlicher Abmessung werden in verschiedenen Positionen, d.h. je Größe für sich berechnet.

Regenfallrohre werden im Außenbogen aufgemessen. Sie werden nach Längenmaß (m), unter Angabe des Rohrdurchmessers gerechnet (VOB 5.1.21).
Rinnenkästen berechnet man nach Stückzahl.

Beispiel Ein Regenfallrohr hat einen Außenbogen mit 30 cm Länge, ein gerades Stück mit 2,70 m Länge und zwei Außenbogen mit je 35 cm Länge. Durchmesser 80 mm. Schreiben Sie das Aufmaß?

0,30 + 2,70 + 2 · 0,35 = **3,70 m** ø 80 mm

Beschichtungsoberfläche = Länge (Höhe) · Abwicklung (Umfang)

Aufgaben

39. In einem Wasserwerk sind folgende Stahlrohre farbig zu beschichten:
62,00 m, Außendurchmesser 406,4 mm,
44,00 m, Außendurchmesser 323,9 mm.
Berechnen Sie die gesamte Fläche nach Tabelle **5**.70.

40. Berechnen Sie nach Tabelle **5**.70 folgende Stahlrohre:
12,00 m, Außendurchmesser 139,7 mm,
20,00 m, Außendurchmesser 273,0 mm,
16,00 m, Außendurchmesser 355,6 mm,

41. In einem Industriebetrieb sind folgende Vierkantrohre beschichtet worden:
124,40 m der Größe 80 mm · 80 mm,
85,50 m der Größe 100 mm · 60 mm.
Wie viel m² Beschichtung werden abgerechnet?

42. An einem Haus sind zu beschichten:
2 Dachrinnen je 14,80 m, Umfangsabwicklung 0,24 m;
2 Regenfallrohre je 9,86 m, Umfang 0,36 m.
Berechnen Sie die Beschichtungsflächen.

43. An Reihenhäusern sind zu beschichten:
6 · 2 Dachrinnen je 10,20 m, Umfang 0,24 m
6 · 2 Fallrohre je 4,25 m, Umfang 0,34 m.
Wie viel m² sind das zusammen?

44. Es sind 64,20 m Handlauf, Abwicklung 0,32 m, zu beschichten. 1,00 m Beschichtung kosten 3,40 €. Wie hoch ist die Rechnungssumme unter Berücksichtigung von 16% Mehrwertsteuer?

45. In einem Bürogebäude sind folgende Handläufe zu beschichten:
42,60 m, Abwicklung 0,24 m, Meterpreis 2,65 €,
44,80 m, Abwicklung 0,28 m, Meterpreis 3,20 €.
Wie viel kostet die Beschichtung?

46. Diese Rechteckrohre sind zu beschichten:
62,50 m der Größe 35 mm · 20 mm,
Beschichtungsfläche je m = 0,11 m²
36,50 m der Größe 40 mm · 30 mm,
Beschichtungsfläche je m = 0,14 m²
25,50 m der Größe 60 mm · 20 mm,
Beschichtungsfläche je m = 0,16 m²
Wie viel m² sind insgesamt zu bearbeiten?

47. Für einen Kunden sind nachfolgende Gitter beidseitig zu beschichten:
Fenstergitter 2,90 m · 1,10 m,
Scherengitter 2,75 m ·1,60 m,
und ein Rollgitter 8,45 m · 2,60 m.
Erstellen Sie für die Gitter die Aufmaße und berechnen Sie die Massen.

48. Erstellen Sie für das dargestellte Rohrgeländer (**5**.72) das Aufmaß und berechnen Sie die Beschichtungsfläche.
Senkrechtrohre ø 40 mm,
Längsrohre ø 50 mm.

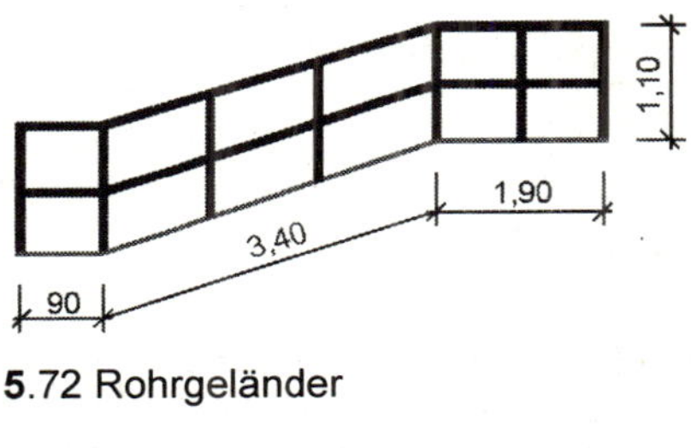

5.72 Rohrgeländer

5.5 Treppenhaus

Sie haben sicher schon zahlreiche Treppenhäuser betreten und vielleicht auch schon in unterschiedlich gebauten Treppenhäusern gearbeitet. Von der Größe und Stockwerkzahl abgesehen, kann die obere Abschlussdecke geneigt oder waagerecht sein. Oft findet man vor dem eigentlichen Treppenhaus einen Flur, der mehrere Stufen und evtl. eine Windfangtür hat. In Großbauten sind manchmal die Treppenläufe um einen größeren offenen Schacht oder Aufzugsturm angeordnet. Für alle Treppenhäuser müssen Beschichtungen, Wand- und/oder Bodenbeläge kalkuliert werden.

5.5.1 Elemente des Treppenhauses

Grundriss. Die meisten Treppenhäuser haben einen rechteckigen Grundriss. Denken wir uns die Treppen und Podeste weg, haben wir einen rechteckigen Schacht, wie wir es deutlich in einem Neubau sehen. Wie erwähnt, kann die Abschlussdecke geneigt oder waagerecht sein.

Wände. Die zu den einzelnen Etagen führenden Treppen und Podeste unterbrechen die Höhe der Schachtwände. Auch trifft man Sockel und Lamperie an, besonders in älteren Treppenhäusern. In solchen kann auch die Wandhöhe der letzten Etage niedriger sein, z.B. bei Dachwohnungen.

Treppen und Podeste. Gewöhnlich führen zwei Treppen von Etage zu Etage, die Treppenläufe. Nach jedem Treppenlauf folgt ein Podest, in der Regel ein Fensterpodest und ein Wohnungspodest mit den Wohnungseingängen (= Etagenpodest). Treppen und Podeste sind häufig Arbeitsflächen für die Verlegung von Bodenbelägen (s. Abschn. 8).
Die Belegung von Treppen erfolgt häufig aus Sicherheitsgründen mit zwei verschiedenfarbigen Bodenbelägen. Das bedeutet einen erhöhten Verschnitt, vor allem bei gewendelten Treppen (**5**.75), der bei der Berechnung und Bestellung zu beachten ist.

Decken. Die Unterseiten der Treppenläufe sind die Treppenuntersichten. Hinzu kommen die Untersichten der Podeste und die Abschlussdecke. Diese unterschiedlichen Deckenteile werden gewöhnlich einheitlich mit dem gleichen Beschichtungsstoff beschichtet (**5**.73).

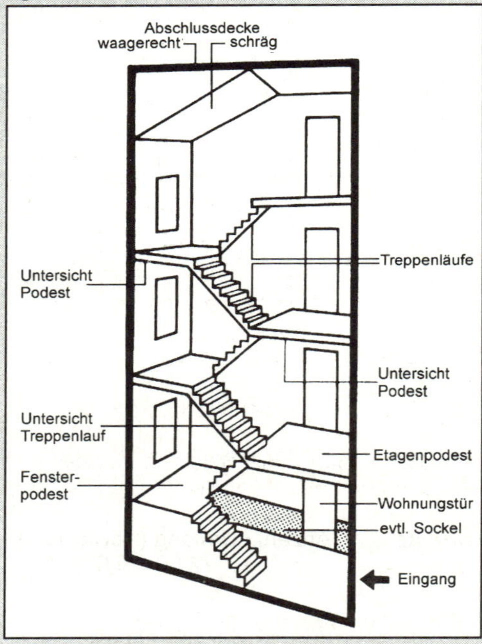

5.73 Elemente des Treppenhauses

5.5.2 Aufmaß des Treppenhauses

Fertigen Sie eine Pause des Umrisses von **5**.74 auf Transparentpapier an und schneiden Sie den Umriss genau an der äußeren Volllinie aus. Falten Sie den Ausschnitt an den drei senkrechten Linien und klappen Sie den Grundriss als Boden nach innen hoch.
So entsteht ein dreidimensionales Modell des Treppenhauses.

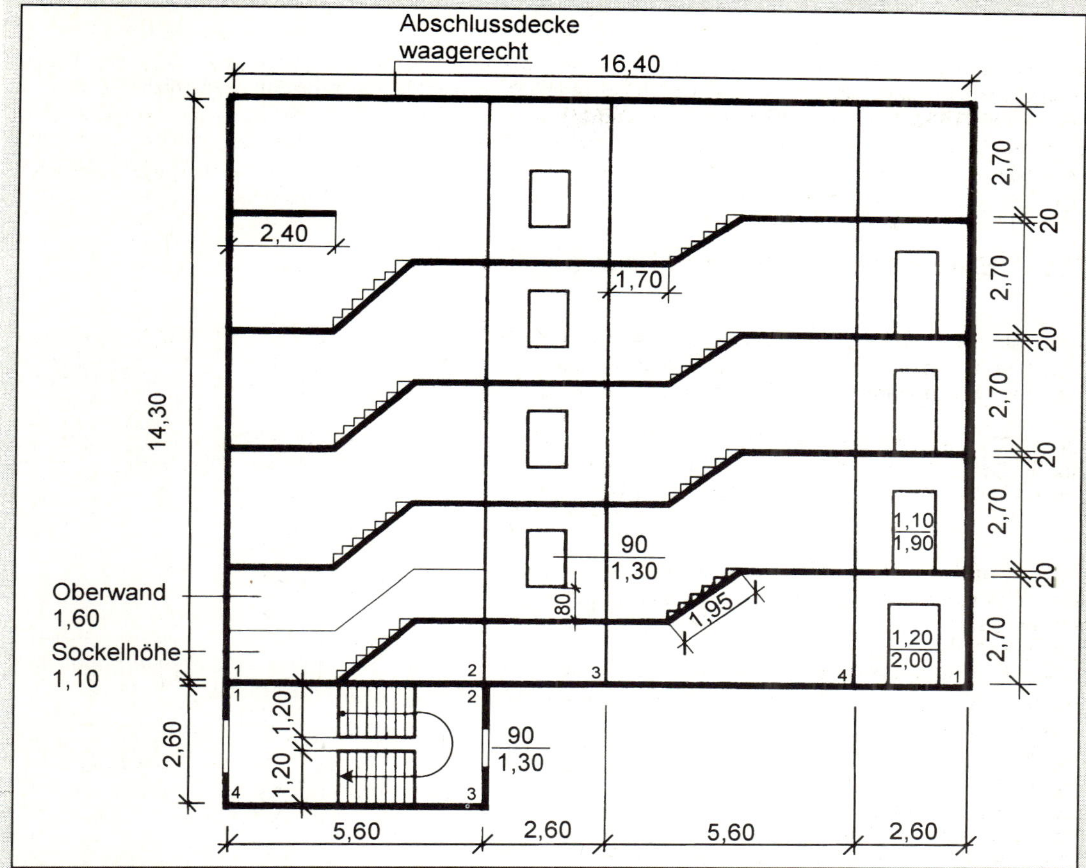

5.74 Abwicklung eines Treppenhauses

Die Wände werden abgewickelt, der Umfang wird mit der Anzahl der Etagenhöhen multipliziert. Wenn die letzte Etagenhöhe niedriger ist, muss sie getrennt gerechnet werden (**5**.74).

Ansatz Anzahl · Umfang (Abwicklung) · Etagenhöhe
4 · (2,60 + 5,60) · 2 · 2,70 = **177,12 m²**

Sockel. Ist ein Sockel vorhanden, der in einer anderen Technik bearbeitet wird und für die ein anderer m²-Preis gilt, werden Sockel und Oberwände getrennt berechnet. Die Sockelwand kann waagerecht durchgemessen werden.

Oberwände: 4 · (2,60 + 5,60) · 2 · 1,60 = **104,96 m²**
Sockel: 4 · (2,60 + 5,60) · 2 · 1,10 = **72,16 m²**

Abzugsflächen (Öffnungen) von Tür- und Fensterteilen im Sockelbereich sind hier nicht zu berücksichtigen, da sie < 2,50 m² je Einzelgröße sind.

Fenster: je 0,90 · 0,30 = 0,27 m² < 2,50 m²

Türen: je 1,10 · 1,10 = 1,21 m² < 2,50 m²
1,20 · 1,10 = 1,32 m² < 2,50 m²

Treppenhäuser werden wie andere Räume abgewickelt. Das Maß wird mit der Anzahl der Etagenhöhen multipliziert.
Sind Sockel vorhanden, wird das Abwicklungsmaß getrennt mit der Höhe der Oberwände und des Sockels multipliziert.

Decken. Das Flächenmaß setzt sich aus den Flächen der Abschlussdecke, den Untersichten der Etagen- und Fensterpodeste sowie den schräg gemessenen Treppenuntersichten zusammen.

Ansatz Abschlussdecke (waagerecht): 2,60 · 5,60 = **14,56 m²**

Untersichten	Etagenpodeste:	4 · 2,60 · 2,40
	Fensterpodeste:	4 · 2,60 · 1,70
	Treppenläufe:	8 · 1,20 · 1,95

(1 Fensterpodest und 1 Treppenuntersicht können evtl. durch einen Abschluss – Kellerschlag – zum Kellereingang gehören.)

Ansatz Untersichten 4 · (2,60 · 2,40 + 2,60 · 1,70) + 8 · 1,20 · 1,95 = **61,36 m²**

Flächenmaß aller Decken	Abschlussdecke	14,56 m²
	Untersichten	61,36 m²
		75,92 m²

Für die Deckenberechnung benötigen wir Maße und Anzahl der Etagen- und Fensterpodest-Untersichten, der schräg zu messenden Treppenuntersichten und das Maß der Abschlussdecke.

5.5.3 Treppen

Nach der Grundrissform unterscheidet man mehrere Treppenarten. Die häufigsten sind in **5**.75 dargestellt. Der in der Stufenmitte verlaufende Strich mit einem Pfeil am Ende zeigt die Gehrichtung auf der Treppe an.

Eine dreiläufige, gerade Treppe hat auch auf dem Podest einige Stufen, anzutreffen in alten Mietshäusern.
Eine Wendeltreppe geht kreisförmig ohne Podest um einen Mittelpunkt, z.B. in Kirchtürmen.

Für die Beschichtung- bzw. Belagsflächenberechnung von Treppen müssen wir die Teile einer Treppe kennen (**5**.76). Dabei ist zu beachten, dass die Trittstufen (Auftritt) gewöhnlich eine Stufennase haben, sie ragen über die Setzstufe (Stoßtritt) hinaus.

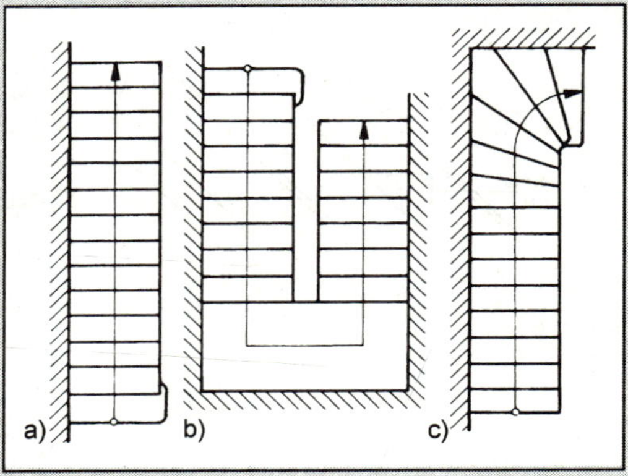

5.75 Treppenarten
a) einläufige gerade Treppe
b) zweiläufige gerade Treppe
c) gewendelte Treppe

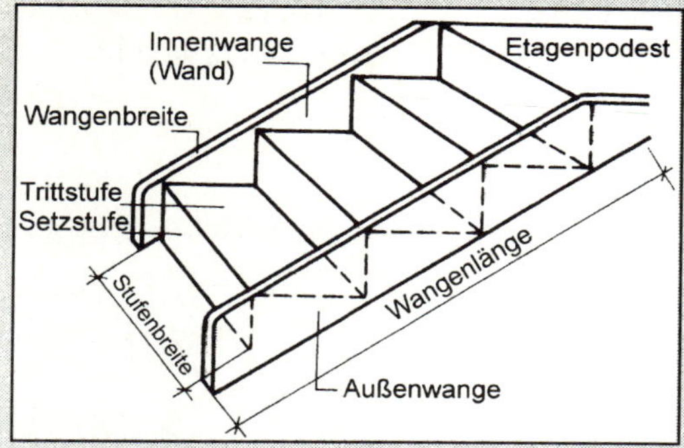

5.76 Teile einer Treppe

Für die Berechnung von Treppen gelten folgende Regeln:

> Werden Setz- und Trittstufen in derselben Beschichtungstechnik bearbeitet oder mit demselben Belag belegt, werden die Flächen abgewickelt. Bei Beschichtungen ist die Stufennase mit abzuwickeln (bei Belägen werden dort Profile gesetzt).

> Bei getrennter Behandlung oder Belegung werden Setz- und Trittstufen für sich gerechnet.

> Es ist immer eine Setzstufe mehr als Trittstufen vorhanden, denn die letzte Trittstufe (Auftritt) gehört bereits zum Podest.

Beispiel Stufenbreite 1,00 m; Trittstufentiefe 0,25 m; Stufennase 0,04 m; Setzstufenhöhe 0,12 m; Stufenzahl 8

Ansatz: $7 \cdot 1{,}00 \cdot (0{,}25 + 0{,}04)$ (7 Trittstufen) $+\ 8 \cdot 1{,}00 \cdot 0{,}12 = \mathbf{2{,}99\ m^2}$ (8 Setzstufen)

Bei Bearbeitung von Treppen in derselben Technik wird abgewickelt, bei verschiedener Behandlung getrennt abgerechnet. Es gibt immer eine Setzstufe mehr als Trittstufen.

Treppenuntersichten. Die Untersichten der Treppen sind überwiegend verputzt und gehören dann zum Bereich der Deckenbeschichtung (s. Abschn. **5**.5.2). Bei unverkleideten Untersichten sind die Rückseiten (Untersichten) der Setz- und Trittstufen sichtbar, müssen also bearbeitet werden. Berechnet werden sie durch Abwicklung, weil Untersichten stets in einer Technik (z.B. Holzlasur) behandelt werden.

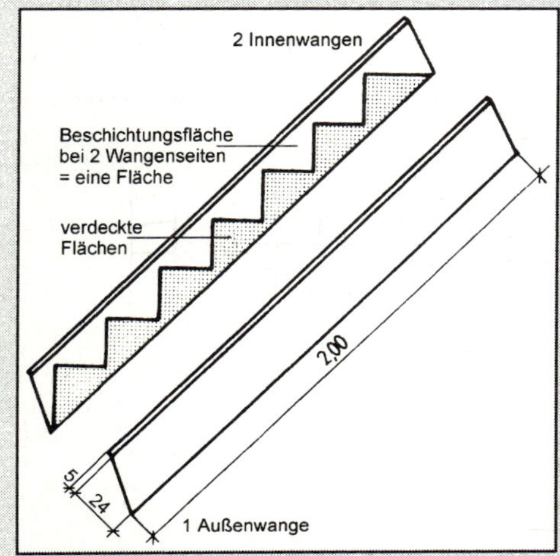

5.77 Treppenwangen

Wangenberechnung. Treppenwangen werden in der größten Breite gerechnet (VOB 5.1.14). Die größte Breite ist bestimmt durch den senkrechten Abstand der Oberkante von der Unterkante an der breitesten Stelle der Wange. Die schräg liegenden Wangen sind Parallelogramme. Die Beschichtungsfläche für 2 Innenwangen entspricht der Fläche einer Außenwange. Hinzu kommen die Wangendicken.

Ansatz $2{,}00 \cdot (0{,}24 + 0{,}05) \cdot 2 = \mathbf{1{,}16\ m^2}$

Treppengeländer und **Handläufe** werden unter Angabe der Querschnittsmaße und Konstruktionsmerkmale nach Längenmaß (m) abgerechnet.

Aufgaben

49. Ein Treppenhaus hat den gezeichneten Grundriss (**5**.78). Parterre und 3 gleich hohe Geschosse, Höhe 2,90 m, je 2 Wohnungstüren, je 1 Fenster, Abschlussdecke waagerecht, 6 Treppen- und 3 x 2 Podestuntersichten, Fensterleibungen 0,24 m, keine Türleibungen, schräge Treppenuntersicht 2,65 m.

    Berechnen Sie

    a) die Wandflächen durch Abwicklung,
    b) die Deckenflächen in einer Summe,
    c) den Farbverbrauch für Wand- und Deckenfläche bei zweimaliger Beschichtung (eine Beschichtung = 180 ml/m²).

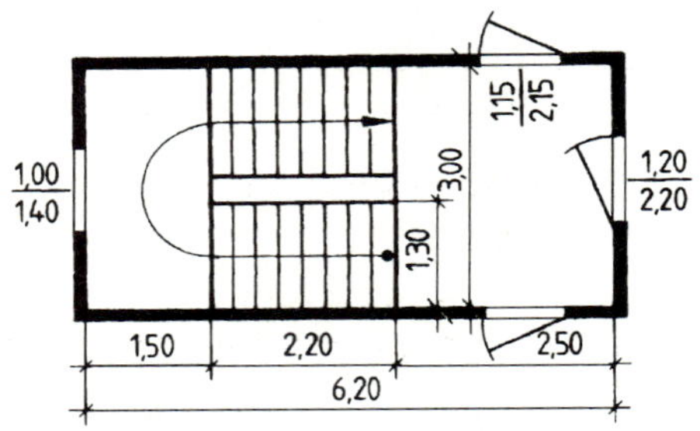

5.78 Treppenhaus

50. Ein Treppenhaus (**5**.79) besteht aus Parterre und 1. Stock. Abschlussdecke waagerecht, je Stockwerk 2 Türen 1,10/2,20, 2 Treppen- und eine Podestuntersicht, Schrägdecken 1,55 m breit, keine Türleibungen.

    Berechnen Sie

    a) die Decken- und Wandflächen,
    b) die Sockelfläche.

Den Sockel können Sie geradeaus durchmessen – die Flächenteile decken sich.

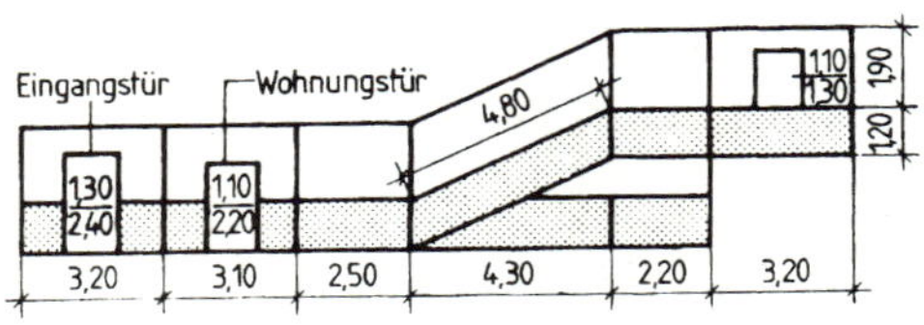

5.79 Treppenhaus im Schnitt

51. Eine Treppe (**5**.80) ist zu berechnen, zwei läufig, 4 Stockwerke.

    Berechnen Sie

    a) die Beschichtungsfläche einschließlich der Wangen
    b) den Handlauf nach den Wangenlängen zusätzlich 8 Krümmungen (0,40) auf den Podesten.

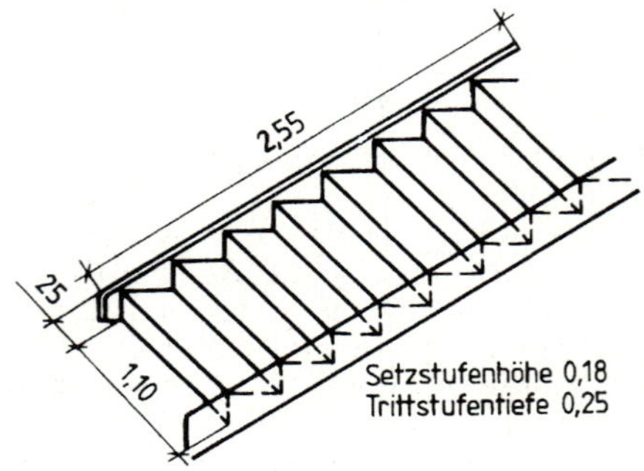

5.80 Treppe

52. Treppenläufe und Podeste im Treppenhaus (**5**.81) sollen mit PVC-Belag belegt werden. Beläge für Setz- und Trittstufe sind in Farbe und Preis unterschiedlich. Setzstufenhöhe 0,14 m, Trittstufentiefe 0,24 m.

    a) Berechnen Sie den Belag für die Setz- und Trittstufen (+ 5% Verschnitt).
    b) Wie viel Belag ist für die Podeste erforderlich, wenn hier mit 4% Verschnitt zu rechnen ist?
    c) Wie viel m Treppenstoßkanten werden für die Stufennasen benötigt? Eine Stange hat eine Länge von 3,00 m. Es ist auf volle Stangen aufzurunden.

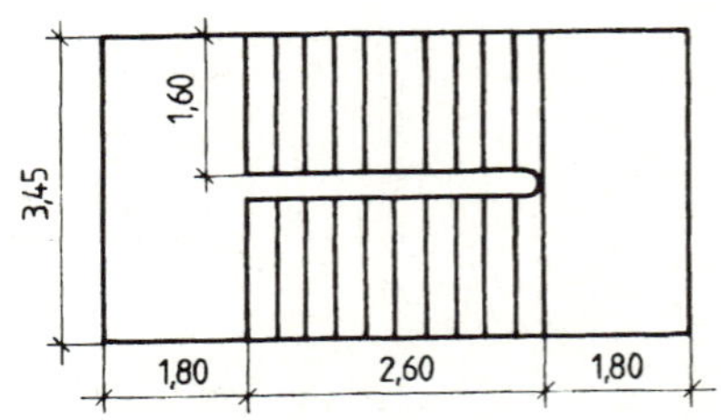

5.81 Treppenbelegung

53. Das Treppenhaus (**5**.82) mit einem Schacht, bestehend aus dem Erdgeschoss und vier Stockwerken, wird beschichtet: die Decken und Wände mit Dispersionsfarbe, die Türen und Fenster mit Acryllackfarbe.

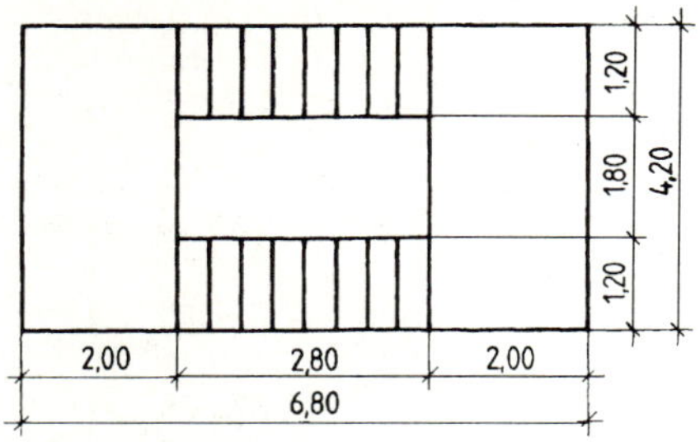

5.82 Treppenhausbeschichtung

8 Treppenuntersichten (schräg gemessen) 3,15 m, 2 x 4 Podestdecken, je Geschoss zwei Wohnungstüren 1,10/2,10, eine Eingangstür 1,40/2,20, eine Kellertür 1,20/2,00, vier Flurfenster 0,90/1,25, Fensterleibungen 0,24 m, alle Türfutter 0,12 m, Geschosshöhe 2,55 m, Türbekleidungen 0,10 m. Obere Decke waagerecht.

Berechnen Sie nach VOB die zu beschichtenden
a) Deckenflächen,
b) Wandflächen (kein Sockel vorhanden),
c) Türen und Fenster einseitig.

54. In zwei Stockwerken sind zweiläufige Treppen mit Textilbelag zu belegen. Stufenbreite 1,15 m, Setzstufenhöhe 0,15 m, Trittstufentiefe 0,26 m, 10 Trittstufen je Treppenlauf.

a) Wie viel m² Belag sind bei 5 % Verschnitt zu berechnen?
b) Reichen aus dem Lagerbestand 100,00 m Treppenstoßkanten noch für den Auftrag?

55. Im Treppenhaus (**5**.83) sind die Podeste und Treppenstufen in Klarlacktechnik zu bearbeiten. Drei Etagen, 10 Trittstufen 0,30 m tief, 11 Setzstufen 0,16 m hoch. Wangen: je Geschoss 2 mal (2,95 · 0,34 · 2) und 2 mal (1,35 · 0,30 · 2). Für 2 Lackierungen benötigen Sie zusammen 180 ml/m² PUR–Lack.

a) Wie viel m² sind inklusive der 3 Zwischenpodeste zu beschichten?
b) Wie viel Liter Klarlack werden benötigt?

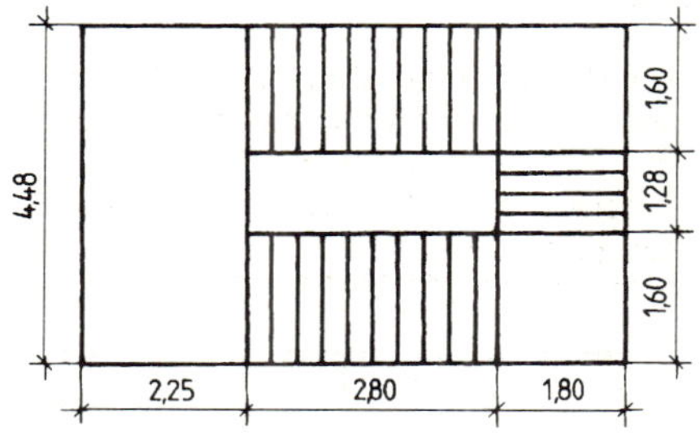

5.83 Treppenbeschichtung

56. Das Treppenhaus (**5**.84) ist im Erdgeschoss und in 2 Etagen einschließlich Sockel zu renovieren.
Haustür 1,30/2,25, Hoftür 1,00/2,00, Fensterleibungen 0,22 m, Abschlussdecke waagerecht, Treppenuntersichten 1,625 m breit.

a) Berechnen Sie den Verbrauch an Dispersionsfarbe für das Beschichten der drei Deckenarten und der Oberwände. Verbrauch 350 ml/m².
b) Wie viel Lack wird für die zweimalige Beschichtung des Sockels benötigt? Verbrauch je Beschichtung 120 ml/m².

5.84 Treppenhaus mit Sockel

5.6 Aufmaß größerer Raumeinheiten

Neben Einzelräumen werden oft komplette Wohnungen vom Maler bearbeitet, Altbauten renoviert oder Neubauten mit Erstbeschichtungen, Tapezierungen oder Belägen versehen. Dabei gilt die VOB-Regel: Die Leistung ist aus Zeichnungen zu ermitteln (VOB 5.1.1). In den folgenden Aufgaben werden sowohl Wände, Decken und Fußböden als auch Türen, Fenster, Aussparungen und Nischen nach den VOB-Abrechnungsbestimmungen berechnet.

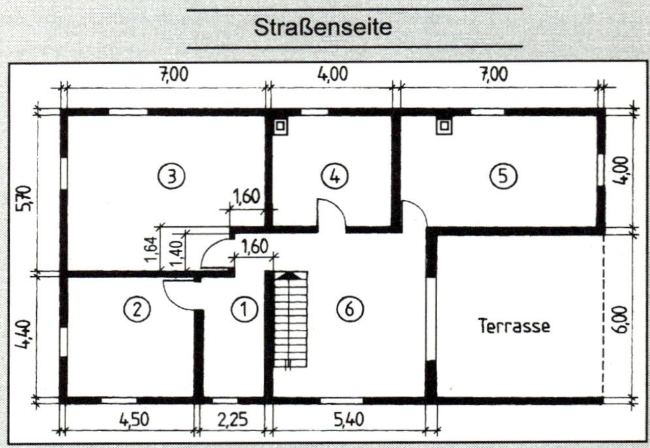

Fenster (Räume 2, 3, 5, 6) 1,20 · 1,45
Fenster (Räume 1, 4) 1,00 · 1,45
Fenster (Raum 6) 3,00 · 2,20

Fensterleibungen 0,18 m

Türen (Räume 2, 3, 4, 5) 1,01 · 2,08
Durchgang (Raum 1) 1,36 · 2,08

Räume 1 und 4, Fliesensockel 1,40 m
Räume 1, 2, 4 und 6, Dispersionsfarbe
Räume 3 und 5, Tapeten

Raumhöhe 2,50 m

5.85 Grundriss einer Wohnung

Decken

Raum 1	2,25 · 4,40	=	9,90 m²
Raum 2	4,50 · 4,40	=	19,80 m²
Raum 3	7,00 · 5,70 − 1,60 · 1,64	=	37,28 m²
Raum 4	4,00 · 4,00	=	16,00 m²
Raum 5	7,00 · 4,00	=	28,00 m²
Raum 6	5,40 · 6,00 + 1,60 · 1,40	=	34,64 m²
			145,62 m²

Wände (Dispersionsfarbe)

Raum 1	(2,25 + 4,40) · 2 · (2,50 − 1,40)	=	14,63 m²
Raum 2	(4,50 + 4,40) · 2 · 2,50	=	44,50 m²
Raum 4	(4,00 + 4,00) · 2 · (2,50 − 1,40)	=	17,60 m²
Raum 6	(5,40 + 6,00 + 1,60) · 2 · 2,50		
	+ (3,00 + 2,20 · 2) · 0,18 (= 1,33 m²)		
	− 3,00 · 2,20 (= 6,60 m²)		
	− 1,36 · 2,08 (= 2,83 m²)	=	56,90 m²
			133,63 m²

Wände (Tapeten)

Raum 3	(7,00 + 5,70) · 2 · 2,50	=	63,50 m²
Raum 5	(7,00 + 4,00) · 2 · 2,50	=	55,00 m²
			118,50 m²

Fenster (einseitig)

Räume 1 und 4	2 · 1,00 · 1,45	=	2,90 m²
Räume 2, 3, 5, 6	7 · 1,20 · 1,45	=	12,18 m²
Raum 6	3,00 · 2,20	=	6,60 m²
			21,68 m²

Türen (zweiseitig, Abwicklung 0,47 m)

Räume 2,3,4,5 4 · 1,01 · 2,08 · 2
+ 4 · (1,01 + 2,08 · 2) · 0,47 = **26,53 m²**

Aufgaben

58. Ein 1-Zimmer-Appartement (**5**.86) ist zu renovieren. Wände und Decken sind mit Dispersionsfarbe zu beschichten, die Türen werden nicht bearbeitet.
    a) Stellen Sie die Ansätze für die Räume 1, 3, 4 sowie 5 auf und berechnen Sie die zu beschichtenden Flächen unter Beachtung der Fliesensockel im Raum 3 und 4.
    b) Der Terrassenboden 2 ist mit PVC-Lack zu beschichten. Wie viel m² sind das?

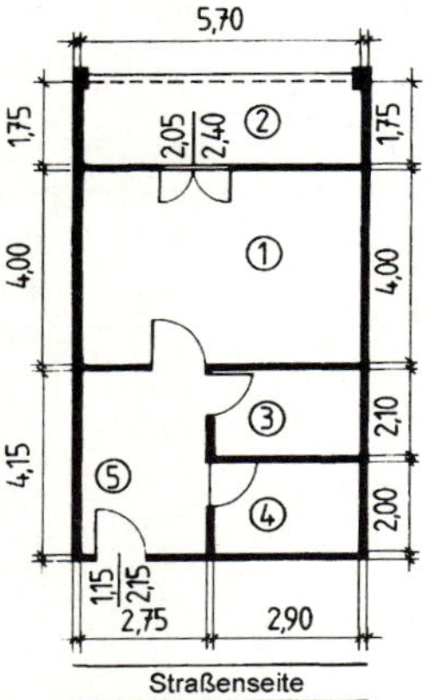

Raumhöhe 2,55 m
3 Türen 1,05/2,05
Fliesensockel:
Raum 3 und 4
1,80 m hoch

5.86 Einzimmer-Appartement

59. Vier im Grundriss verschiedene Appartements (**5**.87) sind (ohne Treppenhaus) zu renovieren.
    a) Berechnen Sie die Deckenflächen aller Appartements einschließlich Kochnische und Bäder.
    b) Die Wände der Appartements (ohne Kochnische und Bad) erhalten Unterlagstoff aus Hartschaum und Vinyl-Wandbelag (ohne Türen und Fenster, mit 8 % Verschnitt). Wie viel m² Unterlagstoff sind erforderlich? Wie viele Platten der Größe 0,80 m · 1,25 m sind das?
    c) Der Strukturbelag auf Faservlies ist 1,06 m breit, Rollenlänge 25,00 m. Wie viel Rollen sind zu bestellen (aufrunden)? Wie viel % beträgt der Rest?
    d) Die 7 Türen werden beidseitig bearbeitet. Berechnen Sie die Türflächen.
    e) Die Appartements (ohne Nebenräume) erhalten PVC–Bodenbelag. Wie viel m² werden verarbeitet (Breite 2,00 m)? Wie viel Rollen (Länge 20,00 m) bestellen Sie?

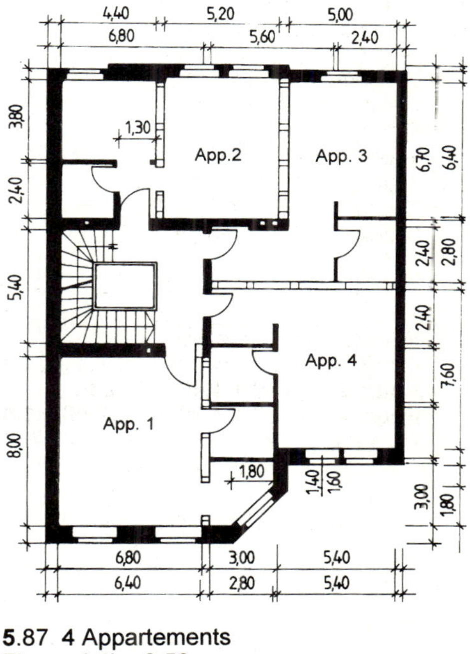

5.87 4 Appartements
Zimmerhöhe 2,50 m
Bäder 2,40 m · 2,80 m, 7 Fenster 2,00/1,60
2 Fenster 1,40/1,60, 7 Türen 1,10/1,95,
Futter 0,18 m, Bekleidung 0,05 m

60. Einzelne Räume in der zweigeschossigen Wohnung (**5**.88, **5**.89) sind zu renovieren.
   a) Berechnen Sie die Deckenflächen im Dachgeschoss (**5**.88) für die Räume 2 und 7

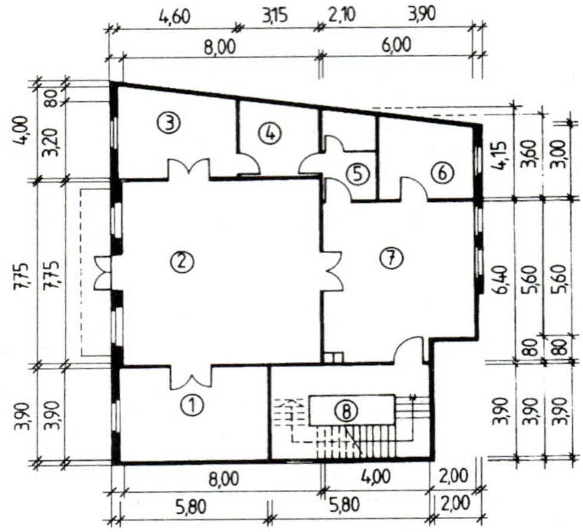

5.88 Grundriss Dachgeschoss (Raumhöhe 2,45 m)

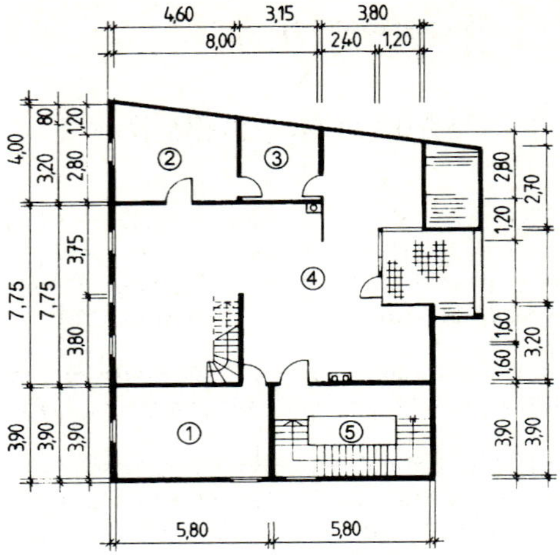

5.89 Grundriss Erdgeschoss (Raumhöhe 2,60 m)

   b) Die Räume 1 bis 3 des Dachgeschosses sollen mit Raufaser tapeziert und mit Dispersionsfarbe beschichtet werden. Wie viel m² Raufaser werden benötigt.? Wie viel Rollen (33,50 m · 0,56 m) sind das?
   c) Berechnen Sie die Wandflächen der Räume 1, 2 und 3 im Erdgeschoss. Entnehmen Sie der Tabelle **1**.4 (S. 40) den Tapetenbedarf für die einzelnen Räume, Bahnenlänge 2,75 m. Wie viele Europarollen sind zu bestellen?

61. Ihr Betrieb erhält den Auftrag, in einer 3-Zimmer-Wohnung (**5**.90) folgende Renovierungsarbeiten durchzuführen:
   a) Decken Räume 1, 5, 6 und 8 beschichten. Berechnen Sie die Beschichtungsfläche.
   b) Räume 2, 3 und 4 einheitlich tapezieren. Wie viel Rollen Tapete sind zu bestellen, wenn 1 Rolle 3 Bahnen ergibt? Abzüge: Doppeltür und 3 große Fenster.

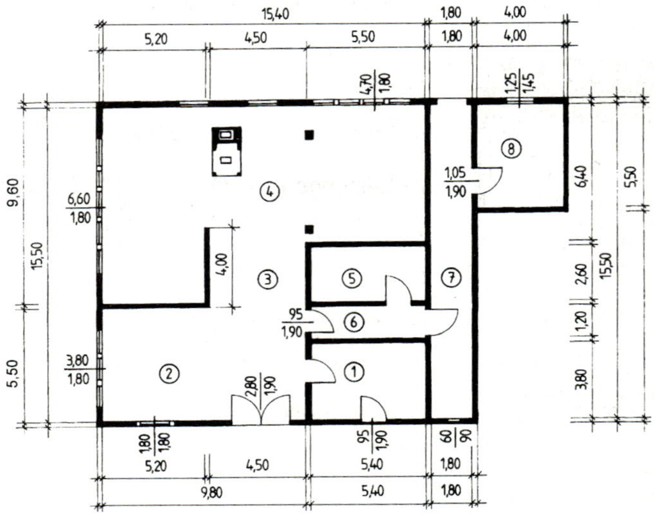

Raumhöhe 2,50 m

5.90 3-Zimmer-Wohnung

6 Fassaden

6.1 Aufmaßgrundlagen

Die VOB Teil C DIN 18363 unterscheidet zwischen Außen- und Innenarbeiten.
Bei der Ermittlung der Innenflächen nach Zeichnung werden die Rohbaumaße verwendet.
Bei der Berechnung von Außenflächen wird mit den Fertigmaßen der Bekleidung (einschließlich Putzstärke, Wärmedämm-Verbundsysteme) gerechnet.

Außer der Festlegung auf Fertigmaße gelten für Fassaden die gleichen Abzugs- und Zuzugsregeln für Öffnungen, Nischen und Aussparungen nach VOB wie für Innenräume.

Danach werden Öffnungen, Aussparungen und Nischen bis zu 2,50 m² Einzelgröße übermessen.
Ganz oder teilweise behandelte Leibungen von Öffnungen, Aussparungen und Nischen über 2,50 m² werden gesondert gerechnet.
Gesimse, Umrahmungen und Faschen von Füllungen und Öffnungen werden beim Aufmaß der Fassadenfläche übermessen.
Faschen sind die frontseitige Einfassung in Putz, Stein oder Holz bei Fenster- und Türöffnungen.
Gesimse und Umrahmungen werden unter Angabe der Höhe und Ausladung (bei Faschen der Abwicklung) zusätzlich gerechnet. Sie werden in ihrer größten Länge aufgemessen.

Zur Fassadenberechnung gehört in der Regel die Berechnung von Fenster und Eingangstüren, manchmal nur außenseitig. Gleichfalls sind Fensterläden bzw. Rolläden zu berechnen. Zu beschichten und zu berechnen sind auch Dachrinnen und Regenfallrohre sowie Balkonverkleidungen.

Außenwandflächen werden genauso wie Innenwandflächen abgewickelt. Die bei stark gegliederten Fassaden üblichen Vor- und Rücksprünge, Gesimse und Brüstungen sind möglichst in die Abwicklung aufzunehmen. Eine andere Möglichkeit ist ein erhöhter Preis, Schwierigkeitsfaktor oder Prozentzuschlag, bei figürlichen Bauteilen auch Stückpreis. Bei Giebelflächen sind die Voraussetzungen für eine Abwicklung in der Regel nicht gegeben. Hier werden Flächenteilungen von unten nach oben vorgenommen.

Beispiel 1 Eine **Fassade der 60er Jahre** (**6**.1) wird nach VOB aufgemessen werden.
Fenster- und Türleibungen 0,25 m, Fensterbänke werden nicht beschichtet.

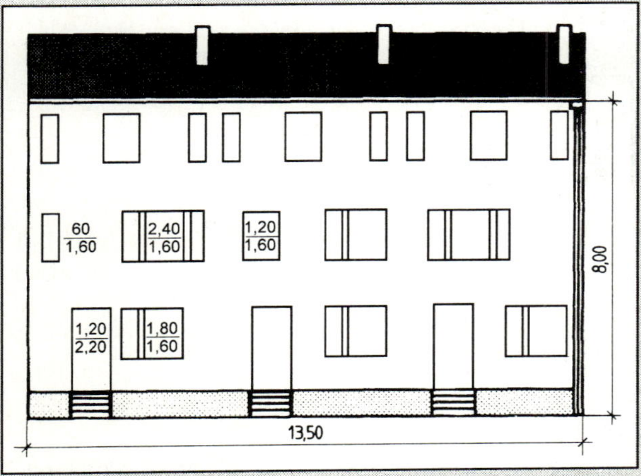

6.1 Fassade der 60er Jahre

Ansatz

Fassade 13,50 · 8,00

\+ Leibungen 3 · (1,20 + 2,20 · 2) · 0,25
\+ Leibungen 4 · (1,80 + 1,60 · 2) · 0,25
\+ Leibungen 2 · (2,40 + 1,60 · 2) · 0,25

– Haustüren 3 · 1,20 · 2,20
– Fenster 4 · 1,80 · 1,60
– Fenster 2 · 2,40 · 1,60

Beispiel 2 **Jugendstilfassade** (6.2). Die 3 durchlaufenden Gesimse und das Gesims über dem Sockel kommen in die Abwicklung hinein. Die oberste Giebelbekrönung und die des vorspringenden Erkers, die Haustüreneinfassung und die Verzierungen unter den Fenstern werden mit einem erhöhten m²-Preis berechnet. Das oberste Erkerfenster ist bei beschichteten Leibungen abzuziehen, die Leibung hinzuzurechnen.

6.2 Jugendstilfassade

Außer der Festlegung auf Fertigmaße gelten für Fassaden die gleichen Abzugs- und Zuzugsregeln für Öffnungen, Nischen und Aussparungen nach VOB wie für Innenräume.
Bei stark gegliederten älteren Fassaden sind aufwendige Teile mit einem Schwierigkeitsfaktor bzw. einem prozentualen Zuschlag zu belegen.

6.2 Fassadenberechnungen

6.2.1 Reihenfassaden und Gebäude

Reihenfassaden. Bei diesen Gebäuden werden nur die Straßenfrontseiten und die Hofseite beschichtet und berechnet.

Ansatz

Fassade	$16{,}60 \cdot 9{,}40$
+ kleiner Giebel	$2{,}40 \cdot 1{,}05 + \dfrac{2{,}40 \cdot 1{,}15}{2}$
+ 2 Erkerseiten	$0{,}75 \cdot 8{,}35 \cdot 2$
+ Leibungen	$2 \cdot (3{,}10 + 1{,}35 \cdot 2) \cdot 0{,}20$
+ Leibungen	$(3{,}10 + 1{,}20 \cdot 2) \cdot 0{,}20$
+ Leibungen	$(1{,}40 + 2{,}00 \cdot 2) \cdot 0{,}20$
− Dachüberstand	$3{,}90 \cdot 1{,}05$
− 2 Fenster	$2 \cdot 3{,}10 \cdot 1{,}35$
− 1 Fenster	$3{,}10 \cdot 1{,}20$
− 1 Haustür	$1{,}40 \cdot 2{,}00$

6.3 Mietshaus der 30er Jahre
Fenster- und Türleibungen 0,20 m, Fensterbänke, Erkervorsprung 0,75 m, Erkerdach 3,90 m.

Aufgaben

1. Berechnen Sie die Fassadenfläche des Mietshauses (**6**.3) nach dem Maßansatz.

2. a) Stellen Sie das Aufmaß nach VOB für die Reihenhäuser (**6**.4) auf und berechnen Sie diese. Leibungen 0,18 m, 6 Putzfelder (1,50 · 2,20) in der 2. Etage.
   b) Die senkrechten Trennstreifen 0,50 m, die 6 Putzfelder und der Sockel sind mit farbigem Putz abgesetzt und gesondert zu rechnen.

3. Stellen Sie den Ansatz nach VOB für die Fassade (**8**.5) auf und berechnen Sie die Beschichtungsfläche. Beide Gesimse sind in der Abwicklung einzubeziehen. Der Sockel mit Buntsteinputz ist gesondert in Ansatz zu bringen.
   Vorsprung des Anbaus (ohne Sockel) 1,25 m, Leibungen 0,20 m,
   Vorsprung Gurtgesims 0,08 m,
   Dachgesims 0,18 m.

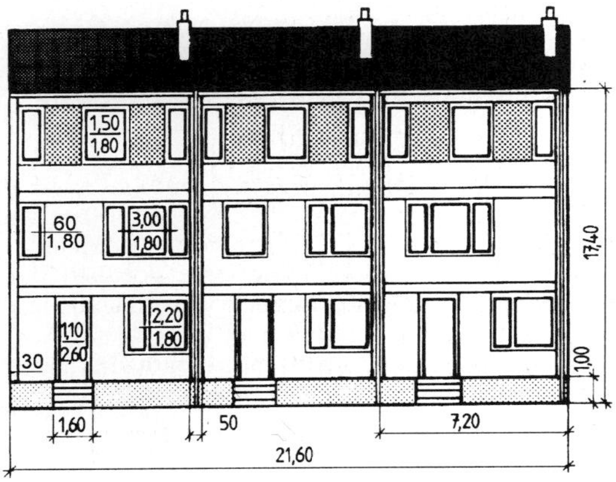

6.4 Reihenhäuser

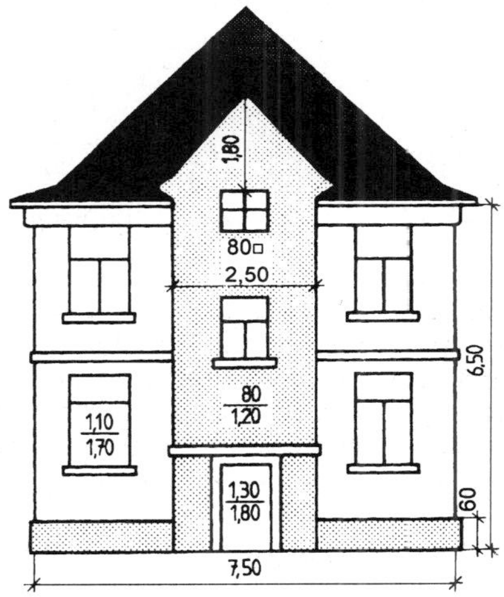

6.5 Einfamilienhaus der 20er Jahre

4. Stellen Sie das Aufmaß für die Fassade (**6**.6) nach VOB auf. Die Treppe wird nicht beschichtet, die waagerechten Streifen von 1,00 m und der Sockel sind getrennt zu berechnen.
   Leibungen 0,16.

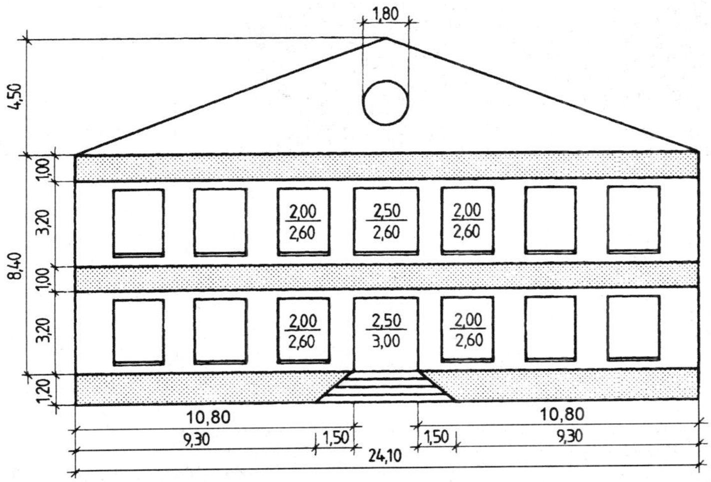

6.6 Fassade eines Bürohauses

5. a) Vergleichen Sie die Maße der Fassadenabwicklung (**6**.7) mit dem Maßansatz.
   b) Berechnen Sie die Beschichtungsfläche.

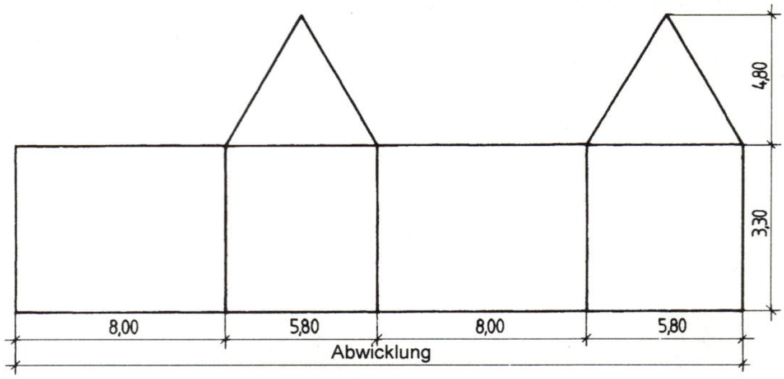

Abwicklung eines freistehenden Gebäudes.

Ansatz

$$(8{,}00 + 5{,}80) \cdot 2 \cdot 3{,}30$$

$$+ \quad \frac{5{,}80 \cdot 4{,}80}{2} \cdot 2$$

6.7 Abwicklung eines Gebäudes

6. a) Stellen Sie den Maßansatz für die Fassade des Gebäudes (**6**.8) nach VOB für zwei Seiten und zwei Giebelflächen auf. Leibungen 0,22 m, Natursteinfensterbank, Fenster (Rückseite) 2,85/2,10.
   b) Berechnen Sie die Beschichtungsfläche.
   c) Berechnen Sie die Dachüberstände nach dem Längenmaß unter Angabe der Tiefe. Tiefe 0,40 m.

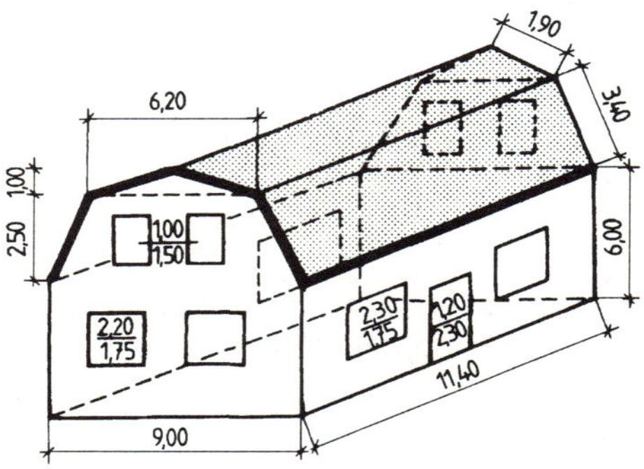

6.8 Gebäude

7. Die Forderfront des Fabrikgebäudes (**6**.9) soll beschichtet werden. Die Treppe und die von ihr verdeckte Fläche wird übermessen. Vom 1,20 m vorspringenden Vordach sind Vorder- und Seitenkanten mitzubeschichten. Die 4 quadratischen Pfeiler 0,60 m · 0,60 m und die 6 Felder 1,50 m · 1,50 m über dem Eingang sind getrennt zu berechnen.

   Stellen Sie den Aufmassansatz nach VOB auf und fassen Sie jeweils nachfolgende Positionen zusammen:

   a) linke und rechte Fassadenseite,

   b) Vordachumrandung und Pfeiler,

   c) die 6 quadratischen Felder.

6.9 Vorderfront eines Fabrikgebäudes

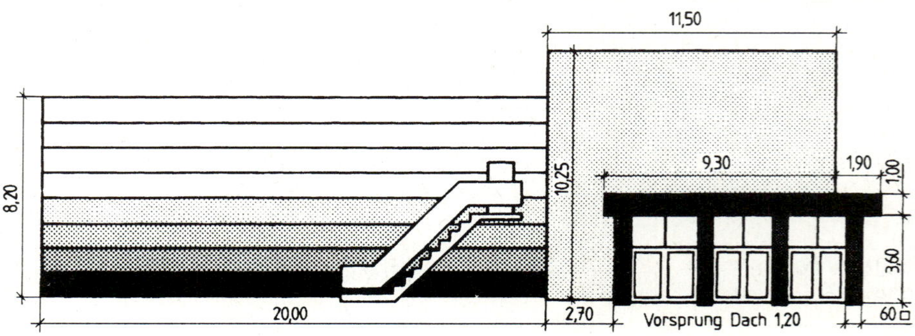

Fachwerkhäuser. Bei Fachwerkfassaden werden die Hölzer bis 30 cm Einzelbreite übermessen. Sofern diese Fachwerkhölzer farbig abgesetzt oder in einer anderen Beschichtungstechnik bearbeitet werden, erfolgt eine zusätzliche Abrechnung nach Längenmaß (siehe 5.4.4, S. 106). D.h. die Putzflächen (Gefache) werden ohne Beachtung der Balken (Hölzer) gemessen.
Es werden zuerst die waagerechten Balken (Schwellen, Deckenbalken, Rähm, Brustriegel), dann die senkrechten Hölzer (Stiele, Ständer, Säulen) und zuletzt alle übrigbleibenden Hölzer (Knaggen, Streben, Bugbänder) gemessen. Kreuzungsstellen der Hölzer misst man nur in einer Richtung durchgehend, so dass sich keine Doppelmessungen ergeben.

Aufgabe

8. Die Fachwerkfassade (**6**.10) ist wie folgt zu berechnen:
   a) Putzflächen: Unterteil und Giebelfläche. Fenster werden übermessen (< 2,50 m²). Eingangstür 0,90/1,90
   Wie viel m² sind zu beschichten?
   b) Balken nach Längenmaß:
   Unterteil (Breite 0,14 m) senkrecht durchgemessen 7 · 7,20 m, waagerecht zwischen den Ständern gemessen 33,00 m, Streben 8,00 m,
   Giebel (Breite 0,12 m) senkrecht durch gemessen 17,00 m, waagerecht zwischen den Ständern gemessen 12,00 m, Giebeldreieck pauschal 7,00 m.
   Wie viel m Balken sind es je Breite?

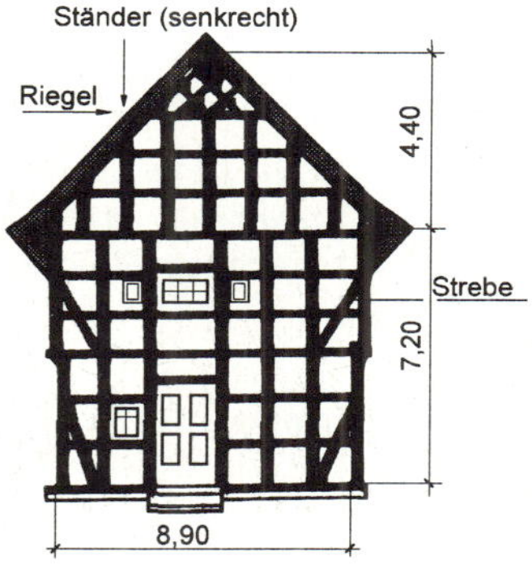

6.10 Fachwerkfassade von 1825

6.2.2 Balkone, Loggien und Erker

Balkone sind Bauteile, die vor der Fassade (Fassadenflucht) montiert sind. Balkone sind brüstungshoch abgemauert oder mit vollflächigen Umrandungen (z.B. Betonelemente, transparente, gewellte oder glatte Verkleidungen) oder Profilen aus Holz oder Kunststoff an Metallpfosten montiert.

Beispiel Balkon (**6**.11) mit rechteckiger Bodenfläche. Zu messen sind:
3 Außenflächen (2 seitlich, 1 vorne)

3 Innenflächen (in der Höhe um die Dicke der Bodenplatte, in den Länge um die Dicke der Umrandung vermindert – d.h. kleinere Innenmaße)

1 Balkonuntersicht und evtl. die Oberkante (Brüstung) als Aufsicht (im Beispiel 0,15 m).

Die Wand mit der Balkontür ist Bestandteil der Fassade.

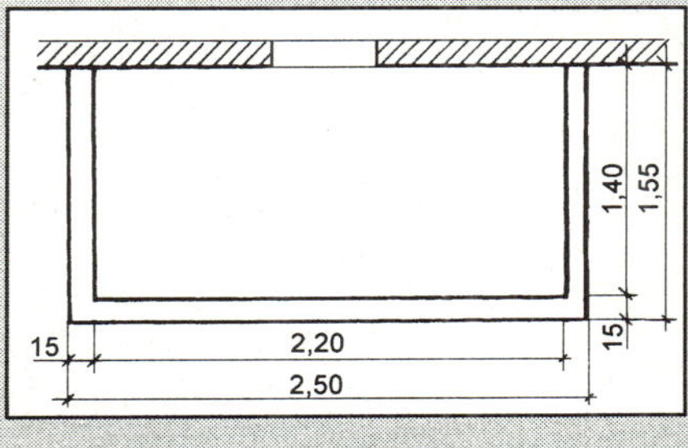

6.11 Balkon mit rechteckiger Grundfläche (Grundriss)
Bodenfläche 2,50 m · 1,55 m
Höhe außen 1,30 m, innen 1,15 m

Ansatz	Außenflächen	(2,50 + 1,55 · 2) · 1,30
	Innenflächen	(2,20 + 1,40 · 2) · 1,15
	Untersicht	2,50 · 1,55
	Brüstung	(2,50 + 1,40 · 2) · 0,15

Aufgaben

9. Rechnen Sie nach dem vorgegebenen Ansatz die gesamte Fläche des Balkons (**6**.11) in einer Beschichtungstechnik aus.

10. Ein Hochhaus hat 8 Stockwerke mit je 12 Balkonen (**6**.11).
Wie viel m² Fläche sind bei diesen Balkonen zu bearbeiten?

11. Bei einem Wohnhaus (**6**.12) sind 18 Balkone zu renovieren. Schreiben Sie das Aufmaß nach VOB und berechnen Sie die Beschichtungsflächen für

    a) die Balkonuntersichten,
    b) die Sichtbetonfläche (Außenseiten) der Balkone,
    c) die Balkoninnenseiten (Höhe 0,60 m)
    d) die Brüstungen (Brüstungsbreite 0,20 m).

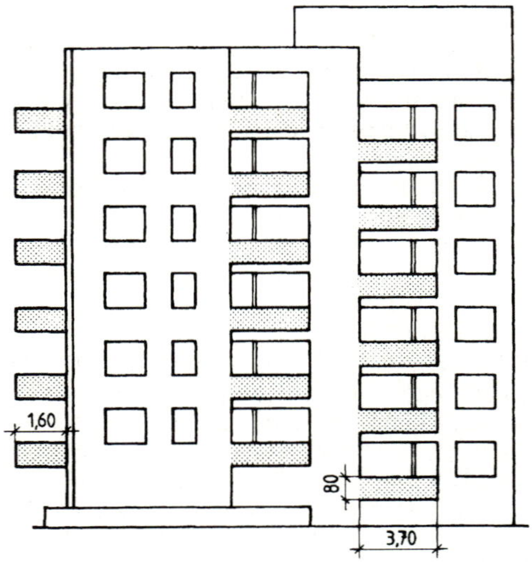

6.12 Wohnhaus mit Balkon

Balkonprofile aus Holzbrettern werden mit Holzlasuren oder auch mit Deckbeschichtungen behandelt. Die Profile und Pfosten werden unter Beachtung der Abwicklung bzw. Durchmesser nach dem Längenmaß berechnet.

Aufgabe

12. Die hölzerne Balkonverkleidung (**6**.13) ist allseitig mit einer Holzschutzlasur zu beschichten. Die Metallpfosten werden grundiert und zweimal mit Lackfarbe beschichtet.
4 Profilbretter (4,80 + 2,20) · 2 · Abwicklung,
13 Metallpfosten.
Stellen Sie den Ansatz auf und berechnen Sie
a) die Profilbretter in m²,
b) die Metallpfosten in m.

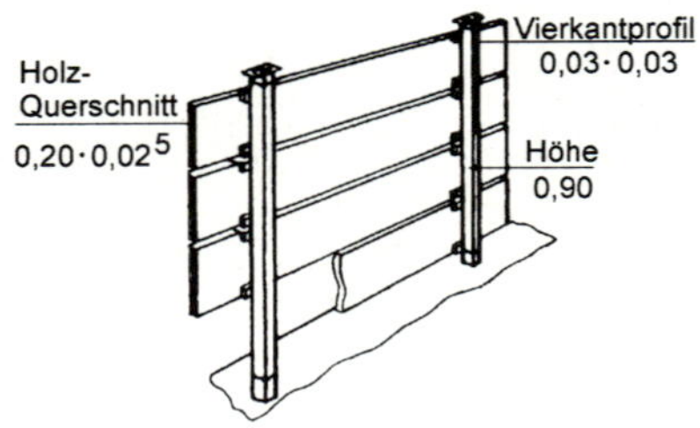

6.13 Holz-Balkonverkleidung

Loggien liegen innerhalb der Gebäudeflucht und sind meistens nur vorderseitig offen mit einer Brüstung oder einem Geländer. Sie haben eine Decke, drei Wände und einen Boden. Die Höhe einer Loggia entspricht etwa der des Raumes, dem sie vorgelagert ist. Loggien werden häufig farbig abgesetzt.

Aufgabe

13. Die Loggia (**6**.14) soll in einem Farbton an allen Innenflächen beschichtet werden (keine Berücksichtigung der Brüstungsdicke).

Decke:	4,20 · 1,80
Wände:	(4,20 + 1,80 · 2) · 2,80
Brüstung:	4,20 · 1,10

Die lichte Öffnung der Loggia wird von der Fassadenbeschichtung abgezogen, die Vorderseite der Brüstung (4,20 · 1,10) der Fassadenbeschichtung hinzugerechnet.

Rechnen Sie die Beschichtungsfläche in m² aus.

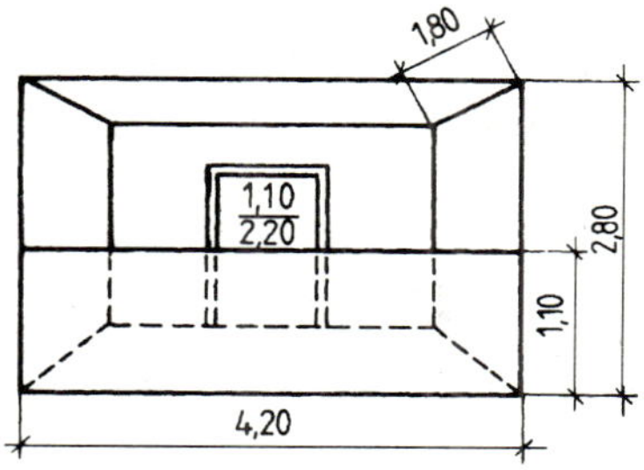

6.14 Loggia

Erker sind überwiegend bewohnbare Gebäudevorsprünge mit rechteckigem oder vieleckigem Grundriss. Sie sind ein oder mehrere Stockwerke hoch. Die Wandflächen der Erker sind gewöhnlich abgewinkelt. Die tragenden unteren Teile werden aufgemessen oder bei Verzierungen pauschal (in einer Summe) berechnet (**6**.15).
Wird ein Erker ein- oder mehrfarbig von der Fassade abgesetzt, so ist seine Fläche von der Fassadenfläche abzuziehen und getrennt abzurechnen.
Bedachungen innerhalb der Fassade (**6**.15) werden den Abzugsregeln der VOB entsprechend behandelt.

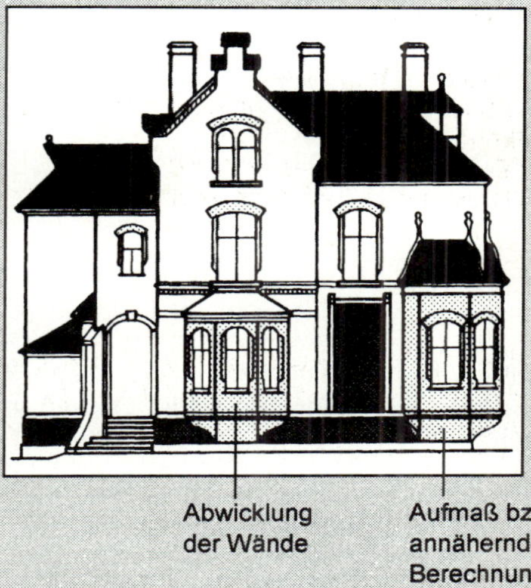

6.15 Privathaus nach 1871 mit zwei Erkern

6.3 Wärmedämmung

Wärmedämmung ist im Rahmen der Energieeinsparung ein wichtiges Arbeitsgebiet des Maler- und Lackiererhandwerks. Außer den wärmedämmenden Unterlagstoffen an Innenwänden steht heute vor allem die Dämmung von Gebäuden an Außenflächen im Vordergrund. Die im Jahr 2002 zur Anwendung kommende Energieeinsparverordnung (EnEV) wird den Einsatz von Wärmedämmmaßnahmen erheblich erweitern. Sie greift bei allen Neubauten sowie bei Um-, Erweiterungsbauten und umfangreichen Sanierungsmaßnahmen ab festgelegten Größen und gilt bei Gebäuden mit normalen Innentemperaturen - Beheizung von 19° C mehr als 4 Monate jährlich - und Wohngebäuden, sowie bei Gebäuden mit niedrigen Innentemperaturen.

In der EnEV festgelegt sind der Jahres–Primärenergiebedarf und Höchstwerte der Transmissionswärmeverluste (k–Wert) bezogen auf wärmeübertragende Umfassungsflächen. Beide Werte sind zu berechnen, in einem festgelegten Nachweisverfahren zu belegen und in einem Energiebedarfsausweis bzw. Wärmebedarfsausweis zusammenzustellen.
Die Berechnungen sind sehr umfangreich und erfordern Kenntnisse über alle baulichen und heizungstechnischen Gegebenheiten eines Objektes.

In diesem Kapitel beziehen sich die weiteren Ausführungen auf das Bauteilverfahren und hier speziell um den Wärmeschutz von Wandflächen.

Die Energieverluste einzelner Bauteile betragen ohne Wärmeschutzmaßnahmen im Durchschnitt:

- über Wandflächen 30 %
- über Dachflächen 22 %
- über Kellerräume 15 %
- über Fensterflächen/Transmission 20 %
- durch Fensterlüftung 13 %

Die Energieeinsparverordnung nennt für alle Bauteile Höchstwerte der Wärmedurchgangskoeffizienten.
Als Bauteile gelten Außenwände, außenliegende Fenster und Fenstertüren, Dachflächenfenster, Decken, Dächer, Dachschrägen sowie Decken und Wände gegen unbeheizte Räume oder Erdreich (Kellerräume).

Nach der EnEV gelten nachfolgende Höchstwerte der Wärmekoeffizienten W/(m²·K) bei erstmaligem Einbau, Ersatz und Erneuerung von Bauteilen:

Außenwände	0,35 W/(m² · K)
Fenster, Fenstertüren, Dachfenster	1,70 W/(m² · K)
Decken, Dächer, Dachschrägen	0,30 W/(m² · K)
Decken und Wände gegen unbeheizte Räume oder Erdreich	0,50 W/(m² · K)

6.3.1 Bauphysikalische Begriffe

Wärmedurchgangskoeffizient **k** $\frac{\mathbf{W}}{\mathbf{m^2 \cdot K}}$

Der k-Wert gibt die Wärmemenge an, die in 1 Stunde durch 1,00 m² eines Bauteils bestimmter Dicke hindurch geht, wenn der Temperaturunterschied zwischen der beiderseits angrenzenden Luft 1 Kelvin (K) beträgt (kleiner Wert = guter Wärmeschutz).

Wärmedurchgangswiderstand $\frac{1}{k}$ $\frac{m^2 \cdot K}{W}$

gibt den Gesamtwiderstand an, den ein Bauteil dem Wärmestrom vom Innen- zum Außenraum entgegensetzt (großer Wert = guter Wärmeschutz).

Wärmeleitfähigkeit λ $\frac{W}{m \cdot K}$ λ sprich: Klein-Lambda

gibt die Wärmemenge an, die in 1 Stunde durch eine 1,00 m² große und 1,00 m dicke Schicht eines Stoffes hindurchgeht, wenn der Temperaturunterschied der beiden Oberflächen 1 K beträgt (kleiner Wert = guter Wärmeschutz).

Wärmedurchlasswiderstand $\frac{1}{\Lambda}$ $\frac{m^2 \cdot K}{W}$ Λ sprich: Groß-Lambda

gibt den Widerstand an, den ein Bauteil der Dicke s dem Wärmestrom entgegenstellt (großer Wert = guter Wärmeschutz).

Wärmeübergangswiderstand $\frac{1}{\alpha}$ $\frac{m^2 \cdot K}{W}$

gibt den Widerstand an, den der Wärmestrom beim Übergang von der Luft in den festen Baustoff überwinden muss (innen) oder vom festen Baustoff an die Luft (außen) überwinden muss.

6.3.2 Bauphysikalische Berechnung

Der k-Wert (Wärmedurchgangskoeffizient) ist für den Wärmedurchgang durch eine Wand von innen nach außen (Heizwärmeverlust) maßgebend.

Bei einem großen k-Wert ist der Heizwärmeverlust größer, bei einem kleinen k-Wert ist dagegen der Heizwärmeverlust geringer.

Der k-Wert einer Wand lässt sich unter Verwendung eines Formblattes ermitteln.
Dazu stehen Tabellen der Baustoffhersteller und der Anbieter von Wärmedämmverbundsystemen zur Verfügung, ebenso können die Rechenwerte der Wärmeleitfähigkeit und Richtwerte der Wasserdampf-Diffusionswiderstandszahl von Baustoffen aus der DIN 4108 Teil 4 (Tab. **6**.16) entnommen werden.

Tabelle **6**.16 Stoffauswahl aus der DIN 4108 Teil 4

Stoff	Rohdichte kg/m³	Wärmeleitfähigkeit λ W/m· K
Kalkmörtel, Kalkzementmörtel	1.800	0,870
Leichtmörtel LM 36	1.000	0,360
Zementmörtel	2.000	1,400
Gipsmörtel, Kalkgipsmörtel	1.400	0,700
Kunstharzputze	1.100	0,700
Normalbeton DIN 1045	2.400	2,100
Leichtbeton	1.200	0,620
Gipskartonplatten DIN 18 180	900	0,210

Tabelle 6.16 Stoffauswahl aus der DIN 4108 Teil 4 (Fortsetzung)

Stoff	Rohdichte kg/m³	Wärmeleitfähigkeit λ W/m·K
Vollklinker, Hochlochklinker	2.000	0,960
Vollziegel, Hochlochziegel	1.600	0,680
Leichtlochziegel Lochung A u. B	800	0,390
Kalksandsteine DIN 106	1.200	0,560
Kalksandsteine DIN 106	1.800	0,990
Gasbeton-Blocksteine G	600	0,240
Gasbeton-Plansteine GP	600	0,200
Hohlblocksteine aus Leichtbeton	800	0,390
Hohlblocksteine aus Leichtbeton	1.200	0,760
Vollsteine aus Leichtbeton DIN 18 152	800	0,400
Vollsteine aus Leichtbeton DIN 18 152	1.400	0,630
Spanplatte	700	0,170
Holzfaserplatte porös	≤ 300	0,060
Wärmedämmstoffe		
Holzwolle-Leichtbauplatten 25 mm	ca. 420	0,090
Korkplatten Wärmeleitfähigkeitsgr.035	80/500	0,035
Polystyrol-Hartschaum 035		0,035
Polystyrol-Hartschaum 045		0,040
Mineralfaser-Dämmplatten	50 bis 500	0,045
Schaumglas DIN 18 174	100 bis 500	0,500
Wärmedämmputze DIN 18 550	≥ 200	0,070

Berechnungsbeispiel für eine Außenwand

A k–Wert–Berechnung mittels Formblatt (**6**.17 a)

> Wandaufbau von innen nach außen eintragen
> Dicke der einzelnen Baustoffschichten eintragen
> Wärmeleitfähigkeit der Baustoffe aus Tabellen (DIN 4108 T 4) entnehmen und eintragen
> Schichtdicke durch Wärmeleitfähigkeit dividieren
> errechneter Wärmedurchlasswiderstand eintragen
> alle Wärmedurchlasswiderstandswerte addieren
> Wärmeübergangswiderstandswerte innen = 0,13 und außen 0,04 hinzu addieren
> Zahl 1 durch errechnete Wärmedurchgangswiderstandszahl dividieren
> Ergebnis = k-Wert eintragen (vorhandener Wandaufbau)

B Berechnung der Dämmstoffstärke mittels Formblatt (**6**.17 a)

> vorhandener Wärmedurchgangswiderstand (k-Wert)
> vorgesehenen Wärmedurchgangswiderstand eintragen
> (nach EnEV geforderter Wärmedurchgangskoeffizient (k = 0,35 W/m² · K); $\frac{1}{k}$ = 2,85
> vorgesehener minus vorhandener Wärmedurchgangswiderstand
> ermittelte Differenz multipliziert mit 0,04, ergibt die Dämmplattendicke

6.17 a Berechnungsbeispiel mit Formblatt

①	②	③	④	⑤
Lfd. Nr.	Bauteilaufbau (von innen nach außen)	Dicke d	Wärmeleitfähigkeit λ	Wärmedurchlasswiderstand d : λ ③ : ④
—		m	$\frac{W}{m \cdot K}$	$\frac{m^2 \cdot K}{W}$
$\frac{1}{\alpha_i}$	Wärmeübergangswiderstand innen			0,13
1	Gipsmörtel	0,015	0,70	0,02
2	Kalksandstein	0,24	0,99	0,24
3	Kalkzementmörtel	0,02	0,87	0,02
4				
5				
6				
$\frac{1}{\alpha_a}$	Wärmeübergangswiderstand außen			0,04
A	Wärmedurchgangswiderstand vorhanden $\frac{1}{k}$		Summe ⑤ = ⑥	0,45
	Wärmedurchgangswiderstand gewünscht $\frac{1}{k}$		⑦	2,85
			Differenz ⑦ – ⑥	2,40
B	Erforderliche Dämmplattendicke		Differenz x 0,04 ⑧	0,096
	Vorhandener k-Wert		$\frac{1}{⑥}$	2,22
	Erreichter k-Wert		$\frac{1}{⑧ : 0,04 + ⑥}$	0,35

Ergebnis: **A** Der vorhandene Wandaufbau (Lfd.–Nr. 1 bis 3) entspricht nicht der Energieeinsparverordnung (EnEV).

B Der in der EnEV geforderte Wärmeschutz wird ab einer Dämmung mit einer Mineralfaser–Dämmplatte von 10 cm erreicht.

Das Behaglichkeitsgefühl im Raum ist abhängig von der Wandoberflächentemperatur, der Fußbodentemperatur, der Wärmespeicherfähigkeit der Wände, der Luftqualität und der Luftbewegung.

Behaglichkeit ist eine **Wandoberflächentemperatur** im Raum, die im Winter nicht mehr als 3°C unter und im Sommer nicht mehr als 3°C über der Raumlufttemperatur liegt. Die Wandoberflächentemperatur ist von der ausreichenden Dämmung, d.h. dem Dämmwert der Wand abhängig.

Als angenehm empfindet man eine **Fußbodentemperatur** von 20°C bis 24°C. Bei diesen Temperaturen wird dem Körper bei dem direkten Kontakt mit dem Fußboden nicht zu viel Wärme entzogen. Auch hier kann eine entsprechende Dämmung des Fußbodens bzw. der Deckenuntersichtseite den Wärmedurchgangswiderstand verbessern.

Durch große Temperaturunterschiede zwischen Raumluft und Wandoberfläche wird die **Luftbewegung** erhöht, was als Zugerscheinung negativ empfunden wird. Auch diese Wirkung wird durch ausreichende Dämmung der Raumbegrenzungsfläche bzw. Bauteil vermieden.

Vergleichsberechnung bei einem eingesetzten Wärmedämmverbundsystem

6.17 b Berechnungsbeispiel mit Formblatt

①	②	③	④	⑤
Lfd. Nr.	Bauteilaufbau (von innen nach außen)	Dicke d	Wärmeleitfähigkeit λ	Wärmedurchlasswiderstand d : λ ③ : ④
.....		m	$\frac{W}{m \cdot K}$	$\frac{m^2 \cdot K}{W}$
$\frac{1}{\alpha_i}$	Wärmeübergangswiderstand innen			0,13
1	Gipsmörtel	0,015	0,70	0,02
2	Kalksandstein	0,24	0,99	0,24
3	Kalkzementmörtel	0,02	0,87	0,02
4	Mineralfaser-Dämmplatten	0,10	0,045	2,22
5				
6				
$\frac{1}{\alpha_a}$	Wärmeübergangswiderstand außen			0,04
	Wärmedurchgangswiderstand vorhanden $\frac{1}{k}$		Summe ⑤ = ⑥	2,67
	Wärmedurchgangswiderstand gewünscht $\frac{1}{k}$		⑦	2,85
			Differenz ⑦ – ⑥	0,18
	Erforderliche Dämmplattendicke		Differenz x 0,04 ⑧	0,00
	Vorhandener k-Wert		$\frac{1}{⑥}$	0,37

Formblatt als Kopiervorlage im Anhang

Aufgaben

14. Ein Einfamilienhaus aus dem Jahr 1963 hat folgenden Aufbau der Außenwände:
1,5 cm Kalkgipsmörtel, 24 cm Kalksandstein Rohdichte 1200 kg/m², 2 cm Kalkzement mörtel.

    a) Wie groß ist der Wärmedurchgangswiderstand der Außenwände?
    b) Der Maler macht ein günstiges Angebot mit einer 5 cm dicken Dämmung aus Polystyrol-Hartschaum 035. Berechnen Sie den k-Wert der gedämmten Wand.
    c) Reicht die vorgesehene Dämmung aus, um den Wert der EnEV zu erreichen?

15. Bei einem unverputzten Zweifamilienhaus soll ein Wärmedämmverbundsystem angebracht werden.
Folgender Wandaufbau ist vorhanden:
1,5 cm Gipsputz, 36 cm Hochlochziegel.
Welche Stärke müssen die Dämmplatten haben, wenn ein k-Wert von 0,30 erreicht werden soll und ein Kunstharzputz, 4mm Körnung, als Oberputz vorgesehen ist.

16. Die 12 cm dicken Betonwände einer beheizten Garage sollen mit einem 5 cm dicken Wärmedämmputz beschichtet werden.
Welcher k-Wert wird durch den Dämmputz erreicht?

17. Der Konferenz-Pavillon eines Hotels soll eine Dämmung mit Schaumglas erhalten.
Wandaufbau: Gipskartonplatten, Vollsteine aus Leichtbeton Rohdichte 1440 kg/m³, Kalkmörtel 1,5 cm.
    a) Berechnen Sie den Wärmedurchgangswiderstand und den -durchgangskoeffizienten der vorhandenen Wände.
    b) Ermitteln Sie den k-Wert, wenn die Wandflächen eine 6 cm dicke Schaumglasdämmung und einen 1,5 cm dicken Kalkputz erhalten soll.

18. Die Außenmauern aus Gasbeton-Blocksteinen haben einen Wärmedurchlasswiderstand von 1,5.
    a) Wie dick ist die Gasbetonwand?
    b) Wie dick müsste das Mauerwerk sein, um den vorgeschriebenen Wert der EnEV zu erreichen?
    c) Welche Schichtstärke ist erforderlich, um mit Polystyrol-Hartschaumplatten 045, den gleichen Dämmwert zu erreichen?

19. Stellen Sie für einen Hausbesitzer den k-Wert der vorhandenen Außenwände fest.
Aufbau: 18 mm Gipskartonplatten, 2 cm Polystyrol-Hartschaum, 24 cm Hohlblocksteine 1200 kg/m³, 2 cm Kalkzementmörtel.

20. Ein Zweifamilienhaus, das 1994 ein WDVS erhielt, hat folgenden Aufbau:
1 cm Kalkmörtel, 24 cm Vollklinker Hochlochziegel Rohdichte 2000 kg/m³, 2 cm Kalkzementmörtel, 5 cm Polystyrol-Hartschaumplatten 035, 0,3 cm KH-Putz.
Nach einem größeren An- und Umbau soll die gesamte Fassadenfläche auf einen k-Wert von 0,30 gebracht werden.
    a) Ermitteln Sie den vorhandenen k-Wert.
    b) Welche Dicke muss die noch aufzubringende Dämmung bekommen, um den geforderten Wert zu erreichen (Armierung und Putzauftrag bleiben unberücksichtigt).

21. An einen Bungalow wurde ein großer Wohnraum angebaut. Das im Rohbau stehende Gebäude soll einen Wärmedämmputz erhalten.
Wandaufbau: 1 cm Gipsmörtel, 36 cm Vollsteine aus Leichtbeton Wärmeleitfähigkeit 0,63 W/m · K.
Berechnen Sie die benötigte Putzdicke für einen k-Wert von 0,35.

22. Ein altes Stallgebäude ist saniert und zu einer Arztpraxis umgebaut worden.
Wandaufbau: 15 mm Gipskartonplatten, 24 cm Vollziegel 0,68 W/m · K, 2 cm Kalkzementmörtel (Ausgleichsputz).
Berechnen Sie die Stärke der Mineralfaserplatten für einen Wärmedurchgangswiderstand von 3,0.

23. Ein Einfamilienhaus aus den 20 Jahren wurde aufgestockt, die gesamte Fassade soll mit einem WDVS verkleidet werden. Die Stärke der Dämmschicht wird nach den alten Mauern ermittelt.
Wandaufbau alt: 2 cm Kalkmörtel, 36 cm Vollklinker 0,96 W/m · K, (Altputz entfernt).
Wandaufbau neu: 1 cm Gipsmörtel, 36 cm Hohlblockstein Rohdichte 800 kg/m³.
    a) Ermitteln Sie die Dämmschichtstärke für die alten Wände bei einem k-Wert von 0,35.
    b) Welcher k-Wert wird bei den neuen Wänden bei gleicher Dämmstärke erreicht?

24. Eine 36 cm dicke Außenwand aus Kalksandstein hat einen k-Wert von 1,56 W/m²·K. Zur Dämmung vorgesehen ist eine 6 cm dicke Polystyrol-Hartschaumplatte.
Um wie viel Prozent ist der k-Wert bei einer 10 cm dicken Dämmung besser?

25. In einer Hausdurchfahrt wird zusätzlich zur Flächenarmierung ein Panzergewebe aufgebracht. Armierungsfläche 2 Seiten mit je 12,80 m · 2,90 m.
Ermitteln Sie den Bedarf an Panzergewebe (stoßen) und Glasseidengewebe (10 cm überlappen) in Meter, einschließlich Verschnitt/Bahn 5cm.

26. Die Deckenflächen in Kellerräumen sollen mit vorbeschichteten Dämmplatten, Größe 1,25 m · 0,62 m beklebt werden.
Räume:

Waschküche	4,60 m · 3,50 m
3 Kellerräume	2,25 m · 2,60 m
1 Fahrradkeller	4,40 m · 3,75 m

    a) Stellen Sie für jeden Raum die günstigste Verlegerichtung fest und ermitteln Sie den Bedarf an Dämmplatten pro Raum und für alle Räume.
    b) Wie viel kg Pulverkleber werden benötigt bei einem Bedarf von 3,8 kg/m²?

27. Bei dem Haus (**6**.18) sollen umlaufend im Bereich der Kellerdecke Perimeter-Dämmplatten angebracht werden. Die Platten sollen 30 cm hoch als Fassadensockel stehen und von der Oberkante 1,30 m in den freigelegten Fundamentbereich geklebt werden.
Dämmplattenformat 100 cm · 50 cm · 8 cm, Armierung im Sockelbereich bis 30 cm unterhalb der Geländeoberfläche mit Glasseidengewebe.
Rollenmaße 25,00 m x 1,00 m
a) Ermitteln Sie den Bedarf an Dämmplatten.
b) Wie viel m Glasgewebe werden benötigt? Wie viele Rollen sind das?

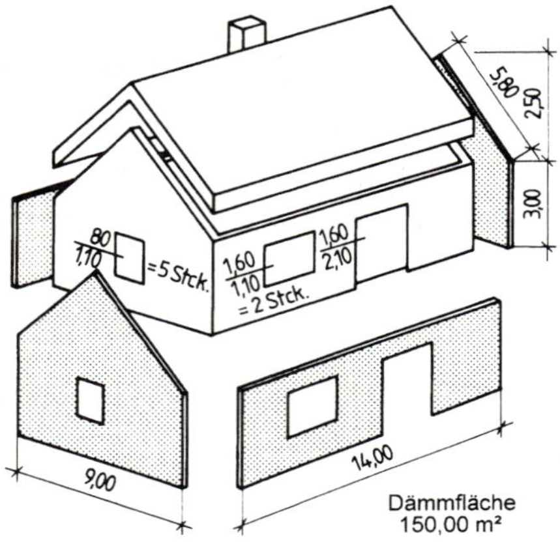

6.18 Wohnhausfassade

28. An das Wohnhaus (**6**.18) soll ein WDVS mit 8 cm dicken PS-Hartschaumplatten angebracht werden, Fensterbänke Naturstein.

Ermitteln Sie den Materialbedarf:

Sockelprofile a 2,00 m	= ? Stück
Sockeleckprofile a 0,85 m	= ? Stück
Schlagschrauben 3 Stück/m	= ? Stück
PS Hartschaumplatten	
100 cm · 50 cm	= ? Stück
Pulverkleber	
zur Verklebung 4 kg/m²	= ? kg
zur Armierung 5 kg/m²	= ? kg
Gewebeeckschutzschienen	= ? m
Glasseidengewebe 1,1 m/m²	= ? m
Silicon-Putzgrund 180 ml/m²	= ? Liter
Silicon-Putz R, K3 3,5 kg/m²	= ? kg

29. Ermitteln Sie den Bedarf an Schraubdübeln zur Befestigung von Steinlamellen-Dämmplatten an dem Haus (**6**.18), bei einer Dübeldichte von 4 Stück/m².

30. In einer Großgarage soll die Decke zu den darüberliegenden Büroräumen mit Steinwolle Dämmplatten, glasfaserkaschiert, versehen werden. Die Platten werden im Schienensystem befestigt.
Deckengröße 17,60 m · 11,20 m
Plattengröße 1,245 m · 0,62 m
Rastermaß der Sichtschienen 1,25 · 0,625
Länge der Haupttragschienen 3,75 m
Länge der Querschienen 1,25 m
a) Erstellen Sie einen Verlegeplan und ermitteln Sie den Bedarf der jeweiligen Schienenart.
b) Wie viele Platten werden für die Decke benötigt, einschließlich Verschnitt.
c) Ermitteln Sie die Materialkosten
Hauptschiene 5,85 €/Stück
Querschiene 2,45 €/Stück
Dämmplatte 8 cm, 24,93 €/m²

31. Ein Fassadengiebel mit Dreieckspitze soll ein WDVS erhalten. Flächengröße:
Breite 12,60 m, Höhe Rechteck 8,50 m,
Höhe Dreieck 5,60 m.
Vergleichen Sie den Bedarf an Dämmplatten zwischen:
PS–Hartschaumplatten 1, 00 · 0,50 m
Mineralwolle–Dämmplatten 0,80 · 0,625 m
Steinlamellen–Dämmplatten 1,20 · 0,20 m

32. Die 640,00 m² Dämmplatten eines WDVS sollen im Klebeverfahren angebracht werden. Geklebt wird mit Dispersionskleber vermischt mit 20 % Portlandzement. Der Verbrauch liegt bei 3,9 kg/m².
Berechnen Sie die gesamte Klebermenge und die jeweilige Menge an Dispersionskleber und Portlandzement in kg.
Wie viele Gebinde (22 kg) Dispersionskleber müssen bereitgestellt werden?

33. Vergleichen Sie die Kosten für Spreiz- und Thermodübel gleicher Größe und Länge. Verbrauch an einem Gebäude 1.260 Dübel bei 6 Dübel/m².
Schlagdübel 0,27 €/Stück
Schraubdübel 0,54 €/Stück
Thermodübel 0,34 €/Stück
Welche Kostenersparnis ergibt sich bei der Verwendung von nur 5 Dübeln/m²?

6.4 Fugenabdichtung

Im Maler- und Lackiererhandwerk nimmt die Neu- und Sanierungsabdichtung von Fugen immer größeren Umfang an. In Alt- und Neubauten, insbesondere bei Objektbauten wie Schulen, Büro- und Industriegebäuden wird die Fuge als Trennung zwischen Bauteilen mit Dichtstoffen geschlossen.
Die Fuge ist nach Lage, Konstruktion und Dimensionierung geplant, im Gegensatz zum Riss der ungeplant und unkontrolliert entsteht.

> "Die Fuge ist ein beabsichtigter oder toleranzbedingter Raum zwischen Bauteilen" nach DIN 5260. Sie ist der Abstand zwischen angrenzenden Bauteilen, ihre Aufgabe ist es, auftretende Bewegungen in Form von Dehnungen und Stauchungen aufzufangen. Dadurch schütze Fugen an Bauteilen gegen äußere Einflüsse wie z.B. Feuchtigkeit, Wind, Temperatur, Schall.

Fugenarten

> Bauteilfuge	Fuge zwischen Bauteilen von gleichem Material und gleichartiger Funktion
> Anschlussfuge	Fuge zwischen Material oder Funktion unterschiedlicher Bauteilen
> Glasversiegelung	Elastischer Verschluss als Teil vom Glasabdichtungssystem
> Dreiecksfuge	Fuge, bei der die Abdichtung eine Haftung an zwei Kontaktflächen hat
> Stoßfuge	Fuge, bei der die Flanken senkrecht zur Bauteilebene stehen
> Überlappungsfuge	Fuge, bei der die Flanken parallel zur Bauteilebene liegen (auch Scherfuge)

Abdichtungssysteme

- Dichtstoffe werden unterschieden nach: elastisch, plasto-elastisch, elasto-plastisch, plastisch
- Elastomer-Fugenbänder aus elastischem Kunststoff
- Imprägnierte Dichtungsbänder aus Schaumkunststoff

Dichtstoffe werden in Kartuschen- und Schlauchbeutelgebinden geliefert.

Fugenart, Aufgabe der Fuge, Beanspruchung bzw. Belastung der Fuge bestimmen die Auswahl des Abdichtungssystems.

Fugendimensionierung

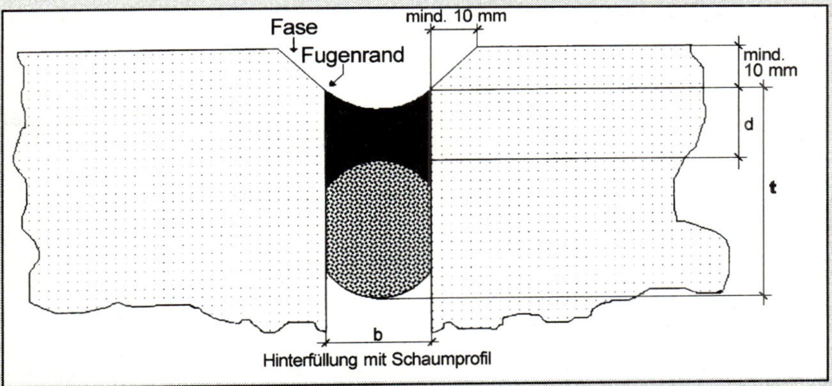

6.19 Fugendimensionierung

Berechnung einer Fugenabdichtung

Die Kalkulation einer Fugenabdichtung setzt sich zusammen aus dem:

Lohnanteil Arbeitszeit in Minuten · Minutenverrechnungssatz (betriebsbezogen) und dem
Werkstoffanteil Werkstoffverbrauch/Meter · Werkstoffeinkaufspreis · Werkstoffmultiplikator

Beispiel **Einzelleistung - Einbringen eines Dichtstoffes**

Eine Anschlussfuge 2,50 m lang, 10 mm Fugenbreite, ist mit Acryl-Dichtstoff, wasserbasiert, elastisch, mit einer Kartuschenpistole, blasenfrei auszufüllen.
Werkstoffbedarf = Fugenbreite · Dichtstoffdicke · Fugenlänge

Arbeitszeit	3 Minuten/m · 0,59 € Minutenverrechnungssatz	= 1,77 €
Werkstoff	0,33 ml/m · 5,45 € Einkaufspreis = 1,80 €	
	1,80 € · 1,28 Werkstoffmultiplikator	= 2,30 €
Kosten/m		= 4,07 €

Gesamtkosten Anschlussfuge 2,50 m · 4,07 € = 10,18 €

Tabelle **6**.20 Berechnung des Werkstoff-Verbrauchs

Fugenbreite	x	Dicke des Dichtstoffes	Verbrauch in ml/m
6	x	6	36
8	x	8	64
10	x	10	100
15	x	8	120
20	x	10	200
25	x	12	300
30	x	15	450

Beispiel **Gesamtleistung–Fugenabdichtung**
Dauerelastische Verfugung einer Bauteilfuge mit PU-Dichtungsmasse, Fugenbreite 15 mm, Fugentiefe 10 mm, Fugenlänge 1,00 m

Leistung	**Zeit**	**Werkstoffe**	**Werkstoffkosten Ek**
Fugenflanken reinigen	1,0 Min.	–	
Fugenränder abkleben	1,5 Min.	2,10 m Klebeband · 0,19 € =	0,40 €
Fugenflanken grundbeschichten	1,5 Min.	0,015 l PU-Haftprimer · 14,78 € =	0,22 €
Fuge hinterfüttern	1,0 Min.	1,10 m Rundschnur · 0,74 € =	0,81 €
PU-Dichtstoff einbringen	6,0 Min.	0,15 l Dichtstoff · 5,32 € =	0,80 €
Fugenoberfläche glätten	1,0 Min.	–	
Klebemittel entfernen	1,0 Min.	–	
	13,0 Min.		2,23 €

Vorgabezeit	13,0 Min. · 0,63 € Verrechnungssatz	8,19 €
Werkstoffkosten	2,23 € · 1,37 € Werkstoffmultiplikator	3,06 €
Nettopreis pro m Fugenabdichtung		**11,19 €**

Aufgaben

1. Zwischen 5 Betonfertigteilen soll jeweils eine Bauteilfuge abgedichtet werden.
   Fugenbreite 20 mm, Dichtstoffdicke 10 mm, Länge je Fuge 2,65 m
   a) Ermitteln Sie den Bedarf an Dichtstoff (Tab. **6**.20).
   b) Wie viele Kartuschen Dichtstoff werden benötigt bei einer Gebindegröße von 310 ml?

2. Die Anschlussfugen zwischen Mauerwerk und 15 Fenstern sollen mit einem PUR-Dichtstoff geschlossen werden. Die Fugen werden mit einer Schaumstoff-Rundschnur hinterfüttert. Fugenbreite 8 mm, Dichtstoffdicke 8 mm, Fugenlänge 62,00 m.
   a) Wie viel ml Dichtstoff sind nötig und welche Anzahl an 600 ml Schlauchbeutel sind bereitzustellen?
   b) Wie viel m Rundschnur sind nötig bei einer Verschnittzugabe von 5%. Welche Menge an Hinterfüllrundschnurbändern a 2,00 m sind zu bestellen?

3. An einer Fassade wurden die Gurt- und Brüstungsgesimse mit Kupferblechstreifen abgedeckt. Zwischen Blech und Fassade ist eine Dreiecksfuge Silicon-Dichtstoff anzulegen.
   Fugenauflage je 6 mm
   Fugenlänge insgesamt 28,85 m
   Berechnen Sie:
   a) den Bedarf an Dichtstoff, die Anzahl der Kartuschen (310) ml) und die Materialkosten bei einem Stückpreis im Einkauf von 5,06 € und einem Werkstoffmultiplikator von 1,28 €,
   b) die Arbeitszeitkosten, wenn pro Meter, einschl. der Vor- und Nacharbeiten 5,5 Minuten angesetzt werden und die Lohnminute mit 34,87 € berechnet wird,
   c) die Gesamtkosten der Arbeit einschließlich 16 % Mehrwertsteuer.

4. An einer Lagerhalle wurden die Rahmenanschlüsse der Metallfenster zu den Betonfertigteilen mit PUR-Dichtstoff abgedichtet. Die Haftungsflächen der Dreiecksfugen sind jeweils 8 mm. Die Fugenlänge beträgt 380 m.
   a) Ermitteln Sie den Dichtstoff-Bedarf in ml und die Kartuschenzahl, je 320 ml/Kartusche.
   b) Bei der Arbeit wurden 82 Kartuschen verarbeitet. Wie hoch sind die Mehrkosten durch den höheren Dichtstoffverbrauch, wenn eine Kartusche 5,32 € kostet?

5. Bei der Fensterrenovierung in einer Wohnanlage muss die teilweise abgerissene bzw. beschädigte Glasversiegelung erneuert werden.
   Fugenabmessung 6 mm · 8 mm
   Fugenlänge insgesamt 175 m
   Lohnminute 37,83 €
   Werkstoffmultiplikator 1,31 €
   Ermitteln Sie die Gesamtkosten:
   Entfernen des alten Dichtstoffs und Säubern der Fuge 5 Min./m,
   Abkleben der Fugenränder 1 Min/m,
   Ausspritzen der Fuge 2,5 Min/m, mit Silicon-Dichtmasse, 320 ml Kartusche a 6,25 € im Einkauf,
   Nachglätten mit Glättmittel und Entfernen der Klebebänder 1 Min./m,
   Kosten für Klebeband und Glättmittel bleiben unberücksichtigt.

6. In einem Wohnhaus mit 5 Bädern sind die Sanitärfugen als Dreiecksfuge auszubilden abzudichten sind die Fugen zwischen Bade- und Duschwanne, Waschbecken, Hänge-WC, Bidet und Urinal zu den Fliesen. Wegen des Farbtons muss ein möglichst genauer Bedarf ermittelt werden.
   Anzulegen sind folgende Fugen:
   8,00 m Fuge 8 mm · 8 mm,
   6,00 m Fuge 6 mm · 6 mm,
   5,40 m Anschlussfugen 10 mm · 8 mm.
   Wie viele Kartuschen a 310 ml werden benötigt?

7. Bei der Ausführung eines WDVS wurden zur Abdichtung der Fugen vorkomprimierte Dichtbänder aus Polyurethan-Weichschaum eingesetzt. Der genau kalkulierte Bedarf lag einschließlich Verschnitt bei 14 Rollen mit 12,00 m für 15,08 €/Rolle und 6 Rollen a 6,00 m für 53,95 €/Rolle. Bei der Nachkalkulation wurde ein Verbrauch von 17 Stück 12,00 m Rollen und 7 Stück 6,00 m Rollen festgestellt.
   a) Wie hoch sind die tatsächlichen Materialkosten?
   b) Um wie viel Prozent weicht die Summe der Nachkalkulation von der Bedarfsermittlung ab?

7 Wandbekleidungen

Eine Vielzahl unterschiedlicher Wandbekleidungen in verschiedenen Abmessungen –Rollenlängen und -breiten und Flächenmaßen– werden dem Kunden zur Auswahl angeboten. Sie erfordern ebenso wie die Vielfalt an Mustern und Strukturen Berücksichtigung bei der Ermittlung des Tapetenbedarfs.

Die reduzierte Lagerhaltung vor Ort und der Preis der Wandbekleidungen erfordern eine exakte Feststellung der benötigten Mengen. Zu viel bestellte Rollen werden meistens vom Lieferanten nicht mehr zurückgenommen, zu wenig bestellte Rollen führen zur Arbeitsunterbrechung und häufig zu anderen Anfertigungen mit möglichen Farbabweichungen. Eine exakte Bedarfsrechnung spart Zeit und Geld.

Es gibt Wandbekleidungen z. B. aus Papier (Tapeten) , Glasfaser-Gewebe, Vlies, Textilien und Kunststoff. Sie können bedruckt, unbedruckt und überstreichbar sein, mit oder ohne Muster, mit Streifen oder Strukturen. Wandbekleidungen gibt es als Rollen in unterschiedlichen Breiten und Längen, Tab. **7**.1 sowie entsprechend dem Bedarf in Bahnen.

7.1 Tapeten

Tapetenmaße Die meisten Tapeten haben das einheitliche Maß der Europarolle: Länge 10,05 m, Breite 0,53 m ergibt eine Rollenfläche von 5,33 m²

Tabelle **7**.1 Rollenmaße und Tapezierfläche

Wandbelagart (Beispiel)	Rollenmaß in m Länge	Breite	Tapezierfläche je Rolle in m², ohne Verschnitt
Makulaturpapier	33,50	0,53	18,32
Raufasertapeten	33,50	0,53	17,76
Raufasertapeten, Großrolle	125,00	0,75	93,75
Tapete (Europarolle)	10,05	0,53	5,33
Glasfaser-Gewebe	25,00	1,00	25,00
Glasfaser-Gewebe	50,00	1,00	50,00
Grastapete	6,10	0,91	5,55
Strukturbelag auf Faservlies	25,00	1,06	26,50
Vliesfaser	25,00	0,75	18,75
Textiltapeten	8,15	0,65	5,30
Rollenmaß Thermopete 5 mm	25,00	1,00	25,00
Thermopete kaschiert 4 mm	10,00	0,50	5,00
Faltplatte Thermopete 6 mm	2,50	0,80	2,00

Nutzfläche/Tapezierfläche. Darunter ist die Fläche zu verstehen, die mit einer Rolle tatsächlich zu tapezieren ist, ohne Berücksichtigung von Resten der Wandbeläge.
Da sich aus architektonischen Gegebenheiten und z. B. Rapportgrößen Tapetenabfälle (Verschnitt) ergeben, muss von einer mehr oder weniger geringeren Tapezierfläche ausgegangen werden. Um diese überschlägig zu ermitteln, helfen Prozentangaben, die von der jeweiligen Rollenfläche abzuziehen sind.

Beispiel Tapete Europarolle = 5,33 m²

	ohne Ansatz		kleiner Rapport Musterabstand z.B. 25 cm		großer Rapport Musterabstand z.B. 45 cm
	5,33 m²		5,33 m²		5,33 m²
− 10 %	0,53 m²	− 20 %	1,06 m²	− 30 %	1,60 m²
	4,80 m²		**4,27 m²**		**3,73 m²**

Der Tapetenbedarf ist abhängig:

> von den Maßen der Wandbeläge (Länge, Breite)
> von den Raummaßen (Wandhöhe, Tapezierhöhe)
> von den Abzügen (Raumöffnungen wie Fenster, Türen, Nischen)
> von den Zugaben für oberen und unteren Beschnitt sowie für Musterausgleich
> von der Verwendung von Reststücken bzw. Rollenresten (z.B. über Türen, in Fensternischen, in Bögen)

Zur Ermittlung des Tapetenbedarfs gibt es mehrere Möglichkeiten:
Faustregeln, Ausmessen des Raumes und Tabellen.

Faustregeln.
Der erfahrene Maler läuft mit einer Tapetenrolle als Maßstab die Wände ab, zählt die Bahnen und kalkuliert die Zuschläge und Abzüge unter Beachtung der Ansatzart und der Musterhöhe grob ein.

Man ermittelt den Raumumfang, nimmt diesen mal 2 und erhält die Bahnenzahl. Wie viel Rollen benötigt werden, ergibt sich aus der Raumhöhe und der Musterhöhe.

Das Ausmessen bringt die genauesten Ergebnisse, weil dabei alle Gegebenheiten des Raumes erfasst werden. Bei architektonisch aufwendigen Raumformen und teuren Wandbelägen sollte stets ausgemessen werden, um so wenig wie möglich Reste zu bekommen.

Tapetenbedarf nach Tabellen. Tabellen (7.2) zur Ermittlung des Tapetenbedarfs sind in Taschenbüchern (z.B. Malertaschenbuch), Broschüren von Tapeten- und Klebstoffherstellern sowie dem Farbenhandel zu finden. Sie sind auf ungefähre Werte abgestellt, zu beachten ist, ob noch Abzüge zu berücksichtigen sind.

Tabelle **7**.2 Tapetenbedarf im Überblick

Raumumfang in m	Anzahl der Tapeten bei einer Raumhöhe von:			Anzahl der Rollen für die Raumecke
	2,10 m - 2,35 m	2,40 m - 3,05 m	3,10 m - 4,00 m	
6	3	4	5	1
10	5	7	9	2
12	6	8	11	2
15	8	10	14	3
18	9	12	17	4
20	10	14	19	5
24	12	16	23	7

7.2 Aufmaßregeln der VOB

Die VOB DIN 18 366 „Tapezierarbeiten" regelt im Abschnitt 5 die Abrechnung von Klebearbeiten.

Die **Ermittlung der Leistung nach Zeichnungen** sind zugrunde zu legen:

> auf Flächen ohne begrenzende Bauteile die Maße der ungeputzten, ungedämmten und nicht bekleideten Flächen,
> auf Flächen mit begrenzenden Bauteilen die Maße der zu behandelnden Flächen bis zu den sie begrenzenden, ungeputzten, ungedämmten bzw. nichtbekleideten Bauteilen.

Der **Ermittlung der Leistung nach Aufmaß** sind die Maße des fertigen Bauteils, der fertigen Öffnungen und Aussparungen zugrunde zu legen.

> In Decken, Wänden, Decken- und Wandbekleidungen werden Öffnungen, Aussparungen und Nischen bis zu 2,50 m² Einzelgröße übermessen.
> Öffnungen, Nischen und Aussparungen werden, falls sie unmittelbar zusammenhängen, getrennt gerechnet.
> Rückflächen von Nischen werden unabhängig von ihrer Einzelgröße mit ihrem Maß gesondert gerechnet.
> Fußleisten, Sockelfliesen und dergleichen bis 10 cm Höhe werden übermessen.
> Nicht mittapezierte Rahmen, Deckenbalken, Vorlagen u. ä. bis 30 cm Einzelbreite werden übermessen.

Es werden abgezogen:

1. Bei Abrechnung nach Flächenmaß (m²):
   Öffnungen, Aussparungen und Nischen über 2,50 m² Einzelgröße.

2. Bei Abrechnung nach Längenmaß (m):
   Unterbrechungen über 1,00 m Einzellänge.

Wird die Lieferung von Wandbekleidungen nach verbrauchter Menge abgerechnet, so ist die tatsächlich verbrauchte Menge bei wirtschaftlicher Ausnutzung der Stoffe zugrunde zu legen. Unvermeidbare Reste und Verschnitte sowie angeschnittene Rollen gelten als verbraucht.

Abgerechnet werden:

1. Flächenmaße (m²)
   für Decken, Wände und ähnlichen Flächen
   für Treppenuntersichten, Unterzüge und Vorlagen

2. Längenmaße (m)
   für Gesimse unter Angabe von Höhe und Ausladung,
   für Leisten, Kordeln und Borten

3. Anzahl (Stück)
   für tapezierte, bespannte und bekleidete Einzelflächen,
   Feldeinteilungen, Wandspiegel usw.

7.3 Tapezierarbeiten

Rollenbedarf nach Nutzfläche

Beispiel Ein Raum von 5,00 m · 7,50 m, Höhe 2,50 m, hat ein Fenster 2,00 m · 1,60 m und eine Tür 1,10 m · 2,10 m.
Wie viel Rollen Tapete ohne Rapport werden benötigt (1 Rolle = 4,80 m²)?

Wandfläche	(5,00 + 7,50) · 2 · 2,50	=	62,50 m²
– Fensterfläche	2,00 · 1,60	=	3,20 m²
– Türfläche	1,10 · 2,10	=	2,31 m²
			56,99 m²

Rollenbedarf = 56,99 m² : 4,80 m² = 11,87 ≈ **12 Rollen**

Die ermittelte Rollenzahl wird auf volle Rollen aufgerundet. Bei knappen Ergebnissen (Beispiel), bei größeren Räumen, Großrapporten und für Fensterleibungen ist immer eine Rolle mehr zu bestellen (Verschnitt und Zugabe).

Rollenbedarf nach Anzahl der Bahnen

Beispiel Ein Raum von 5,00 m · 7,50 m, Höhe 2,50 m, hat ein Fenster 2,00 m · 1,60 m und eine Tür 1,10 m · 2,10 m.
Wie viel Rollen Prägetapete ohne Rapport werden benötigt?

Raumumfang (5,00 + 7,50) · 2 – (2,00 + 1,10) = 21,90 m

Bahnenzahl $\frac{\text{Raumumfang}}{\text{Bahnenbreite}} = \frac{21{,}90\text{ m}}{0{,}53\text{ m}}$ = 41,32 m = 42 Bahnen

Bahnenzuschnitt		
	Raumhöhe	2,50 m
	+ Verschnittzugabe	0,05 m
	Bahnenlänge	2,55 m

Bahnen je Rolle $\frac{\text{Rollenlänge}}{\text{Bahnenlänge}} = \frac{10{,}05\text{ m}}{2{,}55\text{ m}}$ = 3,94 m = 3 Bahnen

Rollenbedarf $\frac{\text{Bahnenanzahl}}{\text{Bahnen je Rolle}} = \frac{42}{3}$ = **14 Rollen**

Es ist zu prüfen, ob die Reststücke für Leibungen und Flächen unter und über dem Fenster sowie der Tür ausreichen.

Tapeten mit Rapport

Beispiel Ein Raum von 5,00 m · 7,50 m, Höhe 2,50 m, hat ein Fenster 2,00 m · 1,60 m und eine Tür 1,10 m · 2,10 m.
Wie viel Rollen Tapete werden bei einem Rapport von 0,54 m benötigt?

Raumumfang (5,00 + 7,50) · 2 – (2,00 + 1,10) = 21,90 m

Bahnenzahl $\frac{\text{Raumumfang}}{\text{Bahnenbreite}} = \frac{21{,}90\text{ m}}{0{,}53\text{ m}}$ = 41,32 m = 42 Bahnen

Bahnenzuschnitt	$\frac{\text{Raumhöhe}}{\text{Rapportlänge}}$	$= \frac{2{,}50\ \text{m}}{0{,}54\ \text{m}}$	= 4,63 = 5 Rapporte
Bahnenlänge	$5 \cdot 0{,}54$ m	= 2,70 m	
Bahnen je Rolle	$\frac{\text{Rollenlänge}}{\text{Bahnenzuschnitt}}$	$= \frac{10{,}05\ \text{m}}{2{,}70\ \text{m}}$	= 3,72 m = 3 Bahnen
Rollenbedarf	$\frac{\text{Bahnenanzahl}}{\text{Bahnen je Rolle}}$	$= \frac{42}{3}$	= **14 Rollen**

Der Bahnenzuschnitt muss auf die nächste volle Rapportzahl aufgerundet werden.
Lässt sich die Raumhöhe restlos durch das Rapportmaß teilen, muss ein ganzer Rapport zum sauberen Beschneiden hinzugerechnet werden.

Bei versetztem Ansatz (Rapport) ändert sich nur der Bahnenzuschnitt. Darum ist es ratsam, den Tapetenzuschnitt im Wechsel von zwei Rollen vorzunehmen.
Rolle 1 = ganze Rapporte, Rolle 2 = halbe Rapporte genau in der Rapportmitte.

Aufgaben

1. Ein Raum hat die Maße 4,60 m · 3,80 m, Wandhöhe 2,60 m. Berechnen Sie den Tapetenbedarf (nach Nutzfläche) ohne Berücksichtigung der Öffnungen.
   a) Wie viele Bahnen sind zu kleben?
   b) Wie viele Rollen sind zu bestellen?

2. Wie viel Rollen Tapete, ohne Ansatz müssen bestellt werden für einen Raum 4,50 m · 4,10 m, Raumhöhe 2,65 m?
   Abzüge: 1 Tür 1,05 m · 2,05 m
   2 Fenster 0,80 m · 1,40 m

3. Eine Decke, 7,10 m · 4,85 m soll mit einer kleingemusterten Tapete tapeziert werden.
   a) Berechnen Sie die Anzahl der Tapetenbahnen bei einer Bahnenlänge von 4,95 m.
   b) Wie viele Rollen Tapete müssen bestellt werden?

4. Ein Raum hat die Maße 5,50 m · 4,00 m, Raumhöhe 2,75 m. Die Wandflächen sind mit einer Fondtapete, Rapport 0,60 cm, zu tapezieren.
   a) Wie viele Bahnen ergibt eine Rolle?
   b) Wie viele Rollen werden ohne Berücksichtigung von Abzügen benötigt?
   c) Die Abzüge betragen zusammen 7,75 m². Bleibt es bei der errechneten Rollenzahl?

5. a) Berechnen Sie den Rollenbedarf an Raufasertapete für die Deckenfläche in Raum (**7**.3) Verschnittzugabe umlaufend 5 cm.
   b) Wie viele Rollen Textiltapete (Tab. **7**.1) sind für die Wandflächen zu bestellen?

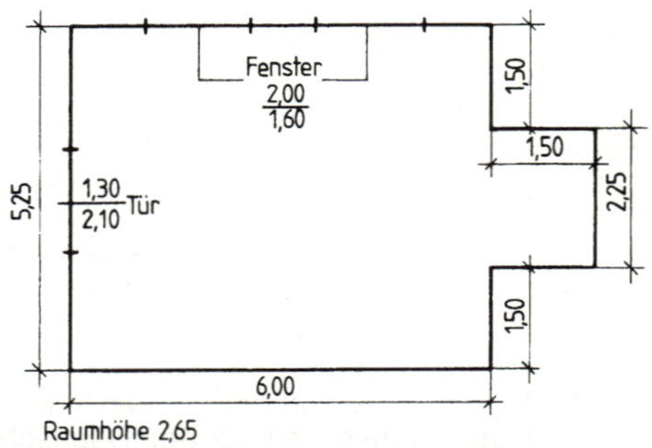

7.3 Raum mit Erker

6. Zwölf gleiche Hotelzimmer (**7**.4) sind mit einer musterlosen Tapete und einer Borte zu tapezieren.
   a) Wie viele Rollen werden für das Zimmer benötigt?
   b) Was kostet die Tapete für die 12 Zimmer, wenn eine Rolle 30,60 € kostet?
   c) Wie viel m Tapetenborte sind für die Wandflächen in allen Zimmern erforderlich?

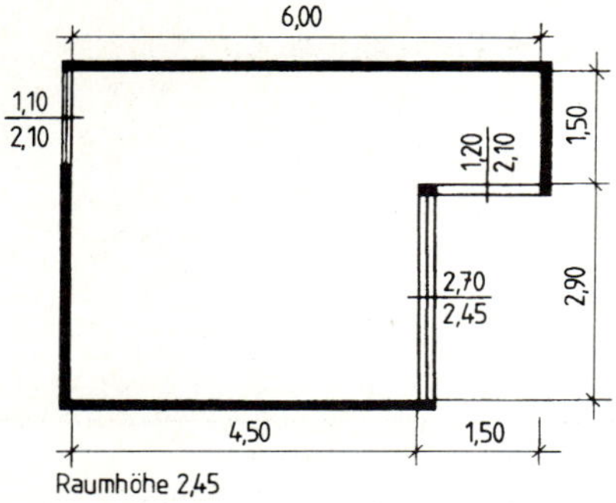

7.4 Hotelzimmer

7. Für einen Raum werden 38 Tapetenbahnen mit 2,85 m Länge benötigt.
Wie viel Prozent beträgt der Verschnitt bei Europarollen, wenn die Rollenreste keine Verwendung finden?

8. Eine Wand in einem kleinen Saal soll mit einer Grastapete, Rolle 6,10 m · 0,91 m, tapeziert werden.
Wandmaß: 10,85 m · 2,95 m
   a) Wie viele Bahnen sind erforderlich?
   b) Wie viele Rollen sind zu bestellen?
   c) Was kostet die Tapete, wenn für eine Rolle 38,50 € + 16 % MwSt. zu bezahlen sind?

9. In dem Raum (7.3) ist umlaufend ein NMC-Profil zu kleben.
   a) Wie viele 2,00 m Stäbe werden benötigt?
   b) Wie viele Kartuschen Montagekleber sind nötig, wenn für 7,00 m eine Kartusche benötigt wird?
   c) Wie viel Liter gemischte Dispersionsfarbe muss bestellt werden bei einem Verbrauch von 25 ml/m?

10. In dem Mansardenzimmer (7.5) sind die Wandflächen, einschließlich der Dachschrägen mit einer ansatzfreien Tapete zu tapezieren. Fensterleibung 0,18 m.
   a) Erstellen Sie das Aufmaß nach VOB.
   b) Berechnen Sie die Tapezierfläche.
   c) Ermitteln Sie den Tapetenbedarf in Rollen bei 4,70 m²/Rolle.
   d) Wie viel m² Deckenfläche sind zu beschichten?
   e) Wie groß ist der Bedarf an Dispersionsfarbe in l bei einem Verbrauch von 220 ml/m²?

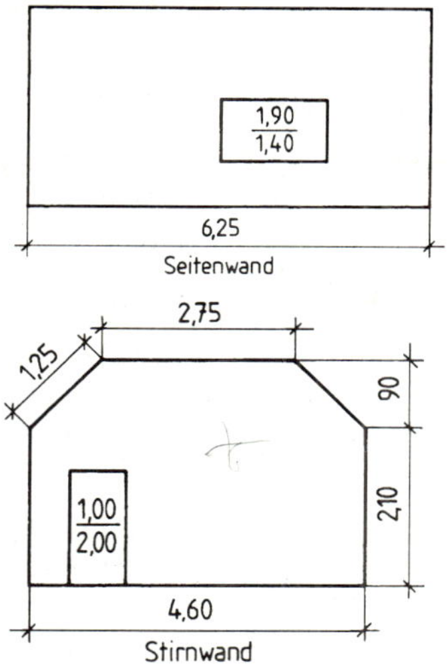

7.5 Mansardenzimmer
(2. Stirnwand ohne Tür)

11. In dem Eckzimmer (7.6) sind die drei Außenwände mit Polystyrol–Untertapete, Thermopete 5 mm, zu kleben. Alle Wandflächen werden mit einer großgemusterten Tapete, Rapport 0,50 m tapeziert.
   a) Wie viel m² Untertapete sind zu kleben, wie viele Rollen sind das?
   b) Wie viele Rollen Tapete müssen bestellt werden?

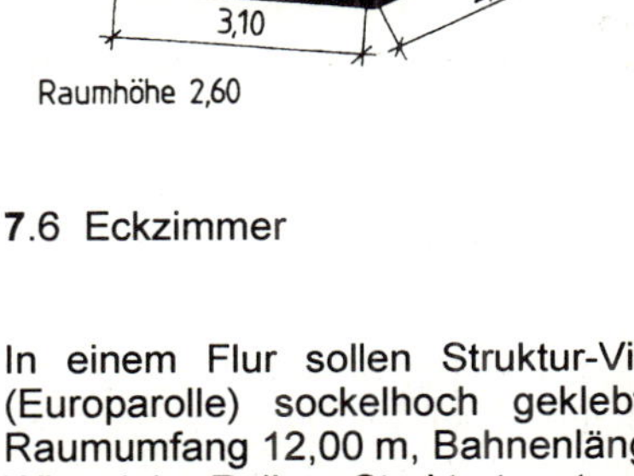

7.6 Eckzimmer

12. In einem Flur sollen Struktur-Vinyltapeten (Europarolle) sockelhoch geklebt werden. Raumumfang 12,00 m, Bahnenlänge 1,40 m. Wie viele Rollen Strukturtapete sind nach Tabelle 7.2 zu bestellen?

13. In drei gleichen Fluren (**7**.7) sind die Deckenflächen mit Raufasertapete zu kleben und mit Dispersionsfarbe zu streichen. Die Wandflächen sind mit einer Vinyl-Tapete zu tapezieren.
   a) Erstellen Sie den Maßansatz für die Deckenflächen.
   b) Berechnen Sie die benötigte Rollenzahl an Raufasertapete.
   c) Ermitteln Sie die zu bestellende Menge an Dispersionsfarbe in Liter, Verbrauch 150 ml/m².
   d) Erstellen Sie das Aufmaß nach VOB für die Tapezierarbeit an den Wänden.
   e) Berechnen Sie die Tapezierfläche der Wände.
   f) Wie viele Rollen Tapete sind erforderlich?

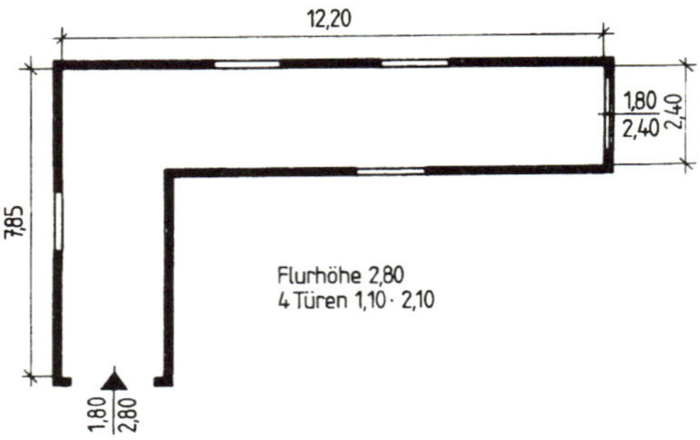

7.7 Flure

14. In dem Erkerzimmer (**7**.8) sind die Wandflächen mit einer rapportfreien Struktur-Vinyl-Tapete zu tapezieren. Umlaufend ist im Abstand von 30 cm zur Decke eine 15 cm breite Bordüre zu kleben.
   Brüstungshöhe 0,60 m,
   Fensterhöhe 2,10 m, Fenstersturz 0,50 m.
   Es ist keine Fensternische zu bearbeiten.
   a) Erstellen Sie den Maßansatz für die zu tapezierende Fläche.
   b) Wie viel m² Wandflächen sind zu tapezieren?
   c) Wie viele Rollen werden benötigt?
   d) Berechnen Sie die Länge der Bordüre.

15. Ein Raum hat einen Umfang von 24,00 m, die Höhe beträgt 2,65 m.
   Lesen Sie aus der Tabelle **7**.2 den Tapetenbedarf ab.

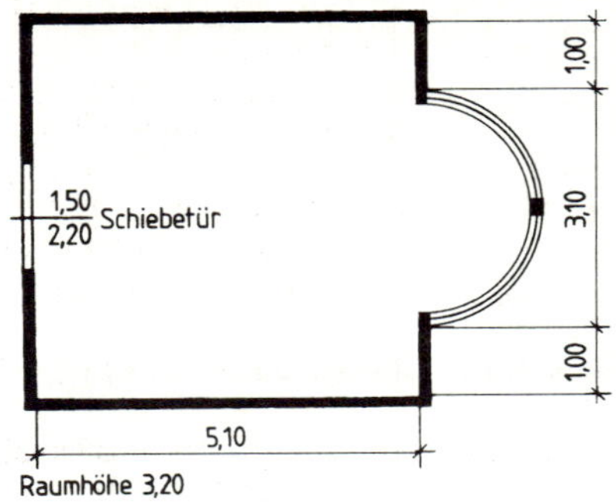

7.8 Erkerzimmer

16. Die markierte Fläche innerhalb der Wand (**7**.9) ist mit einer Bildtapete zu kleben, die umgebende Fläche wird mit einer Unitapete tapeziert. Um die Bildtapete ist eine Profilleiste anzubringen.
   a) Berechnen Sie die Fläche für die Unitapete.
   b) Stellen Sie fest, ob bei sparsamster Verarbeitung eine Rolle Tapete ausreicht.
   c) Wie viel m Profilleiste werden benötigt bei einem Verschnitt von 5 %?
   d) Wie viele 2,00 m Leistenstäbe müssen bereitgestellt werden?

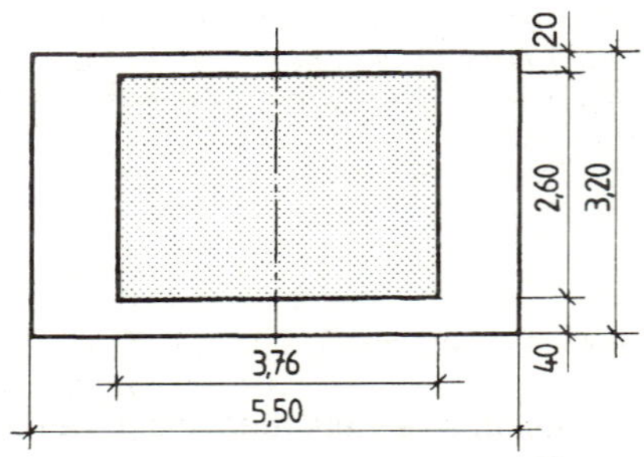

7.9 Bildtapete

17. In einem Cafe (**7**.11) sind Tapezierarbeiten auszuführen. Die Eingangs- und Fensterwand werden raumhoch mit einer Seidentapete tapeziert. An den beiden Längswänden (**7**.10) sind je 4 Felder mit der Seidentapete zu kleben.
   Die Felder werden mit einer NMC-Profilleiste umrahmt.

Unter die Seidentapete ist eine Makulaturtapete zu kleben. Die umgebende Fläche wird in Glättetechnik ausgeführt.

a) Erstellen Sie den Maßansatz und berechnen Sie die zu tapezierenden Flächen.
b) Stellen Sie die Anzahl der benötigten Rollen an Makulaturtapete fest.
c) Ermitteln Sie den Bedarf an Seidentapete in m, Zugabe/Bahn 0,10 m. Bahnenbreite 0,95 m.
d) Wie viel m² Glättetechnik sind auszuführen?
e) Stellen Sie den Bedarf an Profilleisten, Länge 2,50 m fest, Verschnitt 4 %.

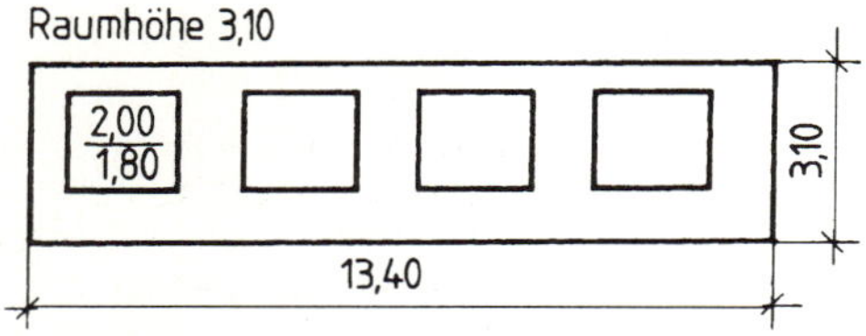

7.10 Caféwand

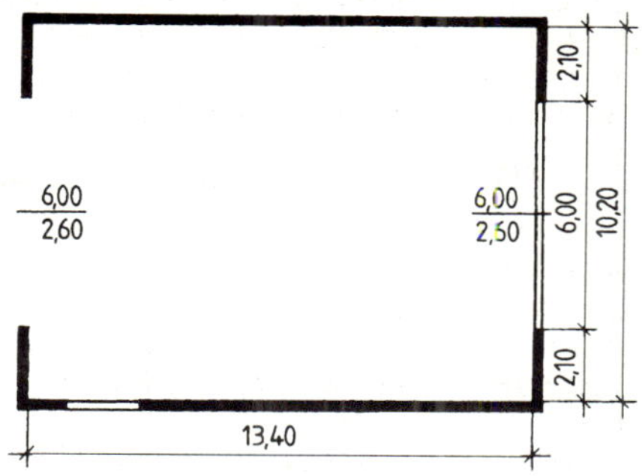

7.11 Café

7.4 Wandbeläge

Neben den Wandbekleidungen mit Papierträger gibt es eine Vielzahl von Wandbelägen, Tab. 7.1, aus unterschiedlichen Materialien. Sie sind als Rollen- und Bahnenware sowie in Plattenformaten im Handel. Ihre Verklebung erfolgt überwiegend mit Spezialklebemitteln. Häufig werden Wandbeläge beschichtet und mit Malertechniken – z. B. Lasur, Wickel-, Rakeltechnik – gestaltet. Zu den Wandbelägen zählen Glasgewebe, strukturierte Faservliese, Glasseidengewebe, Naturkorkplatten, Polystyrolplatten, PVC, Linoleum u.a..

Aufgaben

1. In einem Saal soll eine Wand, 11,50 m · 3,20 m mit Glasgewebe beklebt und zweimal mit Dispersionsfarbe scheuerbeständig beschichtet werden.
   Verbrauch: Gewebekleber ca. 220 g/m², Dispersionsfarbe 180 ml/m² je Beschichtung.
   a) Wie viel m² Glasgewebe wird benötigt bei einer Zugabe von 12 cm Länge pro Bahn? Rollenlänge 25 m, Breite 1,00 m.
   b) Wie viele Rollen Glasgewebe müssen vorgehalten werden?
   c) Ermitteln Sie die benötigte Menge an Gewebekleber in kg und an Dispersionsfarbe in Liter.

2. Die Decke und Wände im Behandlungszimmer (7.12) einer Arztpraxis soll, mit Glasgewebe auf Papier kaschiert, tapeziert werden. Das Gewebe wird zweimal mit einem 2K-Acryllack beschichtet.
   Geweberolle 25,00 m · 0,95 m
   Verbrauch: Dispersionskleber 250 g/m², Acryllack 200 ml/m² je Beschichtung
   Mischungsverhältnis Lack:Härter = 5,5:1.
   a) Erstellen Sie das Aufmaß für die zu bearbeitenden Flächen und berechnen Sie diese.
   b) Wie viele Rollen Gewebe werden bei einer Verschnittzugabe von 3 % benötigt?

c) Wie viele Gebinde Kleber sind vorzuhalten bei Gebinden von 15 kg?

d) Wie hoch ist der Bedarf an angemischtem Lack insgesamt? Wie viel l Stammlack und Härter müssen jeweils bestellt werden?

3. In dem Behandlungszimmer (**7**.12) soll nachträglich eine selbstklebende Bordüre umlaufend aufgebracht werden.
Rollenmaß 10,00 m · 0,12 m. Die Bordüre ist anschließend farbig abzusetzen.
a) Berechnen Sie den Bedarf an Bordüre in Meter und in Rollen.
b) Wie viel ml Dispersionsfarbe müssen gemischt werden, wenn 240 ml/m² benötigt werden?

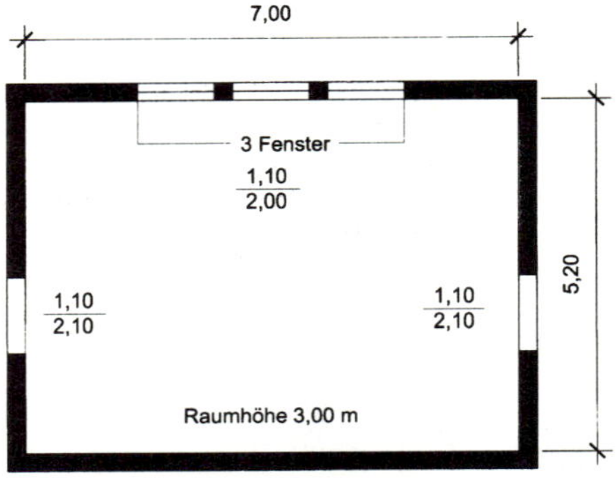

7.12 Behandlungszimmer

4. Im Aufenthaltsraum eines Kfz-Betriebes soll der Sockel mit einem PVC-Belag beklebt werden. Raumumfang 16,10 m, Sockelhöhe 1,45 m; Belagmaße Rollenlänge 20,00 m, Breite 1,20 m.
a) Berechnen Sie die Anzahl der Bahnen, die Ware in Meter bei einer Zugabe von 5 cm/Bahn und die Anzahl der Rollen.
b) Wie viel kg Kleber müssen bereitgestellt werden bei einem Verbrauch von 380 g/m²?

5. Im Gruppenraum eines Kindergartens (**7**.13) sind die Wandflächen umlaufend mit einem Band aus Weichfaserplatten zu bekleben. Die Platten sind mit einem Klarlack auf Acrylbasis zu beschichten.
Abstand vom Fußboden zur unteren Plattenkante 0,80 m, Plattenhöhe 0,90 m.
a) Erstellen Sie den Maßansatz für die zu klebenden Weichfaserplatten und berechnen Sie die benötigte Menge an Weichfaserplatten in m².
b) Wie hoch ist der Verbrauch an gefülltem Dispersionskleber, wenn für 1,00 m² 460 g benötigt werden?
c) Wie hoch ist der Bedarf an Acryllack je m² 280 ml, wenn die Grundbeschichtung 10 % mit Wasser verdünnt wird und die Schlussbeschichtung unverdünnt erfolgt.
d) Die Wandflächen unter und über den Weichfaserplatten werden mit einer ansatzlosen Vinyltapete tapeziert. Ermitteln Sie den Bedarf in Rollen.

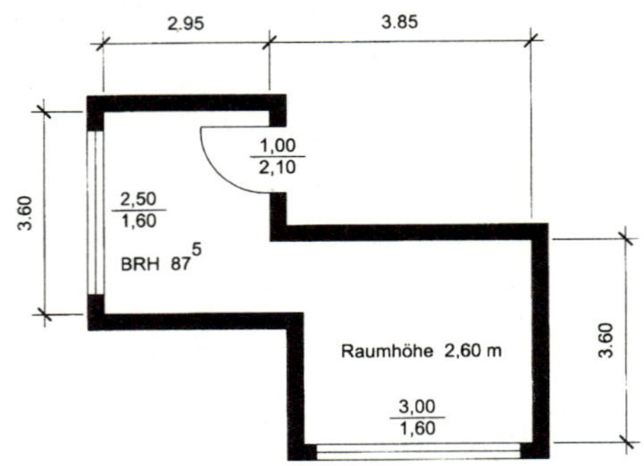

7.13 Gruppenraum

6. Die Wandflächen (**7**.14) in einer Mehrzweckhalle sollen mit Linoleum beklebt werden. Die Verlegung soll von der Mitte nach den Seiten erfolgen. Die senkrecht verlaufenden Nähte sollen verschweißt werden.
Breite der Linoleumrolle 2,50 m.
a) Berechnen Sie die Wandflächen in m².
b) Berechnen Sie den Bedarf an Linoleum, einschl. Verschnitt, bei einer Zugabe an den Ecken und unten von je 5 cm.
c) Wie viel m Schweißband sind nötig?

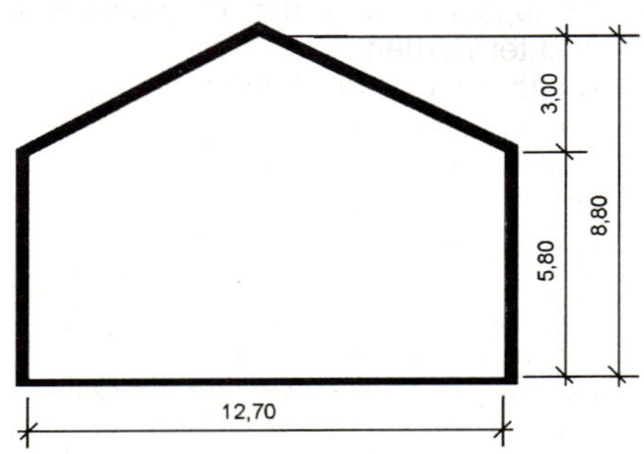

7.14 Mehrzweckhalle

7. In einem Konferenzraum (7.15) sollen die Wandflächen mit einem Struktur-Wandbelag auf Faservliesbasis beklebt werden. Auf den Belag ist eine Grund- und Schlussbeschichtung mit Dispersionsfarbe scheuerbeständig, seidenmatt, aufzubringen. Die Verklebung erfolgt in Wandklebetechnik.
Rollenlänge 25,00 m, -breite 1,06 m,
Kleberverbrauch 250 g/m².
   a) Berechnen Sie den Wandbelagbedarf in m². Zugabe oben und unten von je 8 cm, Zugabe für den Doppelnahtschnitt an den Innen- und Außenecken 6 cm überlappend.
   b) Wie viele Rollen werden benötigt?
   c) Wie viele Gebinde (12 kg) Kleber sind bereitzustellen?

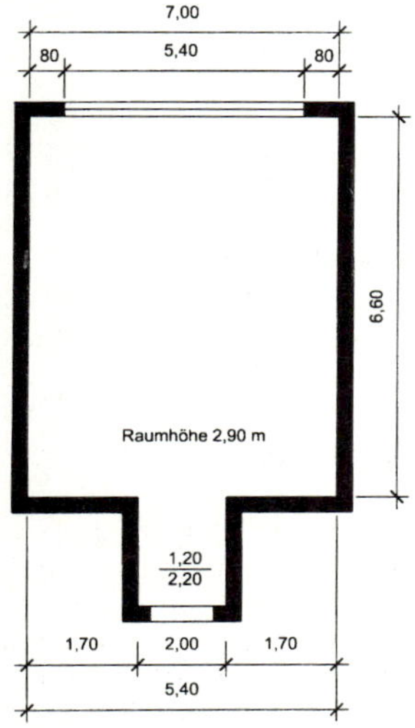

7.15 Konferenzraum

8. In einer Mansarde soll zur Isolierung Polystyrol, Dicke 6 mm, angebracht werden. Die Flächen sollen anschließend mit Raufaser tapete tapeziert und mit Dispersionsfarbe beschichtet werden.
Deckenfläche 4,36 m · 1,78 m,
Dachschräge 4,36 m · 3,42 m,
Plattenformate 2,50 m · 0,80 m,
Kleber für Polystyrol ca. 680 g/m²,
Kleber für Haftbrücke ca. 380 g/m²,
Dispersionsfarbe ca. 340 ml/m².
   a) Wie viele Platten (einschl. Verschnitt) müssen vorgehalten werden?
   b) Wie viel kg Kleber werden benötigt, wie viele Gebinde (7 kg) sind das?
   c) Wie groß ist der Gesamtbedarf an Dispersionsfarbe in Liter?

9. In dem Wohnzimmer mit Erker (7.16) ist die Decke mit einem Vliesfaser Tab. 7.1 zu kleben, umlaufend ist ein NMC-Zierprofil anzubringen. Die Deckenfläche wird mit einem Acryllack, stark getönt, glänzend, beschichtet, die Profilleiste farbig abgesetzt.
   a) Erstellen Sie das Aufmaß für die Deckenfläche und die Profilleiste.
   b) Wie viele Bahnen müssen von der Rolle Vliesfaser geschnitten werden, wenn ohne Längenverschnitt gearbeitet wird?
   c) Wie groß ist der Bedarf an Dispersionskleber für die Deckenfläche bei einem Verbrauch von 280g/m²?
   d) Wie groß ist die zu bestellende Menge Acryllack in kg, bei einem Bedarf von 360 ml/m² für den Beschichtungsaufbau?
   e) Berechnen Sie den Bedarf an Zierprofil in m bei einer Verschnittzugabe von 5 %. Wie groß ist der Bedarf an Profilstangen a 2,00 m?
   f) Wie viele 500 g Kartuschen Kleber müssen vorgehalten werden, bei einem Verbrauch von 90 g/m Zierprofil?
   g) Wie viel l Dispersionsfarbe müssen für die Profilleiste gemischt werden, bei einem Verbrauch von 45 g/m?

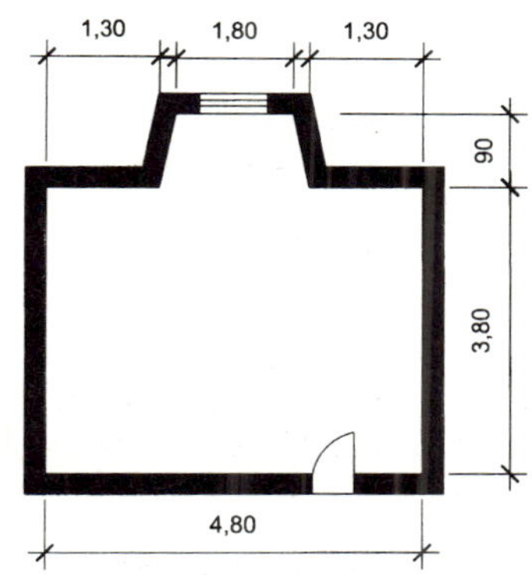

7.16 Wohnzimmer mit Erker

10. Die Decke im Erkerzimmer (7.17), soll mit einem superfeinen Glasgewebe tapeziert und mit einem Kunstharzlack, hochglänzend, farbig lackiert werden.
   a) Erstellen Sie das Aufmaß für die Deckenfläche.
   b) Wie groß ist der Bedarf an Glasgewebe in m bei einer Randzugabe für Verschnitt von 5 cm, Rollenbreite 1,00 m.
   c) Wie viel kg Kleber müssen bereitgestellt werden bei einem Bedarf von 260 g/m²?

d) Berechnen Sie den Bedarf an Lack und Verdünnungsmittel für die Beschichtung:
Materialverbrauch 220 ml/m² je Anstrich,
Grundbeschichtung 15 % verdünnt,
Zwischenbeschichtung 5 % verdünnt,
Schlussbeschichtung unverdünnt.

e) Ermitteln Sie den Materialpreis für einen m² und für die gesamte Deckenfläche.
Gewebe 2,95 €/m,
Dispersionskleber 3,25 €/m²,
Kunstharzlack 8,40 €/l,
Verdünnungsmittel 4,20 €/l.

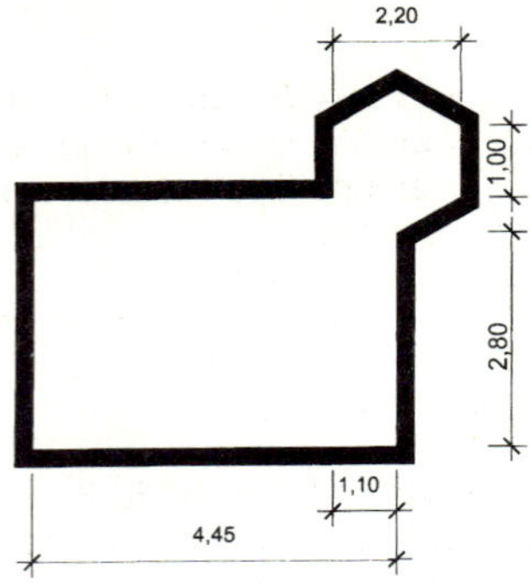

7.17 Erkerzimmer

7.5 Spanntechniken

Wandbespannungen mit textilen Stoffen, Leder und mit Lackfolien sehen elegant und dekorativ aus, mit ihnen lassen sich individuelle Gestaltungen ausführen. Die Verwendung von Unterlagstoffen aus Nessel, Filz oder Molton und Dämmstoffen wie Glasfasermatten und Schafwolle trägt deutlich zur Verbesserung der Wärmeisolierung bei.
Zwei Spanntechniken kommen zur Anwendung:
Verspannen auf Holzleisten. Hierbei werden die Holzleisten entlang der Ränder (Flächenbegrenzungen) durch Dübeln, Nageln oder Kleben befestigt. Auch um Öffnungen, Fenster und Türen werden die Holzleisten angebracht.
Verspannen mittels Spannschienen. Die Kunststoffleisten bestehen aus einem doppelten System, einer befestigten Grundschiene und der Spannschiene, die daran befestigt wird. Der Wandspannstoff kann hierbei schnell ausgewechselt werden.

> Beim Anbringen von Stoffbahnen ist darauf zu achten, dass die senkrechten Nähte absolut gerade sind.

Beispiel Die Wohnzimmerwand (**7**.18) ist mit Leinen zu bespannen, der Stoff liegt 1,20 m breit.
Zugabe zum Verspannen 0,15 m.
Nahtzugabe 0,02 m,
Unterlegstoff: Filz, 1,00 m breit.

a) Wie viel m sind für die Bespannung nötig?
b) Wie viel m Filz werden gebraucht?
c) Wie viel m Holzleisten werden gebraucht?

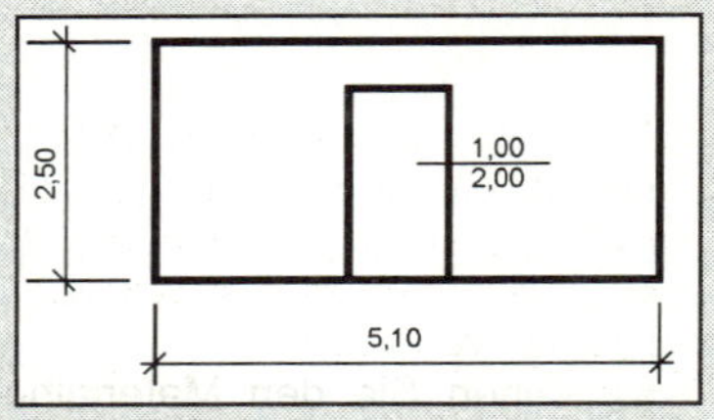

7.18 Wohnzimmerwand

a) Wandbreite = 5,10 m
Bahnenzahl = 5,10 : (1,20 − 0,02) = 4,32 = 5 Bahnen
Bahnenlänge = 2,50 m + 0,15 m = 2,65 m
Leinen = 5 · 2,65 m = **13,50 m**

b) **Filz** 5,10 m : 1,00 m = 6 Bahnen
6 Bahnen · 2,50 m = **15,00 m**

c) **Holzleisten**
(5,10 + 2,50) · 2 + 2 · 2,00 = **19,20 m**

Aufgaben

1. a) Wie viele m Spannstoff der Breite 1,40 m werden für die Wand (**7**.16) benötigt, wenn 10 % Verschnitt für einen kleinen Rapport hinzukommen?
   b) Wie viel m² Dämmplatten werden zum Hinterlegen zwischen den Holzleisten verarbeitet, wenn mit einem Verschnitt von 15 % gerechnet wird.

2. Wie viele m Damast, 1,20 m breit, Filz 1,00 m breit und Spannleisten werden für die Wandbespannung einer Dielenwand (**7**.19) benötigt?

3. In einem Café (**7**.20) wird zur Schalldämpfung eine Uni-Satin-Wandbespannung (kein Rapport) angebracht. Stoffbreite 2,40 m, Verspannung auf Holzleisten, Unterlage 1 cm dicker Filz, 1,00 m breit.
   a) Ermitteln Sie den Bedarf an Satinstoff, einschließlich Verschnitt.
   b) Wie viel m Filzunterlage sind nötig?
   c) Wie viel m Holzleisten sind für die Randbespannung der Wand und umlaufend an den Fenstern nötig? Wie viel 3,60 m Latten müssen bei 5 % Verschnitt bereitgestellt werden?

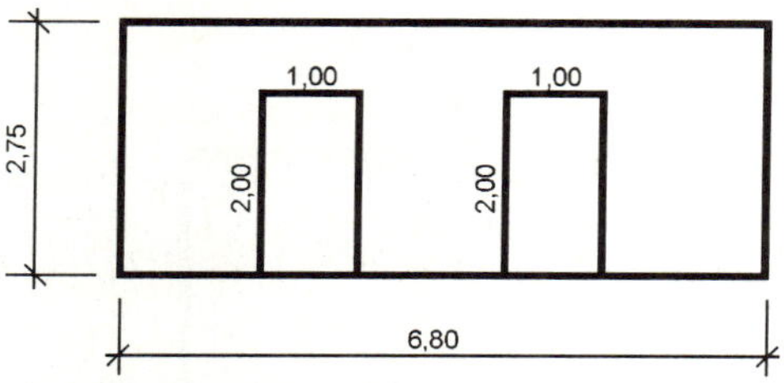

7.19 Dielenwand

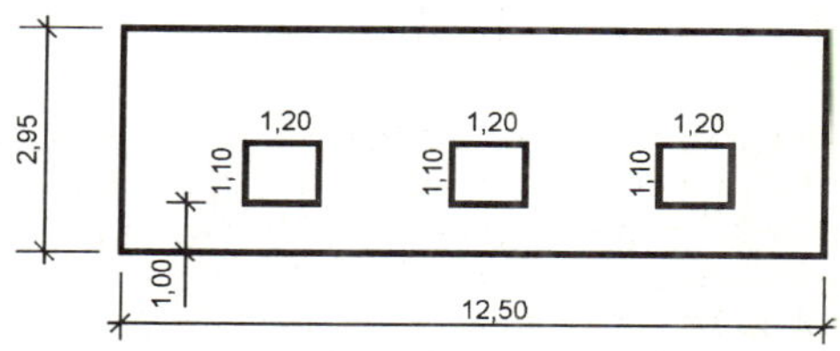

7.20 Café

Bei der Bespannung von einzelnen Wänden bzw. ganzen Räumen mit gemusterten Stoffen ist jede Wand einzeln zu berechnen. Gegenüberliegende Wände haben gegenüberliegende Stöße. Wenn möglich ist mit einer Bahn in der Mitte zu beginnen und von dort nach beiden Seiten zu bespannen.

4. Ein Besprechungsraum (**7**.21) soll allseitig eine Wandbespannung aus Leinen 1,20 m Breite, Zuschlag für Rapport 24 cm, erhalten. Als Unterlage ist Nessel 1,40 m breit, gewählt worden.
   Berechnen Sie den Materialbedarf für Leinen, Nessel und Leisten.
   Brüstungshöhe 1,20 m.

5. Der Konferenzraum (**7**.22) wird mit Leinen und einer Dämmstoffunterlage bespannt.
   Raumhöhe 2,65 m.
   a) Berechnen Sie den Bedarf an Leisten.
   b) Ermitteln Sie den Bedarf an Dämmstoffbahnen (1,00 m breit).
   c) Wie viele m Spannstoff werden benötigt bei einer Stoffbreite von 1,50 m.

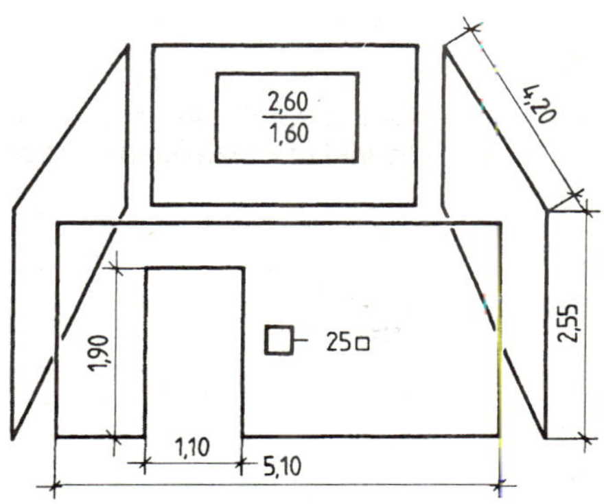

7.21 Besprechungsraum

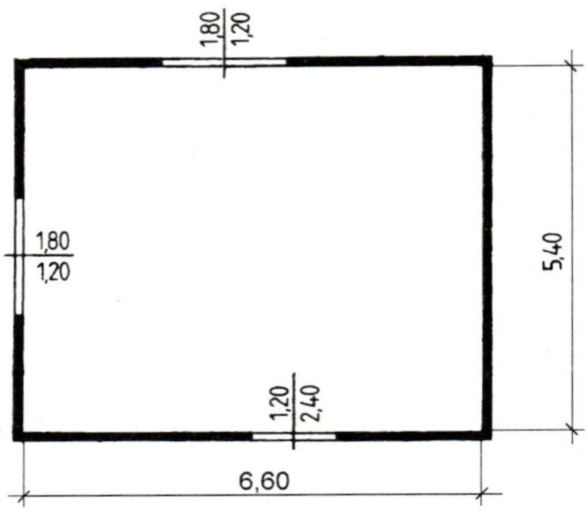

7.22 Konferenzraum

6. Der Raum (**7**.23) ist mit Damast zu bespannen. An der Fensterseite werden nur die kurzen Wandteile links und rechts neben dem Fenster verspannt, Leisten werden raumhoch gesetzt. Raumhöhe 2,60 m, 4 Schalter-Steckdosen je 0,40 m · 0,10 m, 5 Steckdosen 0,10 m · 0,10 m, Unterlagstoff Molton 1,20 m breit.

   a) Berechnen Sie den Bedarf an Leisten.
   b) Wie viele m Unterlagstoff sind nötig?
   c) Wie viele m Damast sind zu bestellen?

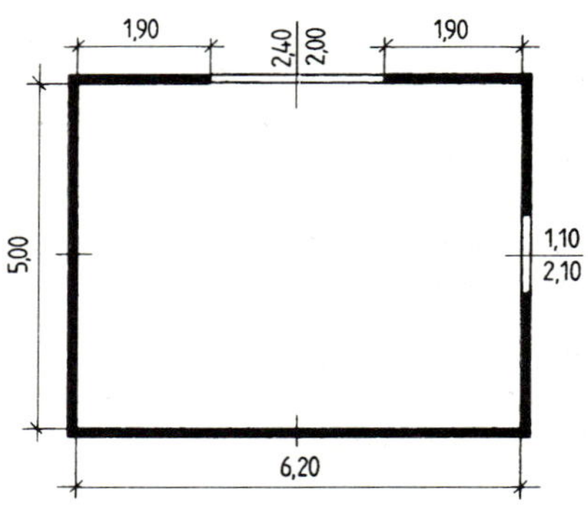

7.23 Raum

7. In einem Raum 5,35 m · 4,96 m soll die Deckenfläche mit einem Leinen bespannt werden. Die Befestigung erfolgt mit speziellen Spannschienen. Zur Dämpfung des Schalls soll darunter ein Filzbelag geklebt werden.

   Berechnen Sie den Bedarf einschließlich Verschnitt an:

   a) Leinen, Breite 2,40 m,
   b) Filz, Breite 1,20 m,
   c) Spannleisten (5 % Verschnitt),
   d) Kleber für den Filzbelag 320 g/m².

8. Das Hotelzimmer (**7**.24) soll eine Uni-Satin-Wandbekleidung, 1,20 m Breite, erhalten.

   Berechnen Sie den Stoffbedarf in m. Raumhöhe 2,67 m.

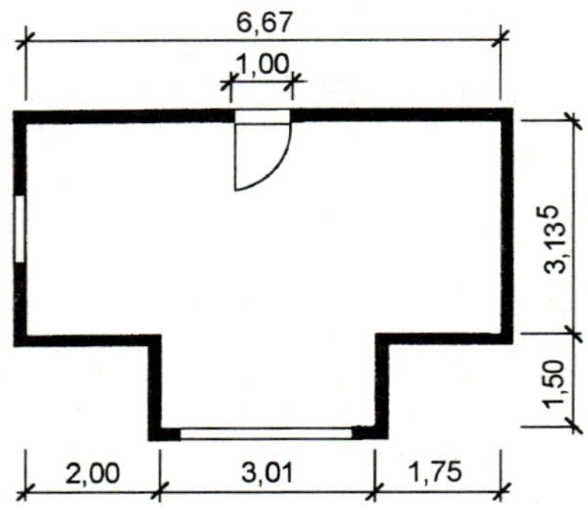

7.24 Hotelzimmer

9. In einem Konferenzraum 6,40 m · 4,96 m, soll an der Decke umlaufend ein 0,90 m breiter Deckenfries mit einem Dekostoff, Breite 1,20 m, bespannt werden. Als Unterlagstoff wird Nessel, 1,20 m breit, verwendet.
   Die Befestigung erfolgt mit Spannschienen.

   a) Wie viele m Dekostoff wird benötigt?
   b) Berechnen Sie die Spannschienen in m und die Anzahl der 3,00 m langen Schienen.
   c) Ermitteln Sie die gesamten Materialkosten einschließlich der Mehrwertsteuer:
      Spannschienen 7,60 €/m,
      Nessel 4,80 €/m,
      Dekostoff 14,80 €/m.

8 Bodenbeläge

Bodenbelagarbeiten mit unterschiedlichen Belagarten werden auch vom Maler- und Lackiererhandwerk ausgeführt. Zur Berechnung kommen dabei Verlegearbeiten mit Belägen in Form von Bahnenware und Fliesen. Das Anbringen und Bekleben von Sockelleisten fällt ebenso darunter wie das Vorbereiten der Böden durch Vorstriche, Spachtel- und Ausgleichsmassen.
Für diese Arbeiten gilt VOB Teil C: Allgemeine Technische Vertragsbedingungen für Bauleistungen (ATV) DIN 18 365 "Bodenbelagarbeiten".

Zu den Bodenbelagstoffen gehören die elastischen Beläge, z.B. Linoleum, PVC-Beläge (Polyvinylchlorid), Elastomer-Beläge, Gummibeläge, Textile Bodenbeläge, Kork-Beläge, Laminat- und Fertigparkettböden. Die Hersteller liefern die Beläge in verschiedenen standardisierten Abmessungen und Dicken sowie in Sonderanfertigungen (Tabelle **8**.1).
Nach der DIN 18 365 (Abschnitt 3) sind bei der Ausführung von Belagarbeiten verschiedene Vorgaben zu berücksichtigen. Sie wirken sich auf die Verlegung und damit den Materialverbrauch aus.

Auszugsweise einige Angaben zur Ausführung:

> Die Verlegerichtung des Bodenbelages bleibt dem Auftragnehmer überlassen.
> Kopfnähte sind nur bei Bahnenlängen über 5,00 m zulässig.
> Bahnen, die auf Türöffnungen zulaufen, müssen so verlegt werden, dass diese Flächenbereiche überdeckt werden; solche Bodenflächen dürfen nicht mit Streifen belegt werden. Bodenflächen, auf die Bahnen nicht zulaufen, dürfen mit Streifen belegt werden.
> Kunststoffbeläge sind unverschweißt zu verlegen.
> Linoleumbeläge sind unverfugt zu verlegen.
> Textile Bodenbeläge sind an den Kanten zu schneiden und stumpf zu stoßen.
> Sockel- und Deckleisten aus Holz und Hart-PVC sind materialentsprechend zu befestigen und an den Ecken und Stößen auf Gehrung zu schneiden.
> Sockel- und Deckleisten aus flexiblem Material sind durch Kleben oder Nageln dauerhaft zu befestigen.

Für die Abrechnung nach VOB DIN 18 365, Abschnitt 5 gilt:

Der Ermittlung der Leistung, gleichgültig, ob sie nach Zeichnung oder nach Aufmaß erfolgt, sind bei Bodenbelägen, Unterlagen und Schutzabdeckungen zugrunde zu legen:

> Auf Flächen mit begrenzenden Bauteilen die Maße der zu belegenden Flächen bis zu den begrenzenden, ungeputzten bzw. nicht bekleideten Bauteilen,
> auf Flächen ohne begrenzende Bauteile deren Maße,
> auf Flächen von Stufen und Schwellen deren größte Maße.

Bei der Ermittlung des Längenmaßes wird die größte Bauteillänge gemessen.

Es werden abgezogen:

> Bei Abrechnung nach Flächenmaß (m^2):
Aussparungen über 0,10 m^2 Einzelgröße, z.B. für Öffnungen, Pfeiler, Rohrdurchführungen.

> Bei Abrechnung nach Längenmaß (m):
Unterbrechungen über 1,00 m Einzellänge.

Tabelle 8.1 Liefermaße und Verlegeflächen (Beispiele)

Belagart	Rollenmaß Länge	Breite	Verlegefläche je Rolle oder Karton
Elastische Beläge			
Bahnenware			
Linoleum	30,00 m	2,00 m	60,00 m²
PVC-Belag homogen	20,00 m	1,80 m	36,00 m²
	20,00 m	2,00 m	40,00 m²
PVC-Verbundbelag	20,00 m	1,80 m	36,00 m²
PVC-Schaumbelag	20,00 m	2,00 m	40,00 m²
	25,00 m	3,00 m	75,00 m²
	24,00 m	4,00 m	96,00 m²
CV-Belag	40,00 m	2,00 m	80,00 m²
	30,00 m	3,00 m	90,00 m²
PVC-Fliesen	50 cm	50 cm	0,25 m² je Platte
Textilbeläge			
Bahnenware			
Verlours	25,00 m	4,00 m	100,00 m²
Schlingenware (Tuftingbelag)	20,00 m	3,00 m	60,00 m²
	20,00 m	4,00 m	80,00 m²
	25,00 m	5,00 m	125,00 m²
Nadelfilz	30,00 m	2,00 m	60,00 m²
	30,00 m	4,00 m	120,00 m²
Tretford (Ziege/Wolle)	20,00 m	2,00 m	40,00 m²
Kunstrasen	25,00 m	1,30 m	32,50 m²
	25,00 m	2,00	50,00 m²
Teppichfliesen			
Velours, Schlinge, Nadelfilz	50 cm	50 cm	0,25 m² je Platte

8.1 Elastische Beläge – Bahnenware

VOB. „Die Verlegerichtung des Bodenbelags bleibt dem Auftragnehmer überlassen. Kopfnähte sind nur bei Bahnenlängen über 5,00 m zulässig. Bahnen mit Rapport sind mustergleich zu verlegen.

Bahnen, die auf Türöffnungen, Nischen und dergleichen zulaufen, müssen so verlegt werden, dass diese Flächenbereiche überdeckt werden.
Bodenflächen dürfen nicht mit Streifen belegt werden.

Diese Regelungen der VOB beeinflussen je nach räumlichen Gegebenheiten den Bedarf an Belägen und damit auch den Verschnitt.

Beispiel 1 Die Bahnen laufen in Richtung auf die Hauptfensterwand (**8**.2).
Zugabe für sauberen Beschnitt 0,05 m.

Bahn 1	2,00 m ·	(4,30 m + 0,05 m)	=	8,70 m²
Bahn 2	2,00 m ·	(4,30 m + 0,25 m + 0,05 m)	=	9,20 m²
Bahn 3	2,00 m ·	(4,30 m + 0,25 m · 2 + 0,05 m)	=	9,70 m²
Bahn 4	1,05 m ·	(4,30 m + 0,05 m)	=	4,57 m²
			=	**32,17 m²**

Die auf die Tür- bzw. Fensternischen zulaufenden Bahnen müssen durchgehend bis in die Nischen gelegt werden, also keine Streifen einlegen.

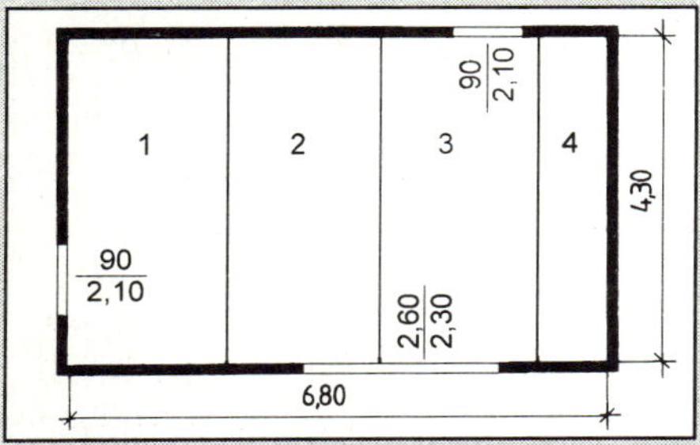

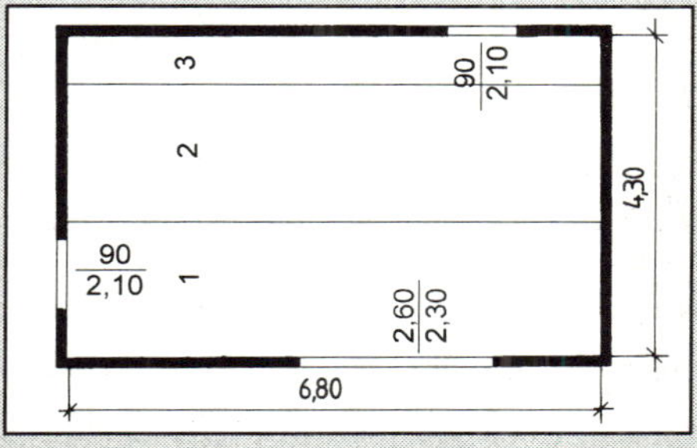

Heizkörpernische und Türfutter je 0,25 m

8.2 Bahnenverlegung quer zur Fensterwand

8.3 Bahnenverlegung parallel zur Fensterwand

Beispiel 2 Die Bahnen laufen parallel zur Fensterwand (**8**.3)
Zugabe für sauberen Beschnitt 0,05 m.

Bahn 1	2,00 m ·	(6,80 m + 0,25 m + 0,05 m)	=	14,20 m²
Bahn 2	2,00 m ·	(6,80 m + 0,05 m)	=	13,70 m²
Bahn 3	0,80 m ·	(6,80 m + 0,05 m)	=	5,48 m²
				33,38 m²

Der Verbrauch an Bahnenware liegt beim Beispiel 2 um **1,21 m²** höher als beim Beispiel 1.

Zum sauberen Beschneiden von Belägen sind an den angrenzenden Bauteilen (Wänden), bei Öffnungen (Türen, Durchgänge) und Stößen (Überlappung) mindestens 5 cm Zugabe vorzusehen.

Aufgaben

1. Der Raum (**8**.4) ist mit PVC-Belag auszulegen. Bahnenbreite 1,80 m.

   a) Wie viel Bahnen welcher Länge und Breite werden gebraucht?
   b) Wie viel m² beträgt der Verschnitt?

   Formel: Belagbedarf in m²
   − Flächeninhalt
   = Verschnitt in m²

   c) Wie viel Prozent beträgt der Verschnitt (Belagbedarf = 100 %).

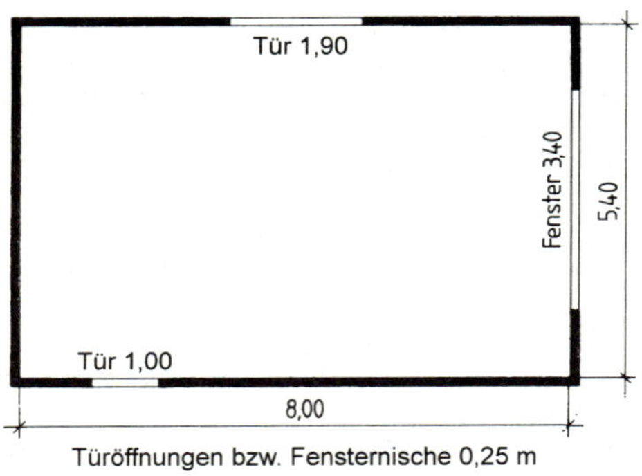

8.4 Raum mit PVC-Belag

2. Für die Verklebung des PVC-Belages in Raum (**8**.4) werden 275 g/m² Dispersionskleber benötigt. Wie viel kg Kleber ist für die Verklebung erforderlich?

3. Im Raum (**8**.5) ist vor der Belegung der alte, verklebte Bodenbelag zu entfernen und zu entsorgen, Preis 8,60 €/m². Für die Reinigung des Unterbodens werden 4,50 €/m² und für den Vorstrich 3,60 €/m² angesetzt. Wie hoch sind die Kosten für die gesamten Vorarbeiten?

4. Berechnen Sie den CV-Belag für den Raum (**8**.5), Breite 3,00 m.

   a) Wie viel m von der 30,00 m Rolle werden benötigt
   b) Wie viel m² sind das?
   c) Wie hoch ist der Verschnitt in m² und in %?

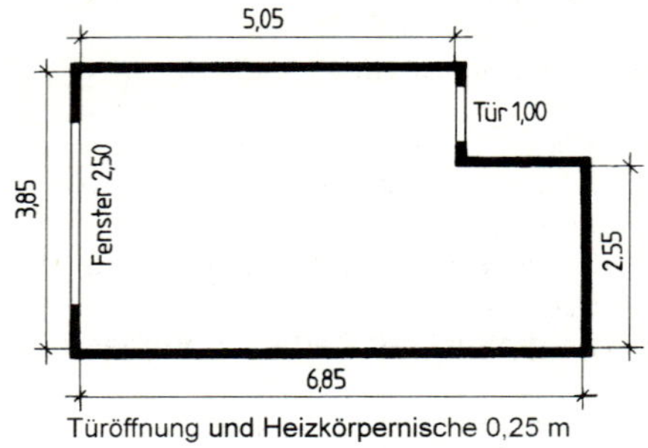

8.5 Raum mit CV–Belag

5. Ein Ausstellungsraum (**8**.6) mit 4 Nischen und 4 Durchgängen ist mit Linoleum auszulegen. Die Bahnen laufen auf den großen Durchgang zu.

   a) Wie viel m² werden einschließlich Zugabe benötigt. Die Nischen und Durchgänge haben alle mehr als 0,10 m² und werden hinzugerechnet. Um den Verschnitt zu ermitteln, zieht man alle Vorsprünge von der Gesamtfläche ab.

   Ansatz für Abzug der Vorsprünge:
   (1,35 · 2 + 0,35 · 2 + 0,36 · 2 + 0,58 · 3) · 0,20

   b) Berechnen Sie nach dem Ansatz den Verschnitt in m², Bahnenbreite 2,00 m.

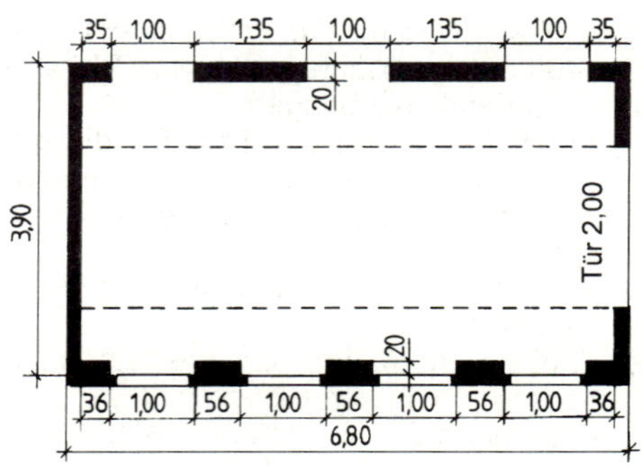

8.6 Raum mit mehreren Nischen

6. Ein Empfangszimmer (**8**.7) soll einen Linoleumbelag Tab. **8**.1 erhalten. Umlaufend ist eine Sockelleiste aus Holz anzubringen.
Heizkörpernische 0,12 m,
Kleberverbrauch 425 g/m².

a) Berechnen Sie den Linoleumbedarf.
b) Wie viel m Linoleum von der Rolle werden benötigt?
c) Wie viele Fußleisten, Länge 2,50 m, sind nötig?
d) Wie groß ist der Bedarf an Kleber in kg?

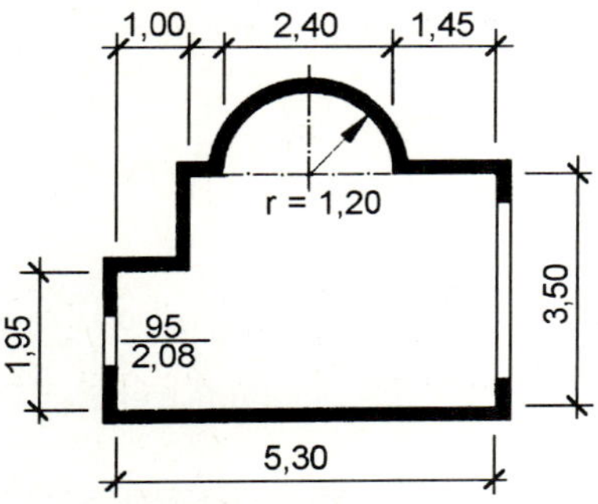

8.7 Empfangszimmer

7. Ein Übungsraum 8,40 m · 6,20 m, ist mit einem PVC-Verbundbelag auszulegen. In der Raummitte ist eine Kreisfläche ∅ 2,80 m mit einem PVC-Schaumbelag einzulegen.

a) Berechnen Sie den Bedarf der beiden PVC-Beläge. Ermitteln Sie aus Tab. **8**.1 die günstigste Bahnenbreite mit dem geringsten Verschnitt.
b) Berechnen Sie die Länge der Schweißnaht um die Kreisfläche.

8. Der Raum (**8**.8) ist mit einem PVC-Schaumbelag auszulegen. Eine PVC-Leiste ist umlaufend anzubringen.
a) Ermitteln Sie aus der Tab. **8**.1 die günstigste Belagbreite, die Verlegerichtung ist freigestellt. Berechnen Sie den Belagbedarf
b) Wie viel m Fußleisten müssen angebracht werden?
c) Wie viel kg Kleber wird bei einem Verbrauch von 320 g/m² benötigt?
d) Berechnen Sie die Materialkosten:
PVC-Belag 12,25 €/m,
PVC-Leiste 6,40 €/m,
Kleber 8,80 €/kg.

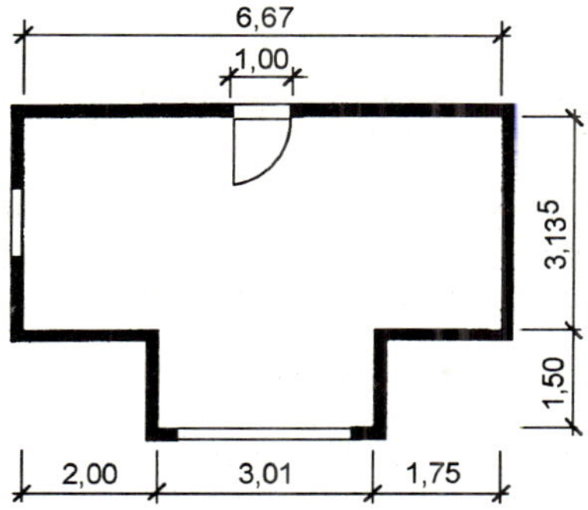

8.8 Raum

9. Bei einer alte Holztreppe sollen die Stufen und Stoßtritte mit Linoleum belegt werden. An jeder Stufe sind PVC-Treppenkanten anzukleben.
12 Auftritte 0,88 m · 0,32 m,
12 Stoßtritte 0,88 m · 0,19 m,
Rollenbreite Linoleum 2,00 m,
Verbrauch an Linoleumkleber 480 g/m².
Berechnen Sie:
a) den Belag für die Stufen in m²,
b) den Rollenbedarf in m bei günstigster Ausnutzung,
c) die Treppenkanten in m bei 3% Verschnitt,
d) den Kleberverbrauch für das Linoleum.

10. In einem Computerraum (**8**.9) ist ein CV-Belag verlegt worden, die Stöße wurden verschweißt. Die Verlegung erfolgte in der Eintrittsrichtung. Umlaufend wurde eine PVC-Leiste verklebt.
a) Ermitteln Sie die Anzahl der Bahnen und die jeweiligen Längen (einschl. Verschnittzugabe umlaufend 5 cm).
b) Erstellen Sie das Aufmaß für die Verlegearbeiten und das Anbringen der Leiste.

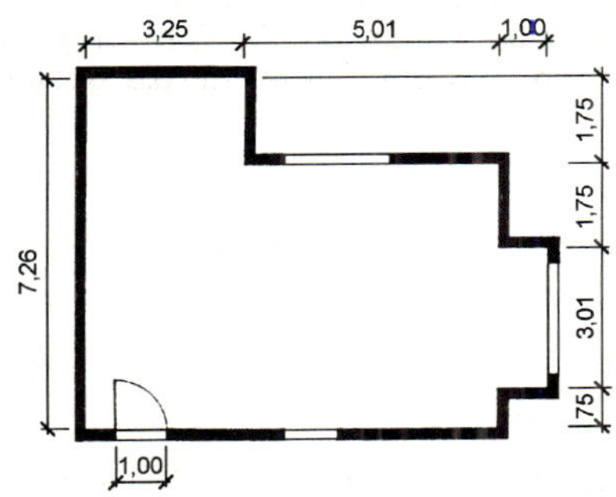

8.9 Computerraum

11. Der Fußboden (**8**.10) ist mit PVC-Bahnenware auszulegen, Bahnenbreite 1,50 m. Die Säule in der Mitte wird ausgespart.
   a) Ermitteln Sie die Bahnenmaße und die Anzahl der Bahnen einschließlich Verschnittzugabe von 0,05 m.
   b) Wie viel m² sind zu verlegen?
   c) Wie viel % beträgt der Verschnitt?
   d) Wie viele m Sockelleisten sind anzubringen?
   e) Wie viele m Sockelleiste bleiben übrig bei einer Lieferlänge von 4,00 m?

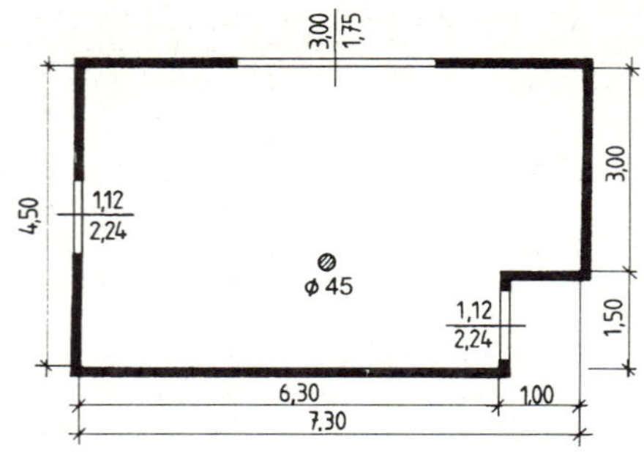

8.10 Raum mit Säule

8.2 Textilbeläge – Bahnenware

Textilbeläge sind Unifarben oder haben ein Muster bzw. Design und dadurch einen Rapport. Wie bei Tapeten gibt es auch hier ansatzfreie Beläge und Beläge mit Musteransatz. Bei Belägen mit Rapport kann es zu größerem Verschnitt kommen, der bei der Ermittlung des Materialbedarfs berücksichtigt werden muss.

Bei Textilbelägen ist darauf zu achten, dass alle Bahnen des Raumes die gleiche Anfertigungsnummer haben und in gleicher Fabrikationsrichtung (Laufrichtung) verlegt werden. Bei einigen Belägen ist die Laufrichtung mit einem Pfeil auf der Rückseite des Belags markiert.

Zum sauberen Beschneiden von Belägen sind an den angrenzenden Bauteilen (Wänden), bei Öffnungen (Türen, Durchgänge) und Stößen (Überlappungen) mindestens 5 cm Zugabe vorzusehen.

Befestigung
Bei der Bedarfsrechnung ist die Befestigungsart mit zu berücksichtigen. Dabei wird unterschieden:

Vollflächiges Verkleben. Der Bodenbelag muss an jeder Stelle des Raumes fest mit dem Untergrund verbunden sein.

Befestigung auf doppelseitigem Klebeband. Das Klebeband wird in Wandnähe am Untergrund angeklebt (Raumumfang = Klebebandbedarf). Möglich ist auch die Anlage des Klebebandes im Nahtbereich.

Ankleben mit doppelseitig selbstklebendem Vlies oder Netz. Vollflächiges Auslegen des Untergrundes z. B. auf alten Teppichböden, Parkett. Darauf erfolgt das Verlegen des Belages.

Vollflächiges Fixieren des Belages durch eine aufgebrachte (Rollen, Streichen), Emulsion. Hierbei handelt es sich um einen leichten Hafteffekt, der Belag kann nicht verrutschen. Er kann jedoch jederzeit wieder aufgenommen und das Haftmittel abgewaschen werden.

Verspannen auf Nagelleiste. Nagelleisten werden im Randbereich der zu belegenden Fläche angebracht. Der Höhenausgleich erfolgt durch eine Zwischenlage aus z. B. Filz. Der Filzbelag liegt innerhalb der Nagelleisten, er wird lose verlegt, d. h. nicht an der Nagelleiste befestigt.
Darauf wird der Belag gelegt, in die Nagelleisten eingehängt und ausgespannt. So befestigte Beläge können jederzeit wieder leicht entfernt werden.

Die Berechnung des Belagbedarfs bei ansatzfreien textilen Belägen erfolgt wie bei elastischen Belägen. Ausgenommen ist das Verlegen im Spannverfahren, hierbei ist eine Materialzugabe von 10 cm nötig.

Die Verlegung von Uni-Textilbelägen erfolgt wie die Verlegung der elastischen Beläge. Liegt die Raumbreite unter der Rollenbreite, so wird das Raummaß plus 5 cm Verschnittzugabe bestellt. Ist die Raumbreite breiter als die Rollenbreite, müssen Bahnen verlegt werden, hierbei ist eine Nahtzugabe (bei Doppelschnitt) zu berücksichtigen.

Beispiel 1 **Raummaße 6,10 m · 4,60 m** **Rollenbreite 5,00 m**
Länge 6,10 m + 2 · 0,05 m = 6,20 m
Breite 4,60 m + 2 · 0,05 m = 4,70 m

Bestellmaße 6,20 m · 4,70 m

Beispiel 2 **Raummaße 6,10 m · 4,60 m** **Rollenbreite 4,00 m**
Länge 6,10 m + 2 · 0,05 m = 6,20 m
Breite 4,00 m + (0,60 m + 2 · 0,05 m + 0,10 m) = 4,80 m

Bestellmaße 1 Bahn 6,20 m · 4,00 m + 1 Bahn 6,20 m · 0,80 m

Bei der Verlegung von Textilbelägen mit Musterversatz nach Raummaß erfolgt die Materialbestellung wie in Beispiel 1 gezeigt. Erfolgt die Verlegung in Bahnen, ist die Rapporthöhe zu berücksichtigen. Die jeweilige Rapporthöhe ist auf den Teppichmustern bzw. den Preislisten angegeben. Da hier mit mehr Verschnitt zu rechnen ist, muss dies bei der Preiskalkulation berücksichtigt werden.

Aufgaben

1. Der Fußboden (**8**.11), soll mit einem Tufting-Velours, 4,00 m Bahnenbreite, belegt werden.
   a) Wie viele Bahnen welcher Abmessungen werden benötigt, bei einer Verlegung in Längsrichtung und in Querrichtung?
   b) Berechnen Sie den Bedarf in m² bei der Verlegung auf die Fenster- bzw. Erkerwand hin.
   Der Erkerboden wird mit ausgelegt, Tür- und Heizkörpernischen sind nicht zu berücksichtigen.
   c) Berechnen Sie den Verschnitt in m² und in Prozent vom Gesamtbedarf.

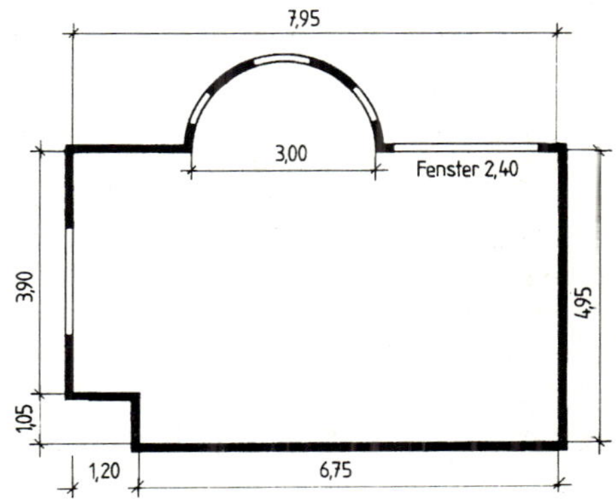

8.11 Raum mit halbrundem Erker

2. Im Eingangsbereich von einem Kaufhaus soll halbkreisförmig ein Nadelfilzbelag verlegt werden. Durchmesser 5,40 m, mögliche Belagbreiten 2,00 m und 4,00 m.
   a) Wie groß ist die Belagfläche?
   b) Berechnen Sie den jeweiligen Verschnitt bei 2,00 m und 4,00 m Belagbreite.

3. In einer Hotelhalle sollen 4 Säulen, Durchmesser 0,40 m mit einem Velours-Teppichbelag beklebt werden. Belagbreite 4,00 m, Raumhöhe 3,35 m.
   a) Wie viel m² beträgt die Belagfläche?
   b) Wie viel m Teppichbelag muss bereitgestellt werden?

4. Der Fußboden (**8**.12), soll mit einer gemusterten Schlingenware, Rapport 0,50 m ausgelegt werden. Zugabe 0,05 m. Es soll in der Richtung verlegt werden, bei der am wenigsten Verschnitt entsteht.
   a) Ermitteln Sie den Bedarf in m² entsprechend der beiden Verlegerichtungen (**8**.2 und **8**.3, S. 155).
   b) Stellen Sie den jeweiligen Verschnitt (m²) fest und entscheiden Sie, in welcher Richtung sie verlegen.

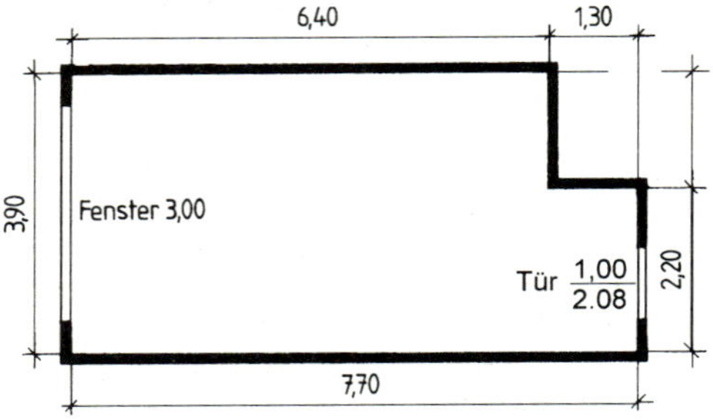

8.12 Suchen der günstigsten Lösung

5. Der Fußboden (**8**.13) soll mit einer 4,00 m breiten Schlingenware nach Tab. **8**.1 im Spannverfahren auf einer Filzunterlage (1,00 m breit) belegt werden. Verspannt wird auf Nagelleisten, die rundum (auch in Nischen) zu setzten sind. An Türen wird eine Abschlussleiste gesetzt. Der Belag wird zur Unterlage im rechten Winkel verlegt.
   a) Berechnen Sie den m² Bedarf an Filzunterlagen und Belag.
   b) Wie viel m Nagelleiste und Abschlussschiene werden verarbeitet?
   c) Wie groß ist der Verschnitt an Bodenbelag in m²?

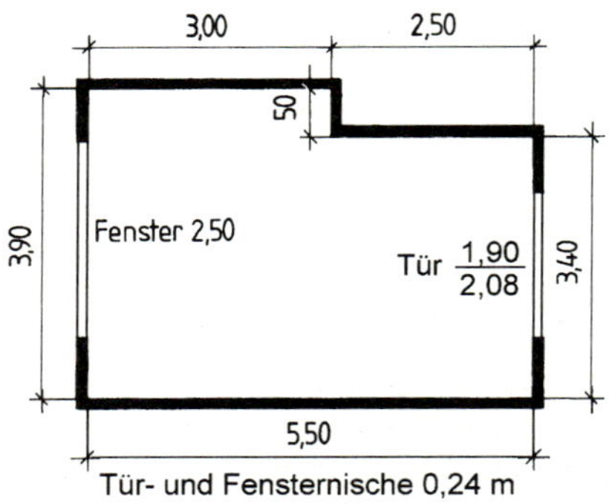

8.13 Verlegen im Spannverfahren, Zugabe 0,10 m

6. Der Fußboden (**8**.14) wird mit einem 4,00 m breiten Tuftingbelag ausgelegt. Verlegerichtung zur Hauptfensterwand hin.
   a) Ermitteln Sie die Anzahl der Bahnen.
   b) Wie groß ist die auszulegende Fläche.
   c) Wie viel Prozent macht der Verschnitt aus?

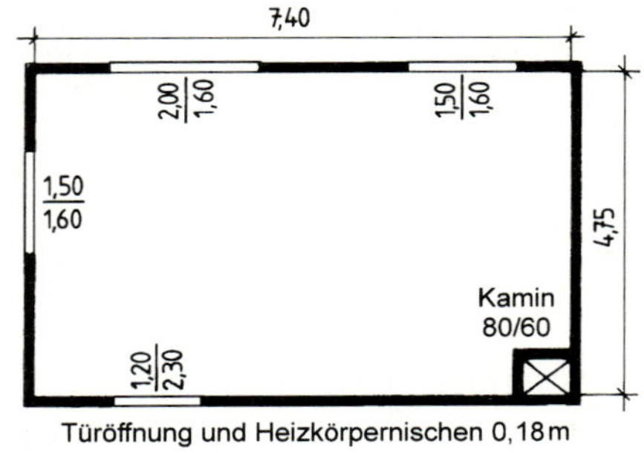

8.14 Raum mit Kamin

7. Die 12 Stufen einer freitragenden Treppe (**8**.15) sollen mit Textilbelag belegt werden. Die Stufen werden einzeln rundum beklebt. Vorher sind die Auftritte und Vorderkanten mit Filzunterlage zu belegen. Stufenlänge 1,20 m.
   a) Wie viel m² Filzunterlage sind notwendig?
   b) Berechnen Sie den Bedarf an Textilbelag in m².

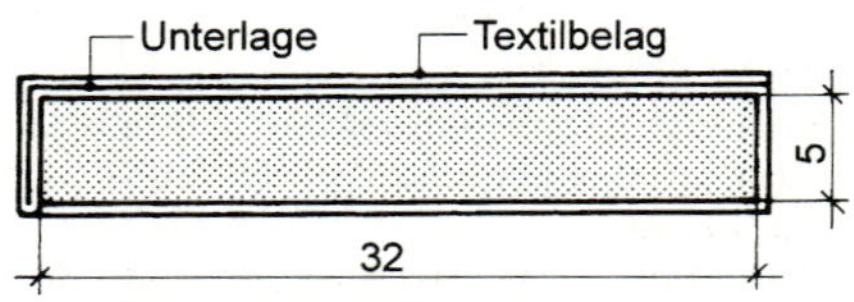

8.15 Freitragende Treppe

8. Der Modesalon (**8**.16) ist einschließlich Kabinen und Durchgangstiefe (0,26 m) mit einem 4,00 m breiten Veloursbelag auszustatten. An der rechten Wand ist ein 0,25 m hohes Podest, dessen Vorderfront und Boden ebenfalls bespannt werden.
   a) Stellen Sie den Ansatz für die Verlegefläche auf.
   b) Wie viel m² Veloursbelag brauchen Sie einschließlich 5 % Verschnitt?
   c) Der Belag kostet 36,60 €/m². Wie viel ist für den gesamten Belag zu zahlen?
   d) Rundum und in den Kabinen sind 10 cm hohe Sockelleisten zu setzen. Wie viel m bestellen Sie?

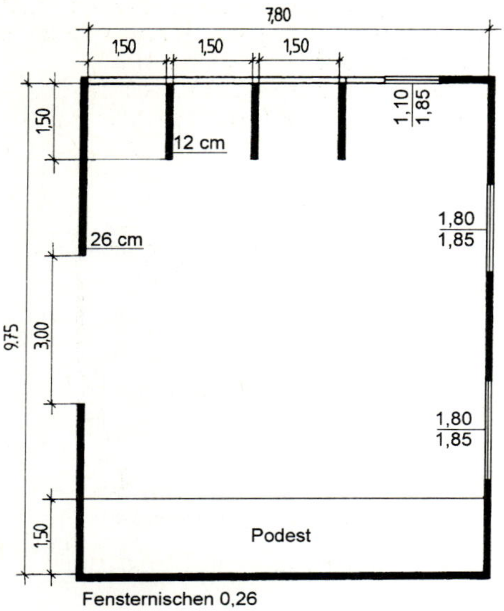

8.16 Modesalon

9. Das Erkerzimmer (**8**.17) wird mit Schlingenware ausgelegt. Die Befestigung erfolgt durch ein umlaufendes Doppelklebeband. Als Wandabschluss ist eine selbstklebende Teppichsockelleiste anzubringen.
   a) Wie viel m Belag werden benötigt, bei einer Rollenbreite von 5,00 m? Höhe der Sockelleiste 6 cm.
   b) Wie viele Rollen Klebeband sind zu bestellen bei einer Rollenlänge von 10,00 m?
   c) Berechnen Sie den Bedarf an Sockelleisten in m und die Anzahl der Stangen (Verpackung) je 5,15 m.

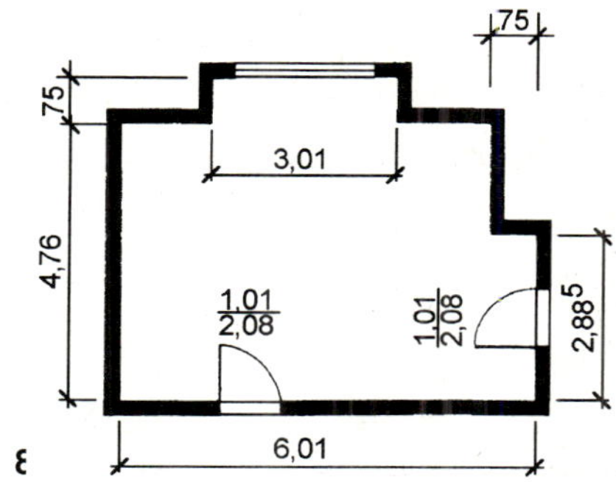

10. Ein Wohn-Esszimmer (**8**.18) soll einen hochwertigen Tufting-Belag erhalten. Zur Verbesserung der Trittschalldämmung ist eine Latexschaumunterlage zu verlegen.
    a) Berechnen Sie die zu belegende Fläche.
    b) Wie viel m Belag benötigen Sie bei einer Rollenbreite von 3,00 m und der günstigsten Verlegerichtung?
    c) Die Unterlage hat die Maße 2,40 m · 20,00 m. Wie viele m müssen bei sparsamer Verlegung von der Rolle geschnitten werden?

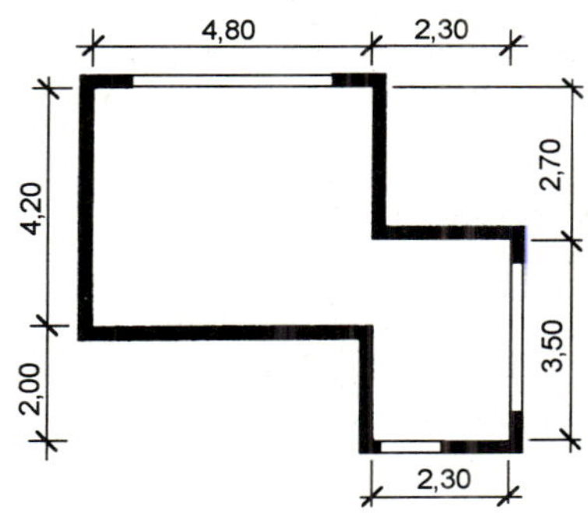

8.18 Wohn-Esszimmer

8.3 Elastische und textile Fliesenbeläge

Neben den in Tabellen **8**.1 aufgeführten Abmessungen sind noch andere Formate üblich, z. B. 25 cm · 25 cm, 40 cm · 40 cm.

Zur Ermittlung der Stückzahl für bestimmte m²-Größen gibt es auch Tabellen (z.B. "Parkett- und Bodenleger-Taschenbuch"). Häufig geht die Fliesenzahl mit den Raummaßen nicht auf. Die dabei entstehenden Ränder aus Restfliesen müssen so gelegt werden, dass die gegenüberliegenden Randstreifen gleichbreit sind. Auch kann ein Fries mit anderen Fliesen gebildet werden.

Der Fliesenbedarf hängt ab

> von Raumgröße und -grundriss (z.B. Vorsprünge, Nischen),
> von der Verlegeart (Parallel- oder Schrägverlegung nach **8**.19),
> vom Verlegen in einer oder mehreren Farben bzw. Mustern,
> von der Flächengliederung oder Musterlegung,
> von der Einfassung in einer anderen Farbe oder in einem anderen Muster.

8.19 Verlegearten

Parallelverlegung
Fliesenkanten laufen mit den Wänden parallel, Verlegebeginn auf einem Schnurkreuz in der Bodenmitte (**8**.22).

Schrägverlegung
Fliesenkanten laufen schräg zu den Wänden.

Diagonalverlegung
Fliesenkanten laufen parallel zu den Diagonalen des Bodens.

Parallelverlegung. Auf dem Verlegeplan (**8**.20) ist zunächst die Probe mit Fliesen 30 cm · 30 cm (gestrichelt) gemacht worden. Sie liegen zwischen den Türöffnungen nicht symmetrisch. Die 25er Fliesen sind zu bevorzugen, weil sie an allen drei Türen symmetrisch liegen.

Beim Berechnen des Fliesenbedarfs und beim Ermitteln der optischen Wirkung hilft ein maßstäblicher Verlegeplan.

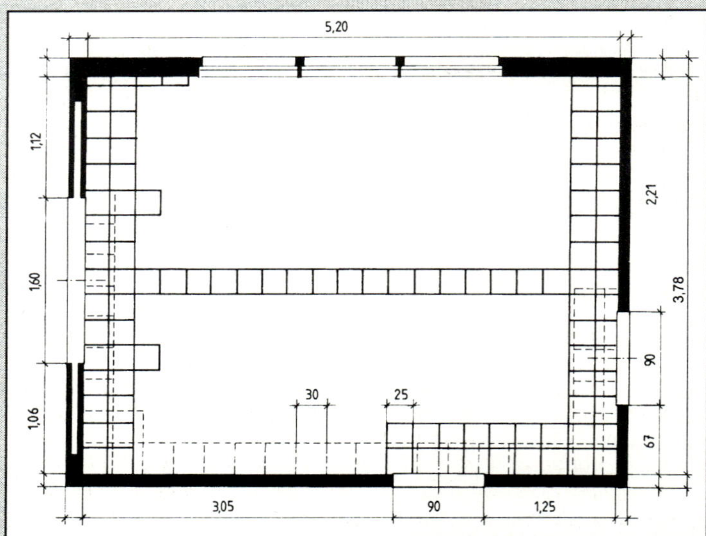

8.20 Auswahl der Fliesengröße und Einteilung bei Wand-zu-Wand-Verlegung

Aufgaben

1. Der Fußboden (**8**.21) ist mit Fliesen in einer Farbe, Größe 40 cm · 40 cm zu belegen. In der Mitte der Längswand liegt genau eine Fliesenmitte.
   a) Wie viele Fliesen werden benötigt?
   b) Wie groß ist der Verbrauch an Kleber in kg bei einem Verbrauch von 300 g/m²?

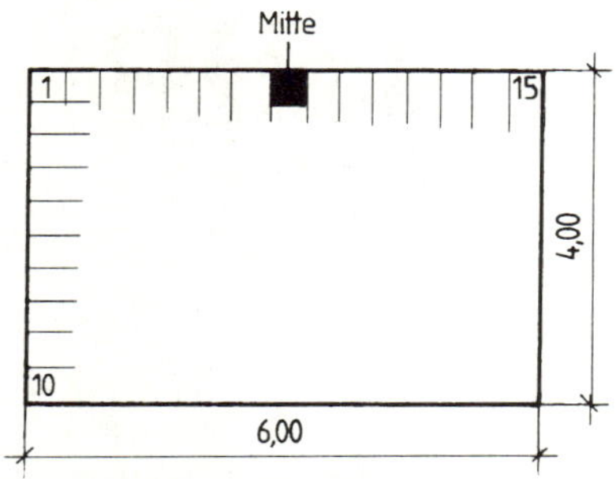

8.21 Fliesenbedarf ohne Reste

2. Der Fußboden (**8**.22) soll mit Fliesen, Größe 50 cm · 50 cm belegt werden. Es ist nach den Raummaßen mit Randstreifen zu rechnen. Die ersten **4** Fliesen liegen um das Schnurschlagkreuz in der Bodenmitte.
   a) Wie viele Fliesen werden benötigt?
   b) Wie breit sind die Randstreifen an den Seiten?
   c) Der Kunde möchte die Randstreifen mit einer anderen Fliesenfarbe belegt haben. Wie viele Fliesen sind dafür erforderlich?

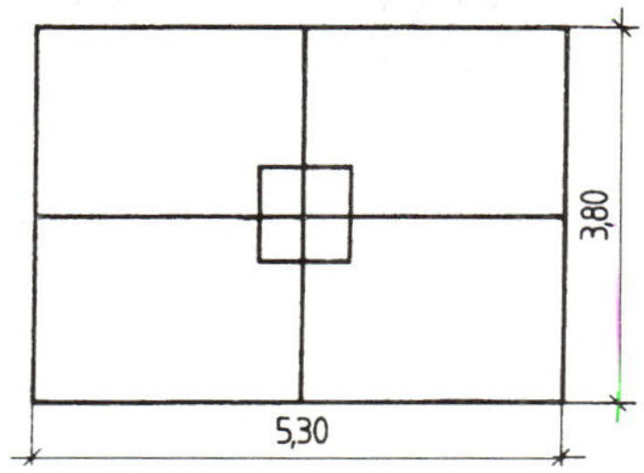

8.22 Fliesenbelegung mit Randstreifen

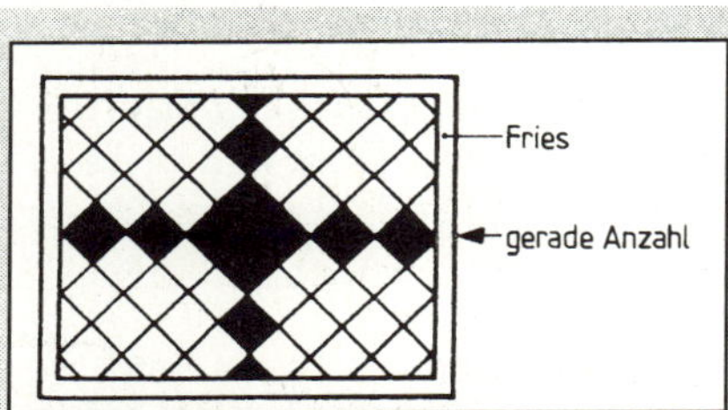

8.23 Gerade und ungerade Fliesenzahlen

Bei Schrägverlegung ist zunächst festzustellen, ob in Länge und Breite eine gerade oder ungerade Fliesenzahl zu legen ist. Die mit ganzen Fliesen beginnende Seite zählt man aus und multipliziert sie mit der Zahl der anderen Seite. Verdoppelt man das Ergebnis, erhält man die erforderliche Fliesenzahl.

Beispiel	Länge	6 Fliesen
	Breite	5 Fliesen

$6 \cdot 5 = 30 \cdot 2 =$ **60 Fliesen**

3. Der Dielenboden 4,90 m · 1,60 m, soll mit Nadelfilzfliesen 50 cm · 50 cm in zwei Farben im Schachbrettmuster belegt werden.
   a) Zeichnen Sie einen maßstäblichen Verlegeplan.
   b) Wie viele Fliesen sind je Farbe nötig?
   c) Wie groß ist der Verschnitt in m²?

4. a) Berechnen Sie den Fliesenbedarf für die Verlegung von zwei unterschiedlichen Fliesenfarben nach Verlegeplan (**8**.24), Fliesengröße 40 cm · 40 cm.
   b) Wie viel m² Fixiervlies wird benötigt?

5. Ein Saalboden, 16,70 m · 14,40 m, soll mit PVC-Fliesen, Größe 50 cm · 50 cm, ausgelegt werden.
   a) Berechnen Sie den Bedarf an Ausgleichsmasse, Verbrauch 1,4 kg/m².
   b) Wie viel Stück Fliesen je Farbe werden benötigt bei einer Diagonalverlegung mit 2 Fliesenfarben?

6. Ein Raum, 5,70 m lang und 4,20 m breit, soll mit Teppichfliesen, Größe 50 cm · 50 cm ausgelegt werden. Die Fliesen sollen diagonal wie **8**.24 verlegt werden. Der Rand soll in einer anderen Farbe mit Bahnenware ausgelegt werden.
Berechnen Sie die Anzahl der Fliesen.

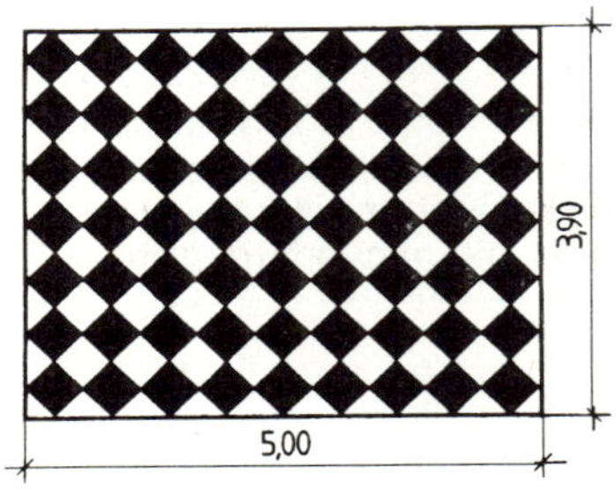

8.24 Schrägverlegung im Schachbrett

7. Ein Büroraum 6,60 m x 4,05 m wird mit Nadelfilzfliesen 50 cm x 50 cm ausgelegt. Wie viele Fliesen sind für eine Schrägverlegung erforderlich?

8. Ein Kinderzimmer 4,60 m · 3,60 m soll mit Teppichfliesen 50 cm · 50 cm ausgelegt werden. In der Längsrichtung des Raumes soll in einer zweiten Farbe ein durchgehender Fliesenstreifen verlegt werden.
Ermitteln Sie den Bedarf für die beiden Fliesenfarben.

9. In einem Ausstellungsraum 5,30 m · 5,30 m soll der Fußboden mit Linoleumfliesen in zwei Farben nach einem Verlegeplan (**8**.25) verlegt werden.
Fliesengröße 40 cm · 40 cm

a) Wie viele Fliesen jeder Farbe werden verarbeitet?
b) Wie viel m Fugenband werden benötigt, wenn alle Fugen verschweißt werden?

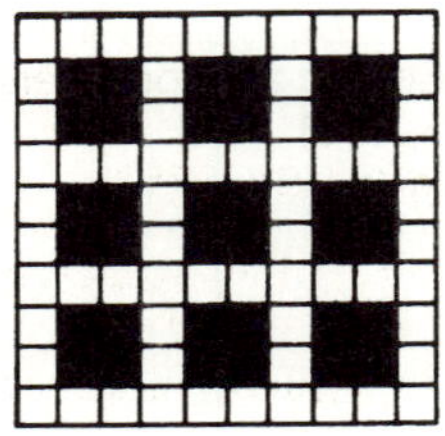

8.25 Verlegebeispiel

10. Ein Klassenraum 6,80 m · 5,60 m soll mit PVC-Fliesen 60 cm · 60 cm ausgelegt und verschweißt werden. Umlaufend ist eine PVC-Leiste anzubringen.
2 Türen a 0,90 m breit

a) Stellen Sie den Fliesenbedarf fest.
b) Wie viel m Schweißnaht wird eingebracht?

8.4 Sockelleisten

Alle Arten von Sockelleisten (Holz, PVC, Teppich) werden nach dem Längenmaß (m) berechnet. Die Liefergrößen liegen zwischen 2,00 m und 4,00 m Länge.

Der Bedarf an Sockelleisten errechnet sich aus dem Raumumfang (Abwicklung) abzüglich der Türbreiten über 1,00 m und zuzüglich der Seitenteile in Heizkörpernischen.

Aufmaßregel: Unterbrechungen > 1,00 m Einzellänge werden abgezogen.

Beispiel Berechnen Sie die Sockelleisten für den Raum **8**.14, S. 156.

$(8{,}00 + 5{,}40) \cdot 2 + 0{,}25 \cdot 2 - (1{,}00 + 1{,}90)$

Aufgaben

1. a) Wie viel m Sockelleisten werden für den Raum (**8**.14, S.160) benötigt?
   b) Wie viele 2,00 m Stäbe sind das?

2. a) Berechnen Sie den Bedarf an Sockelleisten für den Raum (**8**.6, S. 156). Erfassen Sie auch alle Fensternischen.
   b) Wie viel Stück Leisten der Länge 3,60 m müssen beschafft werden?

3. Berechnen Sie den Bedarf an Sockelleisten für den Raum (**8**.11, S. 159). Türbreite 2,00 m, Nischentiefe 0,25 m.

4. Der Raum (**8**.6, S. 156) erhält eine 10 cm hohe Sockelleiste aus Teppichbelag. Zum Ankleben wird ein Spezialkleber verwendet. Verbrauch 320 g/m². Wie viel kg Kleber muss bereitgestellt werden?

5. Für den Raum (**8**.26) sollen PVC-Fußleisten bestellt werden. Abzüge 2 Türen je 1,20 m breit.
   a) Erstellen Sie den Maßansatz.
   b) Errechnen Sie den Bedarf an Fußleisten, Verschnitt 3 %.

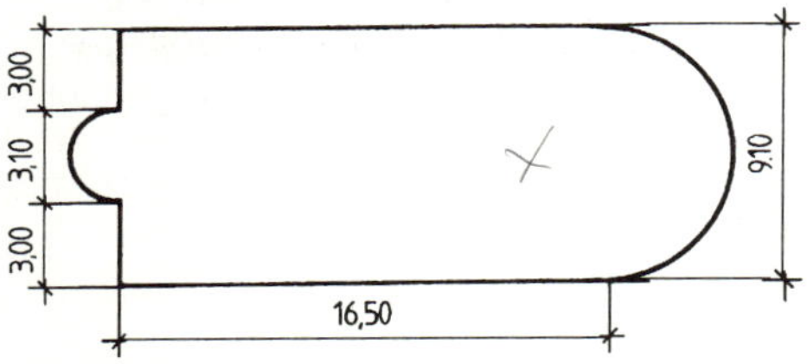

8.26 Raum

6. In einem Vortragsraum (**8**.27) soll die Fußleiste aus Teppichstreifen, 15 cm hoch, erneuert werden. Der Raum wird über eine Holztreppe begangen, die Fußleiste rundum angebracht.
   a) Wie viel m Fußleiste ist anzubringen?
   b) Abgeschnitten werden die Streifen von einer 3,00 m breiten Teppichrolle. Wie viel m werden von einer 25,00 m Rolle benötigt?
   c) Wie viel kg Kleber sind bei einem Verbrauch von 260 g/m² erforderlich?

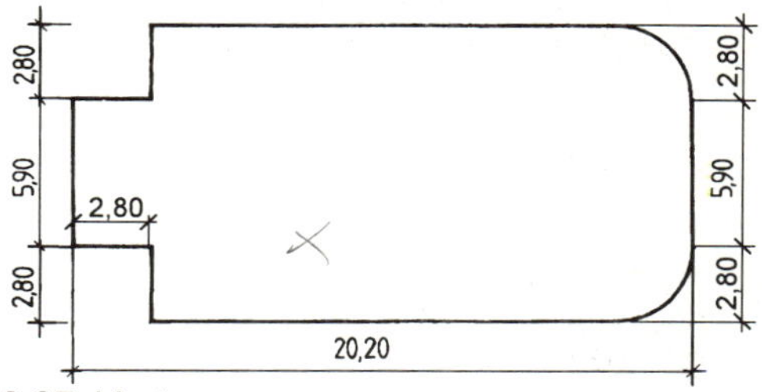

8.27 Vortragsraum

7. In einer Lagerhalle sind um die 8 Säulen, Φ 0,65 m, PVC-Sockelleisten zu kleben. Als Schrammschutz ist wegen der Gabelstapler ein zweiter, 30 cm breiter PVC-Streifen anzukleben.
   a) Wie viel m PVC-Sockelleiste werden benötigt bei einer Zugabe von 4 cm je Säule?
   b) Wie viel m² PVC-Belag wird als Streifen für den Schrammschutz gebraucht bei einem Verschnitt von 10 %?

8.5 Bodenbelagarbeiten

Bei Bodenbelagarbeiten sind die Vorarbeiten, insbesondere im Renovierungsbereich, zeitintensiv, d.h., der Lohnkostenanteil ist hoch, die reinen Verlegearbeiten dagegen sind materialintensiv, hier überwiegen die Werkstoffkosten.
Für die häufiger anfallenden Arbeiten, ohne besondere Erschwernisse, ist mit den in Tabelle **8**.28 enthaltenen Preise zu kalkulieren.

Tabelle 8.28 Richtpreise für Bodenbelagarbeiten

Art der Arbeit	Preise
Aufnehmen alter Beläge einschließlich Entsorgung	4,00 € bis 8,00 €
Grundieren, Vorstreichen, Absperren	2,00 € bis 3,50 €
Spachteln, Ausgleichen (einmaliger Auftrag)	3,50 € bis 5,50 €
Unterlage verkleben (Filzbelag, Filzpappe o.ä.)	4,50 € bis 6,50 €
Spanplatten verlegen (ohne Material)	11,50 € bis 13,50 €
Kleben von elastischen Belägen (ohne Material)	5,00 € bis 6,00 €
Kleben von Textilbelägen (ohne Material)	6,50 € bis 8,50 €
Kleben von Teppichfliesen (ohne Material)	8,50 € bis 10,50 €
Anbringen von Teppichsockelleisten	5,50 € bis 7,00 €
Anbringen von Kernsockelleisten	4,00 € bis 5,00 €

Aufgaben

1. Ein 36,80 m² großer Boden ist mit PVC-Bahnenbelag zu belegen. Belag 18,25 €/m², 55 kg Spachtelmasse 2,65 €/kg, Kleber 4,30 €/kg, Verbrauch 325 g/m², 22,50 m Sockelleisten je 2,70 €/m.
   Werkstoffabhängige Gemeinkosten 15 %,
   Schütt- und Schwundverlust 8 %,
   Gewinn und Wagnis 10 %,
   12 Gesellenstunden 33,45 €/Std. und
   12 Lehrlingsstunden, 3. Lehrjahr, 19,25 € Stundenverrechnungssatz.
   Berechnen Sie:
   a) den Werkstoffpreis,
   b) den Lohnpreis,
   c) den Angebotspreis einschließlich Mehrwertsteuer.

2. Ein Zimmerboden, 28,60 m², in einem Altbau ist mit Spanplatten und Textilbelag zu belegen.
   32,00 m² Verlegeplatten einschl. Verschnitt 6,80 €/m², 1 Packung Schraubnägel 7,40 €,
   350 g/m² Dispersionskleber a 4,13 €/kg,
   22,00 m Teppichsockelleisten 1,43 €/m,
   Werkstoffmultiplikator 1,25,
   Lohnminute 0,63 €,
   Spanplatte verlegen 23 Min./m²,
   Teppich verlegen 21 Min./m²,
   Sockelleisten anbringen 8 Min./m.
   a) Berechnen Sie den Netto Angebotspreis.
   b) Wie hoch ist der Brutto-Angebotspreis, wenn Sie dem Kunden auf den Teppichbelag 8 % Rabatt gewähren?

3. Zwei neue Zimmerböden, 4,60 m · 4,80 m und 4,10 m · 3,85 m sollen mit Teppichfliesen 50 cm · 50 cm ausgelegt werden. Umlaufend ist eine Holz-Sockelleiste anzubringen. Nach folgenden Angaben ist zu kalkulieren:
   Grundbeschichtung 3 Min./m², 150 ml/m² a 6,80 €/kg, Verlegevlies auflegen 4 Min./m², 3,70 €/m²; Teppichfliesen auflegen 16 Min/m², Fliesen 22,95 €/m², Verschnitt 4 %; Sockelleisten zuschneiden und andübeln 6 Min./m, Ek 4,40 €/m, 5 % Verschnitt; 3 Schrauben/m, Dübel und Schrauben 0,31 €/Verschraubung,
   Stundenverrechnungssatz 32,56 €,
   Werkstoffmultiplikator 1,24.
   Ermitteln Sie den Netto- und Bruttopreis.

4. In einem Wohnzimmer, 5,80 m · 4,40 m, soll der alte geklebte Teppichboden mit einem neuen Teppich belegt werden.
   Kalkulieren Sie die Kosten nach folgendem Aufbau:
   Auflage von Renovier-Vlies, umlaufend 3 cm Zugabe, Rolle 50,00 m · 1,00 m, 5,10 €/m².
   Auftrag Dispersions-Teppichkleber, Verbrauch 340 g/m², 4,13 €/kg,
   Teppich, Zuschnitt Raummaß
   5,90 m · 4,50 m, 24,55 €/m², Werkstoffmultiplikator 1,41.
   Zeitvorgabe für alle Arbeiten 27 Min./m², Stundenverrechnungssatz 33,95 €/Std.
   a) Wie hoch ist der Preis für 1,00 m²?
   b) Was kostet die Bodenbelagarbeit für dieses Wohnzimmer netto und brutto?

5. In einer Wohndiele mit Erker ist der Boden aus Keramikfliesen mit einem Teppichboden belegt worden. Die Arbeiten wurden als Stundenlohnarbeiten ausgeführt, Stundennachweis für 9 Gesellenstunden, Stundenverrechnungssatz 34,85 €, 9 Lehrlings - stunden, 2. Lehrjahr 17,80 €.
Belagfläche Raummaß, einschl. Zugabe und Verschnitt, 4,90 m · 3,80 m.
Werkstoffverbrauch:
Unterbelag zur rückstandsfreien Wiederaufnahme, 2 Bahnen 2,00 m · 4,90 m, 6,40 €/m², Dispersionskleber 400g/m², 4,13 €/kg, Teppichbelag 38,45€/m², Werkstoffmultiplikator 1,31.
Ermitteln Sie den Rechnungspreis bei 5 % Rabatt auf Unter- und Teppichbelag.

6. In Küche und Flur soll auf einen alten PVC-Belag ein neuer PVC-Belag verlegt werden. Küche 4,10 m · 3,20 m, Flur 3,20 m · 2,80 m, Belagbreite 1,50 m, Zugabe umlaufend 5 cm,
Grundreinigung 8 Min./m², Verbrauch Grundreiniger 150 ml/m², 4,63€/l.
Kleberauftrag 4 Min./m², Verbrauch 260 g/m² pro kg 4,75 €, Verlegezeit 22 Min./m², PVC-Belag 9,25 €/m².
   a) Ermitteln Sie den Werkstoffbedarf und die Werkstoffkosten, Werkstoffmultiplikator 1,25.
   b) Berechnen Sie die gesamte Arbeitszeit und die Lohnkosten, Stundenverrechnungssatz 33,85 €.
   c) Wie hoch ist der Netto-Angebotspreis für die gesamte Arbeit

7. In dem Wartezimmer eines Arztes soll auf den neuen Estrich Linoleum verlegt werden. Die Trittschalldämmung soll durch eine Dämmunterlage verbessert werden. Umlaufend ist eine Kernsockelleiste anzubringen. Raummaße 6,40 m · 5,60 m, Tür 1,20 m breit, Rollenbreite Linoleum 2,00 m, 19,60 €/m², Rollenbreite Dämmunterlage 1,25 m, 7,15 €/m², Kernsockelleiste 1,80 €/m, Auslegen der Dämmunterlage 8 Min./m², Kleberauftrag und Verlegen des Linoleums 12 Min./m².
Anbringen der Sockelleiste 8 Min./m, Sockelleistenlänge + 5 % Zuschnitt, Schrauben und Dübel/Verschraubung 0,40 €, es werden 3 Dübel/m gesetzt.
Berechnen Sie den Angebotspreis für die Belagarbeiten.
Erstellen Sie ein Alternativangebot ohne Dämmunterlage, jedoch mit Grundieren des Estrichs und einmaligem Spachteln.
Entnehmen Sie die Preise aus der Tab. **8**.28, gehen Sie dabei von einem Mittelpreis aus.

8. Die Holzstufen der freitragenden Treppe (**8**.15, S. 160) sind mit Tuftingbelag auf einer Dämmunterlage belegt worden. Die Seiten der Stufen wurden wegen des Befestigungssystems nicht belegt. Die Arbeiten wurden auf Stundennachweis ausgeführt.
Zeitaufwand:
Reinigen der Stufen, allseitig, 8 Min./Stufe,
Filzunterlage (Auftritt und Vorderkante) zuschneiden und kleben 30 Min./Stufe,
Teppich zuschneiden und umlaufend verkleben 60 Min/Stufe,
Stundenverrechnungssatz 36,20 €.
Werkstoffe Einkaufspreis:
6,50 m² Dämmunterlage, 8,20 €/m²,
13,80 m² Teppichbelag, 32,80 €/m²,
4,8 Kg Teppichkleber, 5,32 €/m²,
5 Ltr. Grundreiniger, 4,70 €/Liter.
Werkstoffmultiplikator 1,37.

Wie hoch ist der Rechnungspreis einschließlich Mehrwertsteuer?

9. In einem Neubau sind zwei Fußböden mit einem Teppichbelag zu bespannen.
Erstellen Sie ein Angebot für folgende Leistung:
2 Böden a 6,75 m · 4,80 m,
Anbringen der umlaufenden Nagelleiste einschl. Zuschnitt 8 Min./m,
Zuschneiden und Auslegen der Filzunterlage 15 Min./m²,
Auslegen und Spannen des Teppichs 20 Min/m².
Werkstoffe:
Nagelleiste 3,95 €/m,
Unterlegfilz 2,60 €/m²,
Teppichbelag 6,85 · 5,00 m, 38,40 €/m²,
Kleinmaterial pauschal 45,00 €,
Lohnminute 0,57 €,
Werkstoffmultiplikator 1,28,
Abzug für Skonto 3 %.

9 Fahrzeuglackierung

Kraftfahrzeuge sind Serienfahrzeuge, die in großen Stückzahlen vom Fliesband laufen. Auch die Ersatzteile werden in Serien gefertigt, damit sie völlig mit dem Original übereinstimmen und in genügender Stückzahl zur Verfügung stehen. So können die Kosten für die Teile, ihren Einbau und ihre Lackierung genau berechnet werden. Um Leistungen für Fahrzeuglackierungen abzurechnen, stehen den Betrieben zwei Abrechnungssysteme zur Verfügung, das System der Deutschen Automobil Treuhand GmbH (DAT) oder von EurotaxSchwacke: In diesem Buch wird das System von EurotaxSchwacke vorgestellt.

Lackkalkulationssystem. Das Allianz Zentrum für Technik (AZT) und die EurotaxSchwacke haben in Zusammenarbeit ein Lackkalkulationssystem entwickelt, das die Kalkulation von Materialien zur Reparaturlackierung und der benötigten Arbeitszeiten ermöglicht.
Auf der Basis von Materialart, Lackart und Reparaturart, können zu den jeweiligen Bauteilen die benötigten Werte aus Listen abgelesen oder innerhalb einer EDV gestützten Kalkulation berechnet werden.

Alle Daten der Lackierkalkulationsunterlagen wurden nach REFA-Methoden ermittelt und ausgewertet.

Für die Lackierung von Metallteilen und von Kunststoffteilen gibt es unterschiedliche Lackierstufen, Arbeitsinhalte und Lackiermaterialien, die in jeweils eigenen Tabellen erfasst sind.

Die bei der Lackierkalkulation verwendeten Richtzeiten haben als Ausgangspunkt die lackierfähige Oberfläche. Sie ist dann gegeben, wenn:

1. die bearbeiteten Stellen und Teile der Karosserie (z.B. nach Ausbeulen, Einschweißen, Verzinnen oder Polyestergrobspachteln) trocken, mindestens mit Körnung P 80, geschliffen sind.

2. die jeweilige Fläche in maximal zwei Stufen wiederhergestellt werden kann, z. B.

   - Polyester-Feinspachtel, Fleckspachtel oder
   - Polyester-Feinspachtel dann Polyester-Spritzspachtel (Füller) oder
   - nur Auftrag von Polyester-Spritzspachtel (Füller).

Ist dies nicht der Fall, müssen die nötigen Vorarbeiten um die beschriebene Oberfläche herzustellen, gesondert berechnet werden.

Für fast alle einzelnen PKW-Typen gibt es Tabellen in denen die Lackierpositionen wie folgt untereinander aufgelistet sind:

1. Front-, Mittel und Heckteile aus Metall
2. Partielackierungen von Metallteilen
3. Serienmäßig lackierte Kunststoffteile

Alle, in der Tabelle **9.1** ausgewiesenen Angaben über die Lackierzeit und Lackmaterialkosten sind, abhängig vom Ablauf der Lackierung, einmal je Auftrag zu erfassen.

Alle Tabellen und Listen sind noch in DM ausgedruckt, da diese bei Redaktionsschluss des Buches noch nicht in Euro vorlagen. Der Umrechnungswert beträgt 1,95583.

Entscheidend für das Auffinden des jeweiligen richtigen Zeit- und Materialwertes ist:

1. **Welche Lackart wird verarbeitet?**
   Uni/Metallic 1-Schicht oder Uni/Metallic 2-Schicht

2. **Welcher Werkstoff wird bearbeitet?**
   Metallteil(e) oder Kunststoffteil(e)

3. **Welche Lackierstufen fallen an?**

- Lackierstufen bei Metallteilen	I	III	IV	II	
- Lackierstufen bei Kunststoffteilen	K1N	K1G	K3	K1R	K2

4. **Wie wird lackiert?**
   - am Fahrzeug ohne Vorlackieren
   - am Fahrzeug mit Vorlackieren
   - nur abgebaute Montageteile

5. **Welche weiteren Werkstoffe werden lackiert?**
   - zu Metall - zusätzlich Kunststoffteil(e)
   - zu Kunststoff - zusätzlich Metallteil(e)

6. **Welche Vorbereitungspositionen fallen zusätzlich an?**
   - Lackanmischen mit Mischanlage
   - Farbmuster und endgültige Farbtonfindung
   - 2-Farben-Lackierung

Tabelle 9.1 Vorbereitung zur Lackierung

Schwacke
Vorbereitung zur Lackierung
I/2001

Lackart	Uni/Metallic 1-Schicht				Uni/Metallic 2-Schicht			
Werkstoff der Hauptarbeit	Metallteil(e)		Kunststoffteil(e)		Metallteil(e)		Kunststoffteil(e)	
Lackierstufe	I, III, IV	II, Innenteil	K1N/G, K3	K1R, K2	I, III, IV	II, Innenteil	K1N/G, K3	K1R, K2
Lackierung von Hauptarbeiten								
am Fahrzeug ohne Vorlackieren	Std. 1,3 DM 26.70	Std. 0,4 DM 26.70	Std. 1,3 DM 26.70	Std. 0,4 DM 26.70	Std. 1,7 DM 26.70	Std. 0,7 DM 26.70	Std. 1,7 DM 26.70	Std. 0,7 DM 26.70
am Fahrzeug mit Vorlackieren	Std. 1,5 DM 41.60		Std. 1,5 DM 41.60	Std. 0,6 DM 41.60	Std. 2,1 DM 41.60		Std. 2,1 DM 41.60	Std. 1,1 DM 41.60
nur abgebaute (Montage-) Teile	Std. 0,3 DM 26.70	Std. 0,3 DM 26.70	Std. 0,6 DM 24.80	Std. 0,3 DM 24.80	Std. 0,5 DM 26.70	Std. 0,5 DM 26.70	Std. 0,8 DM 24.80	Std. 0,5 DM 24.80
Lackierung von Verbundarbeiten bei einem weiteren Werkstoff								
d.h. zu Metall- zusätzlich Kunststoff-Teil(e) oder zu Kunststoff- zusätzlich Metall-Teil(e)	K1N/G, K3 / I, III, IV: Std. 0,6 DM 13.20	K1R, K2 / II, Innenteil: Std. 0,3 DM 9.40			K1N/G, K3 / I, III, IV: Std. 0,8 DM 13.20	K1R, K2 / II, Innenteil: Std. 0,5 DM 9.40		
ggf. zusätzlich bei Hauptarbeiten								
- Lack anmischen mit Mischanlage	Std. 0,2 DM --				Std. 0,2 DM -- (Basislack)	Std. 0,3 DM -- (Wasserbasislack)		
- Farbmuster und Farbtonfindung	Std. 0,2 DM 2.60				Std. 0,2 DM 2.60	Std. 0,3 DM 2.60		
- 2-Farben-Lackierung	Std. 0,1 DM 17.60				Std. 0,1 DM 17.60			
- Abdeckarbeiten am Kunststoffteil	Std. 0,2 DM 2.30				Std. 0,2 DM 2.30			
Summen	Std. DM				Std. DM			

9.2 Erläuterungen und Informationen zur Ermittlung von Lackierleistungen (Übersicht)

Vorbereitung zur Lackierung:

1: Der Auftrag umfasst nur Metallteil(e) **ODER** nur Kunststoffteil(e):

→ Zeit und Material für „Hauptarbeit" auswählen

2: Der Auftrag umfasst Metallteil(e) **UND** Kunststoffteil(e):

→ **Regel 1:** Zeithöchste Vorbereitung ist die „Hauptarbeit"
alternativer Werkstoff ist die „Verbundarbeit"

→ **Regel 2:** Bei zeitgleicher Vorbereitung ist Metallteil(e) die „Hauptarbeit"

Lackierstufen für Metallteile:

I	Neuteillackierung
II	Oberflächenlackierung
II	Innenteillackierung
III	Reparaturlackierung bis zu 50% Spachtel
IV	Reparaturlackierung über 50% Spachtel

Lackierstufen für Kunststoffteile:

K1R	Neuteil / ohne Füllerauftrag
K1N	Neuteil / mit Füllerauftrag / ohne schleifen
K1G	Neuteil / mit Füllerauftrag / mit schleifen
K2	Oberflächenlackierung
K3	Reparaturlackierung

Unterteilung der Lackflächen von Karosserieteilen:

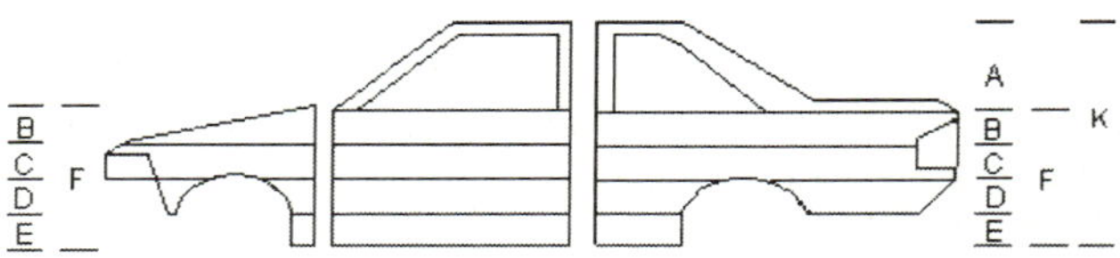

!! Werden an einem Teil zwei oder mehr Teilbereiche lackiert, ist immer der Wert des kompletten Teiles zu verwenden!!

Unterteilung der Lackflächen von Stossfängern und Verkleidungen:

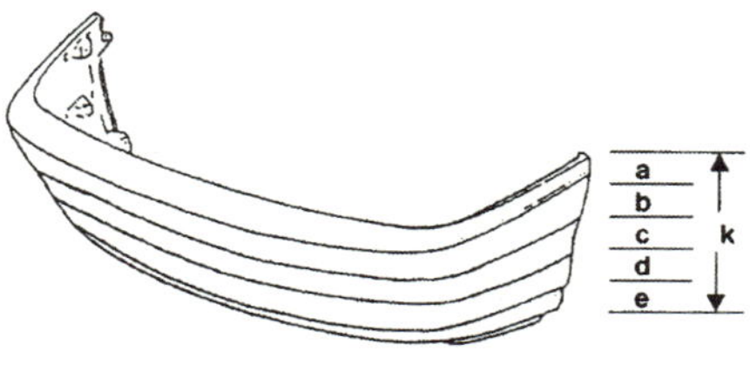

Bereich	Beispiele
k	= komplett lackiert
k96	= komplett lackiert ab Baujahr 96-
b-d	= Lackierung vonTeilbereichen
k/b	= komplett lackiert ohne Bereich b
Mt	= Mittelteil
St	= Seitenteil

!! Werden an einem Teil zwei oder mehr Teilbereiche lackiert, ist immer der Wert des kompletten Teiles zu verwenden!!

Kunststoffreparatur:

Beschädigung	Lack-Stufe	Zuschlag je Teil	
		Zeit Std.	Material DM
Leicht	**K3**	**-**	**-**
Mittel	**K3**	**0,6**	**21.50**
Schwer	**K3**	**1,1**	**43.-**

Erklärungen der Beschädigungen

Leicht: Kratzer und Abschürfungen nicht tiefer als 1 mm.
Mittel: Kratzer, Abschürfungen, Dellen tiefer als 1 mm, auch abgebrochener Halter.
Schwer: Starke Verformung, Risse, Durchbrüche (Reparaturfreigaben der Fzg.-Hersteller beachten)

Werden bei einem Auftrag **nur** Metallteile oder **nur** Kunststoffteile lackiert, sind die entsprechenden Daten aus dem Bereich **Hauptarbeiten** der Tabelle zu entnehmen.

Beispiel 1	nur Metallteil(e) am Fahrzeug ohne Vorlackieren		
	zu entnehmen aus der Tabelle für:	**1-Schicht**	**2-Schicht**
	in Lackstufe **III**	**1,3 Std. 13,65 €**	**1,7 Std. 13,65 €**

Beispiel 2:	nur Kunststoffteil(e) am Fahrzeug mit Vorlackieren		
	zu entnehmen aus der Tabelle für:	**1-Schicht**	**2-Schicht**
	in Lackstufe **K1N**	**1,5 Std. 21,27 €**	**2,1 Std. 21,27 €**

Falls jedoch Metall- **und** Kunststoffteile zu lackieren sind, ist in **Hauptarbeit** und **Verbundarbeit** zu unterscheiden.

Beispiel 3:	Metallteil am Fahrzeug ohne Vorlackieren		
	zu entnehmen aus der Tabelle für:	**1-Schicht**	**2-Schicht**
	in Lackstufe **III**	**1,3 Std. 13,65 €**	**1,7 Std. 26,70 €**
	Kunststoff-Karosserieteil am Fahrzeug mit Vorlackieren		
	in Lackstufe **K1N**	**1,5 Std. 21,27 €**	**2,1 Std. 21,27 €**
	Verbundarbeit in Lackstufe III	**0,6 Std. 6,75 €**	**0,8 Std. 6,75 €**

Alle deutschen Automobilhersteller haben eine einheitliche Einteilung und Definition der Lackierstufen beschlossen.

Lackierstufen für Metallteile

I	Neuteillackierung - kompletter Lackaufbau, (E = Einschweißteil, M = Montageteil)
II	Oberflächenlackierung - z. B. kleine Beschädigungen an der Oberfläche (ohne Spachtelarbeiten) Farbtonangleichung
II	Innenteillackierung - Neuteil - und Reparaturlackierung (inkl. Spachtelarbeiten)
III	Reparaturlackierung mit Spachtelauftrag bis zu 50 % der Fläche eines Teiles
IV	Reparaturlackierung mit Spachtelauftrag von mehr als 50 % der Fläche eines Teiles

Lackierstufen für Kunststoffteile

K1R	Neuteil / ohne Füllerauftrag
K1N	Neuteil / mit Füllerauftrag / ohne Schleifen
K1G	Neuteil / mit Füllerauftrag / mit Schleifen
K2	Oberflächenlackierung
K3	Reparaturlackierung

Alle Materialien, wie zum Beispiel:

Reinigungs- und Hilfsmittel, Abdeckmaterial, Schleifmaterial, Spachtelmaterial, Grundierung, Steinschlagschutzmaterial, 2K-Füller, Deck- und Klarlack, Härter und Verdünner, Spritzmaske, anteilige Gebindereste,

die zur Durchführung der Arbeitsgänge einer Lackierung benötigt werden, sind in den angegebenen Werten berücksichtigt.

Zusatzarbeiten (hier Beispiele), die im Rahmen einer Reparaturlackierung anfallen, sind gesondert mit Arbeitszeit und Materialkosten zu bewerten:

> Ab- und Anbau von Zier-, Montage- und Karosserieteilen
> Abdichtarbeiten ausführen
> Hohlraumkonservierung durchführen
> Innenteile lackieren
> Rostbeseitigung, um eine lackierfähige Oberfläche zu erreichen
> Abnahme und aufbringen von geklebten Zierstreifen oder Folien.

Um mit den Abrechnungssystemen arbeiten zu können werden der betriebliche Stundenverrechnungssatz und der Materialindex benötigt. Jeder Betrieb hat die Möglichkeit, die in den Tabellen ausgewiesenen Lackiermaterialkosten seinen jeweiligen Gegebenheiten mittels einer Verhältniszahl bzw. Index anzupassen. Ebenfalls kann er seinen Materialindex für Montageteile berechnen.

Berechnungsbeispiel für eine Reparaturlackierung (Formblatt **9**.3)

Angaben:	**Fahrzeug**	**Mercedes-Benz 190 E**
	Typ	W 201
	Fahrzeugart	PKW-Stufenheck
	Baujahr	1993
	Auszuführende Lackierung	2-Schicht-Metallic-Lackierung

Angaben zur Kalkulation:

Stundenverrechnungssatz für Lackierarbeiten	49,70 €
Materialindex für Lackiermaterial	1,26
Stundenverrechnungssatz für Zusatz- und Verbundarbeiten	47,86 €
Materialindex für Montageteile	1,35

Lackierarbeiten	**Lackierstufen**
Kotflügel vorn links komplett	Stufe 3
Kotflügel vorn rechts komplett	Neuteil
Deckel vorn	Neuteil
Tür vorn komplett	Stufe 3
Radhaus ohne Stirnwand	Stufe 2
Seitenwand hinten komplett	Stufe 4

Montage-, Zusatz- und Verbundarbeiten

Deckel vorn ersetzen	Neuteil
Kotflügel vorn rechts ersetzen	Neuteil
Stoßfänger vorn	aus und einbauen

9.3 Formblatt Lackierkosten-Ermittlung

eurotaxSCHWACKE **Lackierkosten-Ermittlung** Aufnahme - Kalkulation

Kunde bzw. Fahrzeughalter	FD-CV 737	Fzg.-Typ: Mercedes 190 E EZ: Jan 1993 Fgst.-Nr.: Farb-Code:	
Versicherung	HUK-COBURG	**Lackart:** Uni / Metallic 1-Schicht ☐ Uni / Metallic 2-Schicht ☒ Wasserbasislack ☐ Berater: ______ Datum: ______	**Auftrag-Nr.** 3432

Was wird lackiert?		**Wie wird lackiert?**									**Mit welchem Aufwand wird lackiert?**	
					Lackierstufen für Metallteile							
					–	–	I	II	III	IV		
					Lackierstufen für Kunststoffteile							
Pos.-Nr.	Teil- bzw. Partie-Bezeichnung	Teil aus Kunststoff	Teil wird abgebaut vorlackiert	Teil wird abgebaut lackiert	K1R	K1N	K1G	K2	K3	–	Lackierzeit Std.	Lackiermaterialkosten DM
1410	Kotflügel vorn links kompl.								X		1,1	28,00
1410	Kotflügel vorn rechts kompl.						X				1,0	43,80
1640	Deckel vorn		X	X			X				2,4	157,30
2010	Tür vorn kompl.								X		1,4	45,40
1920	Radhaus ohne Stirnwand							X			0,6	30,80
3010	Seitenwand hinten kompl.								X		2,0	48,80

"Vorbereitung zur Lackierung" von Hauptarbeit ▶		
ggf. "Vorbereitung zur Lackierung" von Verbundarbeit ▶		
ggf. Lack anmischen mit Mischanlage ▶		
ggf. Farbmuster und endgültige Farbtonfindung ▶	0,2	2,60
Zwischensumme (Lackmaterial) ▶		
ggf. Zuschlag auf Lackmaterial (z.B. Pearl, usw.) (%) ▶		
Summen	7,3	356,70
Hier rechnen Sie mit Ihrem eigenen Stundenverrechnungssatz und Material-Index weiter	x Stundensatz 97,20 DM	x Index 1,26
	=	=
	709,56 DM	449,44 DM
Umrechnung in Euro **DM / 1, 95583**	362,79 €	229,80 €
Gesamt-Lackierkosten o. MwSt.	592,59 €	

Formblatt als Kopiervorlage im Anhang.

Zu den Lackierkosten kommen die Kosten (Lohn- und Materialkosten) für die Neuteile (Ersatzteile) hinzu. Berechnung erfolgt nach **9**.4.

9.4 Lohn- und Ersatzteilkostenberechnung

Pos. Nr.	Bezeichnung/Arbeit	AZ/h	Materialkosten DM
1	Deckel vorn ersetzen	2,6	388,00
2	Kotflügel vorn rechts ersetzen	3,7	187,99
3	Stoßfänger vorn aus- u. einbauen	0,6	-
		6,9	575,99
		x Stundensatz 93,60	x Index 1,35
		= 645,84 DM	= 426,66 DM

+

Montagekosten, Lohn und Ersatzteile ohne MwSt.:	**548,36 €**

Aufgaben

Berechnen Sie die nachfolgenden Aufgaben nach den entsprechenden Lackierlisten (**9**.5). Rechnen Sie die Preise in DM aus den Listen in € um. 1 € = 1.95583 DM.

1. Bei einem Astra G, Fließheck, Bj. 2000, wurde die Fahrertür vorn und der Kotflügel vorn komplett zerkratzt.
   Ermitteln Sie die Kosten für die Reparaturlackierung in 2-Schicht Metallic, bei einem Stundenverrechnungssatz von 54,45 € und einem Materialindex von 1,34.
   a) Fahrertür Lackierstufe III,
   b) Kotflügel Lackierstufe IV.

2. An einem Mercedes-Benz, 190 E, Bj. 92, ist ein Haftpflichtschaden zu bearbeiten.
   Ermitteln Sie aus den folgenden Angaben die Schadenssumme:
   Stundenverrechnungssatz 52,56, €
   Materialindex für Lackiermaterial 1,41,
   Materialindex für Montageteile 1,54,
   Deckel vorn Neuteil, ersetzen,
   Dach Mittelteil Lackierstufe III,
   Lackart Metallic 1-Schicht,
   Lackierung am Fahrzeug mit Vorlackieren.

3. Ein Astra G, Fließheck, Baujahr 99, ist nach einem Auffahrunfall repariert worden.
   Berechnen Sie die Lackierkosten für eine Uni 2-Schicht Lackierung.
   Angaben zur Kostenermittlung:
   Stundenverrechnungssatz 47,86 €,
   Materialindex für Lackiermaterial 1,15,
   Materialindex für Montageteile 1,34,
   Heckklappe Neuteil, ersetzen,
   Heckblech komplett Neuteil, ersetzen,
   Kofferraumboden Lackstufe II,
   Stoßfänger hinten c-e, Lackstufe III,
   Seitenwand hinten komplett, Lackstufe III,
   Lackierung am Fahrzeug mit Vorlackieren.

4. Bei einem Mercedes 190 E, Stufenheck, Bj. 90, 4-türig ist eine Reparaturlackierung, Uni 1-Schicht, durchgeführt worden. Stellen Sie die Lackierkosten fest.
   Angaben zur Kostenermittlung:
   Stundenverrechnungssatz 63,35 €,
   Materialindex für Lackiermaterial 1,18,
   Tür vorn Unterteil Lackstufe III,
   Tür hinten komplett Lackstufe III,
   Schweller Lackstufe IV,
   Lackierung am Fahrzeug mit Vorlackierung.

9.5 Lackierlisten

OPEL – Uni/Metallic 1-Schicht | Astra G **Fliessheck** 1998- 3-türig | **OPEL** – Uni/Metallic 2-Schicht

Uni/Metallic 1-Schicht: Neuteil E / Neuteil M I Std.	I DM	Oberfläche / Innenteil II Std.	II DM	Reparatur bis 50% III Std.	III DM	Reparatur über 50% IV Std.	IV DM	Pos.	FRONT	Bereich	Uni/Metallic 2-Schicht: Neuteil E / Neuteil M I Std.	I DM	Oberfläche / Innenteil II Std.	II DM	Reparatur bis 50% III Std.	III DM	Reparatur über 50% IV Std.	IV DM
	0,5		14,80					1320	Frontblech innen oben komplett			0,5		19,80				
	0,4		7,40					1340	Frontblech innen seitlich			0,4		9,90				
	0,4		8,20					1350	Frontblech innen unten			0,5		11,00				
0,9	28,00	0,5	13,90	1,0	17,90	1,5	22,00	1410	Kotflügel vorn komplett		0,9	35,40	0,5	18,70	1,0	22,70	1,5	26,80
1,9	103,80	0,9	51,70	1,9	66,40	3,1	81,50	1640	Deckel vorn		2,1	131,30	1,0	69,30	2,1	84,00	3,2	99,20
0,9	4,40	0,4	2,10	0,7	2,60	1,0	3,20	1810	A-Säule oben aussen		0,9	5,50	0,4	2,80	0,7	3,30	1,0	3,90
	0,6		19,70					1920	Radhaus ohne Stirnwand			0,6		26,40				
	0,8		39,40					1930	Motorraum ohne Stirnwand			0,8		52,80				
									MITTE									
1,6	78,30	0,8	39,00	1,6	50,10	2,5	61,50	2010	Tür vorn komplett	K	1,7	99,00	0,8	52,30	1,7	63,40	2,6	74,80
—	—	0,6	22,60	1,2	29,00	1,8	35,60	2015	Tür vorn Oberteil	B-C	—	—	0,6	30,30	1,3	36,70	1,9	43,30
—	—	0,5	12,70	1,0	16,30	1,4	20,10	2025	Tür vorn Unterteil	D-E	—	—	0,5	17,10	1,0	20,70	1,5	24,40
—	—	0,4	3,70	0,7	4,70	—	—	2260	Fensterrahmen vorn/hinten		—	—	0,4	5,00	0,7	6,00	—	—
1,3	17,60	0,4	8,20	0,8	10,50	1,2	12,90	2480	Schweller		1,3	21,90	0,5	11,00	0,9	13,30	1,2	15,70
4,6	128,20	1,0	59,90	2,1	76,90	3,4	94,50	2810	Dach Mittelteil		5,1	160,00	1,1	80,30	2,3	97,40	3,6	114,90
1,6	29,00	0,5	13,50	1,0	17,40	1,4	21,40	2815	Dach seitlich		1,7	36,20	0,5	18,20	1,0	22,00	1,5	26,00
									HECK									
3,2	83,40	0,8	39,00	1,6	50,10	2,5	61,50	3010	Seitenwand hinten komplett	F	3,5	104,10	0,8	52,30	1,7	63,40	2,6	74,80
—	—	0,6	25,80	1,3	33,20	2,0	40,80	3025	Seitenwand hinten Oberteil	B-C	—	—	0,7	34,70	1,4	42,00	2,0	49,60
—	—	0,5	13,10	1,0	16,90	1,4	20,70	3045	Seitenwand hinten Unterteil	D-E	—	—	0,5	17,60	1,0	21,30	1,5	25,20
1,4	65,10	0,7	32,40	1,4	41,60	2,2	51,10	3520	Hecktür mit Fensterrahmen		1,5	82,30	0,7	43,50	1,6	52,70	2,3	62,20
—	—	0,6	26,20	1,3	33,70	2,0	41,40	3530	Hecktür Unterteil		—	—	0,7	35,20	1,4	42,70	2,1	50,40
	0,8		46,30					3760	Kofferraumboden			0,9		62,20				
2,0	42,10	0,6	19,70	1,1	25,30	1,7	31,10	3790	Heckblech komplett		2,2	52,60	0,6	26,40	1,2	32,00	1,8	37,80
									PARTIELACKIERUNG									
3,7	159,80	1,9	79,50	3,9	102,20	6,1	125,50	4100	Vorderwagen		3,9	202,10	2,0	106,70	4,1	129,40	6,2	152,80
7,0	207,30	2,5	100,10	5,0	128,60	7,7	157,90	4200	Wagenseite		7,4	260,40	2,6	134,30	5,3	162,80	7,9	192,10
9,8	274,00	2,9	130,10	5,7	167,10	8,9	205,20	4300	Wagenheck		10,7	343,10	2,9	174,50	6,2	211,50	9,3	249,60
—	—	7,2	304,00	14,4	390,50	22,4	479,50	4500	Ganzlackierung ohne Dach		—	—	7,5	407,80	15,5	494,30	23,1	583,40
—	—	9,2	390,90	18,5	502,20	28,6	616,80	4600	Ganzlackierung		—	—	9,6	524,50	19,8	635,70	29,7	750,30

K1R Std.	K1R DM	K1N Std.	K1N DM	K1G Std.	K1G DM	K2 Std.	K2 DM	K3 Std.	K3 DM	Pos.	KUNSTSTOFF POSITIONEN	Bereich	K1R Std.	K1R DM	K1N Std.	K1N DM	K1G Std.	K1G DM	K2 Std.	K2 DM	K3 Std.	K3 DM
—	—	—	—	—	—	0,5	17,50	1,0	20,20	1010	Stossfänger vorn	a-b	—	—	—	—	—	—	0,5	25,60	1,1	28,30
—	—	—	—	—	—	0,6	33,50	1,2	38,70	1010	Stossfänger vorn	c-e	—	—	—	—	—	—	0,7	48,90	1,2	54,10
0,9	76,80	1,1	88,90	1,6	89,30	0,8	51,00	1,3	58,90	1010	Stossfänger vorn	k	1,1	110,40	1,3	122,50	1,8	122,90	0,9	74,50	1,4	82,40
0,3	3,10	0,4	3,60	0,5	3,60	0,3	2,10	0,9	2,40	2060	Aussenspiegel		0,3	4,50	0,4	5,00	0,5	5,00	0,3	3,00	0,9	3,30
0,3	3,10	0,4	3,60	0,5	3,60	0,3	2,10	0,9	2,40	3685	Griffleiste an Hecktür/Heckklappe		0,3	4,50	0,4	5,00	0,5	5,00	0,3	3,00	0,9	3,30
—	—	—	—	—	—	0,5	18,50	1,0	21,40	3860	Stossfänger hinten	a-b	—	—	—	—	—	—	0,5	27,10	1,1	30,00
—	—	—	—	—	—	0,6	28,30	1,1	32,70	3860	Stossfänger hinten	c-e	—	—	—	—	—	—	0,6	41,40	1,2	45,80
0,8	70,60	1,0	81,70	1,5	82,10	0,7	46,90	1,3	54,20	3860	Stossfänger hinten	k	1,0	101,50	1,2	112,60	1,7	112,90	0,8	68,40	1,4	75,70

OPEL Mai 2001

	Astra F	Astra F	Astra F	Astra F Cabrio	Astra G	Astra G
Typ:	GLS	Caravan CDX 16V	Caravan Club TD	1.8i 16V	16V	Comfort
Fz-Art:	LIM-4	KOM-5	KOM-5	CAB-2	LIM-3	LIM-5
Bj:	92-96	95-96	92-96	94-96	98-00	98-00
Motor:	1.4 Ltr/44 kW	2.0 Ltr/100 kW	1.7 Ltr/60 kW	1.8 Ltr/85 kW	1.2 Ltr/48 kW	1.6 Ltr/55 kW
Code:	M19/57 KAT	F35/52 KAT	F35/51 KAT	F08/53 KAT	F08 KAT	F48 KAT

Front — **Gruppe I**

Ersatzteile	DM	AZ/h	DM	AZ/h	DM	AZ/h	DM	AZ/h	DM	AZ/h	DM	AZ/h
Verkleidung Stossfänger			544,80	1.3 fg					533,20	0.9	533,20	1.7 fg
Stossfängerverkleidung mit Verstärkung	338,70	0.7			338,70	0.7	555,60	1.3 fg				
Stossfänger vorne aus- und einbauen		0.3		0.3		0.3		0.3		0.5		0.5
Verstärkung			52,–	0.2 *								
Zierleiste			20,–									
Deckel vorn	373,60	0.8	373,60	1.0	373,60	1.0	373,60	1.0	388,20	1.3	388,20	1.3
Deckel vorn aus- und einbauen		0.2		0.2		0.2		0.2		0.3		0.3
Dichtung Deckel hinten	4,70	0.2			4,70	0.2			10,95	0.3	10,95	0.3
Abdämpfung			173,–	0.3	173,–	0.3	144,70	0.3				
Deckelscharnier	16,90	0.2 *	16,90	0.2 *	16,90	0.2 *	16,90	0.2 *	13,80	0.7	13,80	0.7
Tür vorn	467,40	2.1 cc	467,40	2.1 cc	467,40	1.9 cn	1.170,90	2.1 cf	517,60	2.6	496,60	2.6 cc
Tür vorne aus- und einbauen		0.9		0.9		0.8		0.9		0.6		0.6
Türhaut	252,70	3.8 cc	252,70	3.8 cc	252,70	3.6 cn	266,60	3.8 cf	266,60	5.4	181,90	5.3
Türverkleidung innen a+e		0.3		0.3		0.3		0.3		0.4		0.4

9.5 Lackierlisten (Fortsetzung)

Unverbindlich empfohlene Preise ohne USt

OPEL Mai 2001	Astra F		Astra F		Astra F		Astra F Cabrio		Astra G		Astra G	
Typ:	GLS		Caravan CDX 16V		Caravan Club TD		1.8i 16V		16V		Comfort	
Fz-Art:	LIM-4		KOM-5		KOM-5		CAB-2		LIM-3		LIM-5	
Bj:	92-96		95-96		92-96		94-96		98-00		98-00	
Motor:	1.4 Ltr/44 kW		2.0 Ltr/100 kW		1.7 Ltr/60 kW		1.8 Ltr/85 kW		1.2 Ltr/48 kW		1.6 Ltr/55 kW	
Code:	M19/57	KAT	F35/52	KAT	F35/51	KAT	F08/53	KAT	F08	KAT	F48	KAT
Heckblech	112,60	6.3					112,60	6.3	101,20	8.6	101,20	8.6
Heckblech seitlich l.	43,15	6.3	40,25	6.3	40,25	6.3	43,15	6.3	58,60	6.8	58,60	6.8
Heckblech seitlich r.	38,50	6.3	27,70	6.3	27,70	6.3	38,50	6.3	52,30	6.8	52,30	6.8
Heckblech aussen			75,60	6.3	75,60	6.3						
Heckblech innen			165,50	3.8 *	165,50	3.7 *						
Heckleuchtenträger	29,15	1.3 *					29,15	1.3 *	31,90	0.7 *	31,90	0.7 *
Heckboden	393,30	7.3 *	536,90	6.5 *	536,90	6.5 *	775,50	8.1	373,40	5.7 *	373,40	5.7 *
Heckboden Verlängerung	94,80											
Heckdeckel	384,50	1.0 cn					797,80	1.0 cn				
Heckklappe			522,10	2.8 cm	522,10	2.8 cm			481,90	4.2	481,90	4.2
Heckdeckel/Hecktür/Heckklappe a+e		0.2		0.8		0.8		0.2		0.9		0.9
Türhaut			262,60		262,60	4.8			299,20	7.0	299,20	7.0

MERCEDES-BENZ — **Uni/Metallic 1-Schicht**

190-190 E /W201)

MERCEDES-BENZ — **Uni/Metallic 2-Schicht**

Stufenheck
1983-1993
4-türig

Neuteil E / Neuteil M I		Oberfläche Innenteil II		Reparatur bis 50% III		Reparatur über 50% IV					Neuteil E / Neuteil M I		Oberfläche Innenteil II		Reparatur bis 50% III		Reparatur über 50% IV	
Std.	DM	Std.	DM	Std.	DM	Std.	DM	Pos.	FRONT	Bereich	Std.	DM	Std.	DM	Std.	DM	Std.	DM
	0,4		7,00					1330	**Frontblech innen oben**			**0,4**		9,40				
	0,4		4,90					1350	**Frontblech innen unten**			**0,4**		6,60				
1,0	34,60	**0,5**	17,20	**1,1**	22,10	**1,6**	27,20	1410	**Kotflügel vorn komplett**		**1,0**	43,80	**0,6**	23,10	**1,1**	28,00	**1,7**	33,10
—	—	**0,4**	8,20	**0,8**	10,50	**1,2**	12,90	1415	**Kotflügel vorn Oberteil**	**B**	—	—	**0,5**	11,00	**0,9**	13,30	**1,2**	15,70
—	—	**0,4**	9,00	**0,9**	11,60	**1,3**	14,20	1425	**Kotflügel vorn Unterteil**	**C-E**	—	—	**0,5**	12,10	**0,9**	14,70	**1,3**	17,30
2,2	124,40	**1,0**	61,90	**2,2**	79,60	**3,5**	97,70	1640	**Deckel vorn**		**2,4**	157,30	**1,1**	83,10	**2,4**	100,70	**3,7**	118,80
0,9	4,40	**0,4**	2,10	**0,7**	2,60	**1,0**	3,20	1810	**A-Säule oben aussen**		**0,9**	5,50	**0,4**	2,80	**0,7**	3,30	**1,0**	3,90
	0,6		23,00					1920	**Radhaus ohne Stirnwand**			**0,6**		30,80				
	0,8		45,90					1930	**Motorraum ohne Stirnwand**			**0,9**		61,60				
									MITTE									
1,3	56,00	**0,6**	27,90	**1,3**	35,80	**2,1**	44,00	2010	**Tür vorn komplett**	**K**	**1,4**	70,90	**0,7**	37,40	**1,4**	45,40	**2,1**	53,50
—	—	**0,4**	8,20	**0,8**	10,50	**1,2**	12,90	2015	**Tür vorn Oberteil**	**A-B**	—	—	**0,5**	11,00	**0,9**	13,30	**1,2**	15,70
—	—	**0,5**	11,10	**0,9**	14,20	**1,3**	17,50	2020	**Tür vorn Mitte**	**C-D**	—	—	**0,5**	14,90	**1,0**	18,00	**1,4**	21,30
—	—	**0,4**	8,60	**0,8**	11,10	**1,2**	13,60	2025	**Tür vorn Unterteil**	**E**	—	—	**0,5**	11,60	**0,9**	14,00	**1,3**	16,50
1,2	14,90	**0,4**	7,00	**0,8**	9,00	—	—	2100	**B-Säule**		**1,2**	18,60	**0,4**	9,40	**0,8**	11,30	—	—
1,2	47,00	**0,6**	23,40	**1,2**	30,00	**1,9**	36,90	2160	**Tür hinten komplett**	**K**	**1,2**	59,40	**0,6**	31,40	**1,3**	38,00	**1,9**	44,90
—	—	**0,4**	7,80	**0,8**	10,00	**1,2**	12,30	2165	**Tür hinten Oberteil**	**A-B**	—	—	**0,4**	10,50	**0,9**	12,70	**1,2**	15,00
—	—	**0,5**	9,80	**0,9**	12,70	**1,3**	15,50	2170	**Tür hinten Mitte**	**C-D**	—	—	**0,5**	13,20	**0,9**	16,00	**1,3**	18,90
—	—	**0,4**	5,70	**0,8**	7,40	**1,1**	9,10	2175	**Tür hinten Unterteil**	**E**	—	—	**0,4**	7,70	**0,8**	9,30	**1,1**	11,00
	0,4		2,10					2260	**Fensterrahmen vorn/hinten**			**0,4**		2,80				
1,6	29,90	**0,5**	13,90	**1,0**	17,90	**1,5**	22,00	2480	**Schweller**		**1,7**	37,30	**0,5**	18,70	**1,0**	22,70	**1,5**	26,80
4,6	129,10	**1,0**	60,30	**2,1**	77,50	**3,4**	95,10	2810	**Dach Mittelteil**		**5,1**	161,10	**1,1**	80,90	**2,4**	98,10	**3,6**	115,70
1,4	22,80	**0,5**	10,70	**0,9**	13,70	**1,3**	16,80	2815	**Dach seitlich**		**1,5**	28,50	**0,5**	14,30	**0,9**	17,30	**1,4**	20,50

Std.	DM	Std.	DM	Std.	DM	Std.	DM	Pos.	PARTIELACKIERUNG	Bereich	Std.	DM	Std.	DM	Std.	DM	Std.	DM
—	—	**9,9**	415,40	**20,6**	533,70	**31,7**	655,40	4600	**Ganzlackierung**		—	—	**10,8**	557,40	**21,8**	675,80	**32,8**	797,50

K 1 R		K 1 N		K 1 G		K 2		K 3			KUNSTSTOFF POSITIONEN		K 1 R		K 1 N		K 1 G		K 2		K 3	
0,5	27,90	**0,6**	32,30	**0,9**	32,50	**0,5**	18,50	**1,0**	21,40	1010	**Stossfänger vorn**	**ade**	**0,6**	40,10	**0,7**	44,50	**0,9**	44,70	**0,5**	27,10	**1,1**	30,00
0,3	1,60	**0,4**	1,80	**0,4**	1,80	**0,3**	1,00	**0,9**	1,20	1220	**Blende vorn seitlich**		**0,3**	2,20	**0,4**	2,50	**0,4**	2,50	**0,3**	1,50	**0,9**	1,70
0,3	6,20	**0,4**	7,20	**0,5**	7,20	**0,3**	4,10	**0,9**	4,80	1510	**Kotflügelblende vorn**		**0,3**	8,90	**0,4**	9,90	**0,5**	9,90	**0,3**	6,00	**0,9**	6,70
0,4	16,30	**0,5**	18,90	**0,7**	18,90	**0,4**	10,80	**1,0**	12,50	2045	**Türblende vorn**		**0,4**	23,40	**0,5**	26,00	**0,7**	26,10	**0,4**	15,80	**1,0**	17,50
0,4	10,90	**0,4**	12,60	**0,6**	12,60	**0,4**	7,20	**0,9**	8,30	2280	**Türblende hinten**		**0,4**	15,60	**0,5**	17,30	**0,6**	17,40	**0,4**	10,50	**0,9**	11,70
0,5	26,40	**0,6**	30,50	**0,8**	30,70	**0,5**	17,50	**1,0**	20,20	2550	**Schwellerblende**		**0,5**	37,90	**0,7**	42,10	**0,9**	42,20	**0,5**	25,60	**1,1**	28,30
0,3	1,60	**0,4**	1,80	**0,4**	1,80	**0,3**	1,00	**0,9**	1,20	3155	**Seitenwandleiste**		**0,3**	2,20	**0,4**	2,50	**0,4**	2,50	**0,3**	1,50	**0,9**	1,70
0,4	14,70	**0,5**	17,10	**0,6**	17,10	**0,4**	9,80	**1,0**	11,30	3160	**Seitenwandblende hinten vorn**		**0,4**	21,20	**0,5**	23,50	**0,7**	23,60	**0,4**	14,30	**1,0**	15,80
0,5	29,50	**0,6**	34,10	**0,9**	34,30	**0,5**	19,60	**1,0**	22,60	3860	**Stossfänger hinten**	**ade**	**0,6**	42,40	**0,7**	47,00	**0,9**	47,20	**0,5**	28,60	**1,1**	31,60

9.5 Lackierlisten (Fortsetzung)

MERCEDES-BENZ Mai 2001	Typ: Fz-Art: Bj: Motor: Code:	190		190		190		190		190		190	
		190 E 1.8 LIM-4 90-93 1.8 Ltr/80 kW W201 KAT		190 E LIM-4 88-91 2.0 Ltr/87 kW W201 KAT		190 E 2.0 LIM-4 91-93 2.0 Ltr/90 kW W201 KAT		190 E 2.3 LIM-4 88-91 2.3 Ltr/97 kW W201 KAT		190 E 2.3 LIM-4 91-93 2.3 Ltr/100 kW W201 KAT		190 E 2.6 LIM-4 86-93 2.6 Ltr/118 kW W201 KAT	

Front — **Gruppe I**

Ersatzteile	DM	AZ/h	DM	AZ/h	DM	AZ/h	DM	AZ/h	DM	AZ/h	DM	AZ/h
Emblem	7,18	0.3	7,18	0.3	7,18	0.3	7,18	0.3	7,18	0.3	7,18	0.3
Deckel vorn	**388,–**	**2.0**	**388,–**	**2.0**	**388,–**	**2.0**	**388,–**	**2.0**	**388,–**	**2.0**	**388,–**	**2.6**
Dichtung Deckel vorn	2,84		2,84		2,84		2,84		2,84			
Abdämpfung							60,14	0.8	50,13	0.8	138,75	0.8
Deckelscharnier	74,91	0.7	74,91	0.7	74,91	0.7	74,91	0.7	74,91	0.7	74,91	0.7
Gasdruckfeder	46,51	0.4	46,51	0.4	46,51	0.4	46,51	0.4	46,51	0.4	46,51	0.4
Verschluss oben	17,13	0.7	17,13	0.7	17,13	0.7	17,13	0.7	17,13	0.7	28,03	0.7
Verschluss unten	25,95		25,95		25,95		25,95		25,95		29,08	
Betätigungszug Deckelschloss	23,72	1.2	23,72	1.2	23,72	1.2	23,72	1.2	23,72	1.2	23,72	1.2
Schlossträger oben	**34,31**	**3.8**	**34,31**	**3.8**	**34,31**	**3.8**	**34,31**	**3.8**	**34,31**	**3.8**	**61,20**	**3.8**
Scheinwerferträger	44,85	7.2	44,85	7.2	44,85	7.2	44,85	7.2	44,85	7.2	44,85	7.2

5. Ein Kunde hat für seinen Astra G, Fließheck, Bj. 00, einen Stoßfänger vorn c-e zum Lackieren in der Werkstatt. Berechnen Sie anhand der Lackierlisten den Rechnungspreis.
Angaben zur Preisermittlung:
Stundenverrechnungssatz 57,26 €,
Materialindex für Lackiermaterial 1,26,
Metallic 2-Schicht-Lackierung,
Neuteil, abgebaut,
Mehrwertsteuer 16 %.

6. Berechnen Sie die Lackierkosten für eine Ganzlackierung eines Mercedes-Benz 190 E, Stufenheck. Angaben zur Kalkulation:
Stundenverrechnungssatz 63,35 €,
Materialindex für Lackiermaterial 1,18,
Uni 2-Schicht-Lackierung.
Berechnen Sie die Kosten für die
a) Lackierstufe II und
b) Lackierstufe III.
c) Um wie viel % ist die Lackierstufe III teurer als die Lackierstufe II?

7. Für einen Astra G, Fließheck, Bj. 98, sollen die beiden Türen durch neue ersetzt und lackiert werden. Der Kunde wünscht ein Angebot, ermitteln Sie die Kosten.
Angaben zur Kostenermittlung:
Stundenverrechnungssatz 57,26 €,
Materialindex für Lackierarbeiten 1,26.
Stundenverrechnungssatz für Montage 52,56 €, Materialindex 1,32.
Lackierung an abgebauten Teilen.
Zusatz für Farbmuster und Farbtonfindung Lackierung Metallic 1-Schicht.
Berechnen Sie, um wie viel teurer die Lackierarbeit kommt, wenn auf Grund von Erhöhungen der Lohn- und Lohnnebenkosten beide Stundenverrechnungssätze um 3,8 % steigen.

8. Der Besitzer eines Astra G, Fließheck, Bj. 98, möchte ein Angebot für die Ganzlackierung seines Fahrzeugs. Er möchte einen Preisvergleich zwischen einer Uni 1-Schicht und einer Uni 2-Schicht Lackierung.
Angaben zur Kostenermittlung:
Stundenverrechnungssatz 50,41 €,
Materialindex 1,15, Lackierstufe II.

9. Wegen eines Hagelschadens muss bei einem Mercedes Benz 190 E, Baujahr 1993, eine Reparaturlackierung durchgeführt werden. Lackierung 2-Schicht Uni, Reparatur über 50 %, zusätzlich Farbtonfindung.
Stundenverrechnungssatz 65,85 €, Materialindex für alle Arbeiten 1,35, Deckel vorn, Dach Mittelteil.
Berechnen Sie die Reparaturkosten netto. Für Abholen und Rücktransport des Wagens werden pauschal 180,00 € berechnet. Wie hoch sind die Gesamtkosten einschließlich der gültigen Mehrwertsteuer?

10 Lohnberechnung

Lohn ist Entgelt für geleistete Arbeit. Maler/innen und Lackierer/innen erhalten Lohn nach dem Rahmentarifvertrag und den Lohntarifverträgen für das Maler- und Lackiererhandwerk. Die Vergütung der Auszubildenden wird nach dem Ausbildungsvergütungsvertrag bundeseinheitlich geregelt.

10.1 Rahmentarifvertrag (RTV)

Der Rahmentarifvertrag für die gewerblichen Arbeitnehmer im Maler- und Lackiererhandwerk ist gültig vom 30. März 1992, i. d. F. vom 01. September 1992 und dem 28. September 1998. Er ist zwischen dem Hauptverband Farbe, Gestaltung, Bautenschutz – Bundesinnungsverband des deutschen Maler- und Lackiererhandwerks, und der Industriegewerkschaft Bauen-Agrar-Umwelt, Bundesvorstand, geschlossen worden.

Der räumliche Geltungsbereich umfasst das Gebiet der Bundesrepublik Deutschland außer Saarland. Zum betrieblichen Geltungsbereich gehören alle Betriebe des Maler- und Lackiererhandwerks, d. h., alle Betriebe, die Maler-, Lackierer-, Tüncher-, Weißbinder-, Schildermaler-, Fahrzeug- und Metalllackierer-, Gerüstbau-, Entrostungs- und Eisenanstrich-, Wärmedämmverbundsystem-, Betonschutz-, Oberflächensanierungs- und Asbestbeschichtungsarbeiten ausführen.

Die regelmäßige wöchentliche Arbeitszeit beträgt 39 Stunden, die werktägliche Arbeitszeit ausschließlich der Ruhepausen beträgt von montags bis donnerstags 8 Stunden, freitags 7 Stunden. Von dieser Regelung kann im Einvernehmen zwischen Arbeitgeber und Arbeitnehmer abgewichen werden.

Durch gesonderte Tarifverträge zwischen den Landesinnungsverbänden des Maler- und Lackiererhandwerks und den Landesverbänden der IG Bauen-Agrar-Umwelt werden die Löhne in einem Tarifvertrag festgelegt.

Im Tarifvertrag sind die Stundenlöhne nach Lohngruppen Tab. **10**.1 eingeteilt.

Ecklohn ist der Lohn, der den Facharbeiter/innen und Gesellen/innen mit ordnungsgemäßer Ausbildung nach zweijähriger tatsächlicher Tätigkeit im Maler- und Lackiererhandwerk gezahlt wird.

Ausbildungsvergütung ab 01.08.2000

1. Lehrjahr	417,00 €/Monat
2. Lehrjahr	455,00 €/Monat
3. Lehrjahr	589,00 €/Monat

Die Ausbildungsvergütung für gewerbliche und kaufmännische Auszubildende in Maler- und Lackierbetrieben wurden aufgrund des zentralen Ausbildungsvergütungsvertrages bundeseinheitlich festgelegt.

Für in Maler- und Lackierbetrieben beschäftigte Verputzer gilt ein eigener Tarifvertrag (01. Juli 2001).

Im Tarifvertrag für kaufmännische und technische Angestellte im Maler und Lackiererhandwerk werden die Gehälter unterschieden nach Beschäftigungsgruppen (1 bis 5) und Berufsjahren. Im übrigen werden die Gehälter nach freier Vereinbarung gezahlt.

Wochenzettel (Tagelohnzettel) Zum Nachweis der geleisteten Arbeit hat der Arbeitnehmer einen Arbeitsstundennachweis zu führen. Aus ihm sind die Arbeitsstellen, die ausgeführten Arbeiten und die geleisteten Arbeitsstunden ersichtlich.

Tabelle **10**.1 Tariflöhne (Beispiel Hessen, ab 01. Juli 1001)

Löhne für Maler und Lackierer			**Stundenlohn €**
A Facharbeiter/innen und Gesellen/innen nach Beendigung der Berufsausbildung			
Gruppe I		Fachvorarbeiter/innen (115 % des Ecklohns) Die vom Betriebsinhaber als solche bestimmt sind.	14,75
Gruppe II		Spezialfacharbeiter/innen	
	a)	Dekorationsmaler/innen mit zusätzlicher Ausbildung (108 % des Ecklohnes)	13,86
	b)	Facharbeiter/innen und Gesellen/innen mit ordnungsgemäßer Ausbildung, die abwechselnd Maler- und Verputzarbeiten ausführen, wobei im Jahresdurchschnitt mehr als ein Drittel der Arbeitszeit auf Malerarbeiten entfällt (105 % des Ecklohnes)	13,47
Gruppe III			
	a)	Facharbeiter/innen und Gesellen/innen mit ordnungsgemäßer Ausbildung; ab dem 10. Beschäftigungsjahr ausschließlich der Ausbildung (105 % des Ecklohnes)	13,47
	b)	Facharbeiter/innen und Gesellen/innen mit ordnungsgemäßer Ausbildung ab dem 3. Beschäftigungsjahr (100 % des Ecklohnes)	12,83
	c)	Facharbeiter/innen und Gesellen/innen mit ordnungsgemäßer Ausbildung ab dem 2. Beschäftigungsjahr (95 % des Ecklohnes)	12,19
	d)	Facharbeiter/innen und Gesellen/innen im 1. Beschäftigungsjahr (90 % des Ecklohnes)	11,54
B Gewerbliche Arbeitnehmer/innen ohne abgeschlossene Ausbildung			
	a)	im 1. und 2. Jahr der Gewerbezugehörigkeit 60 % des Ecklohns	7,69
	b)	im 3. und 4. Jahr der Gewerbezugehörigkeit 70 % des Ecklohns	8,98
	c)	ab dem 5. Jahr der Gewerbezugehörigkeit 80 % des Ecklohns	10,26
	d)	ab dem 5. Jahr der Betriebszugehörigkeit 85 % des Ecklohns	10,91
C Fahrzeuglackierer/innen		Für die Fahrzeuglackierer/innen besteht kein besonderer Lohntarifvertrag. Es gelten die Löhne für Maler und Lackierer.	

10.2 Zuschläge

Erschwerniszuschläge sind nach dem Rahmentarifvertrag für bestimmte Arbeiten auf den vereinbarten Lohn zu zahlen.

Zuschläge sind für Mehrarbeit, Nachtarbeit, Sonn und Feiertagsarbeit aus dem jeweiligen vereinbarten Stundenlohn des Arbeitnehmers zu berechnen.

Tabelle **10**.2 Erschwerniszuschläge (Auswahl aus RTV § 35)

Zuschläge für	**Zuschläge**
b) Ablaugen, Abbeizen oder Abbrennen alter Anstriche	10 %
e) Arbeiten mit außergewöhnlicher Staubentwicklung und Verschmutzung	10 %
f) Auf- und Abbau von Gerüsten für die 1 Stunde pro Tag überschreitende Zeit	10 %
i) Arbeiten, die mit Sicherheitsgurt und Fangleine ausgeführt werden müssen	10 %
k) Arbeiten, bei denen wegen gesundheitlicher Gefährdung Schutzhandschuhe getragen werden müssen	10 %
l) Erschwernisse (z.B. Stemmarbeiten, Bohrarbeiten) bei Betonschutz-, Oberflächensanierungs- und Wärmedämm-Verbundsystemarbeiten für die 1 Stunde pro Tag überschreitende Zeit	10 %
m) Arbeiten auf Glasdächern	15 %
n) Arbeiten auf beweglichen Hägegerüsten oder Arbeiten auf Gerüsten über einer Höhe von 20,00 m über der Erdoberfläche	15 %
o) Arbeiten, bei denen wegen gesundheitlicher Gefährdung eine Schutzmaske getragen werden muss	20 %

Fallen mehrere Erschwerniszuschläge zusammen, so sind die Zuschläge nebeneinander bis zu einer Obergrenze von 30 % zu zahlen.

Tabelle **10**.3 Zuschläge (RTV § 36)

Zuschläge betragen	**Zuschläge**
a) für Mehrarbeit	25 %
b) für Nachtarbeit (zwischen 20.00 und 6.00 Uhr)	25 %
c) für Arbeit an Sonntagen	50 %
d) für Arbeiten an gesetzlichen Feiertagen, auch wenn diese auf einen Sonntag fallen	125 %
e) für Arbeiten am Oster- und Pfingstmontag, am 1. Mai, an den Weihnachtsfeiertagen und am Neujahrstag, soweit sie gesetzliche Feiertage sind	200 %

Fallen mehrere Bedingungen zusammen, addieren sich alle entsprechenden Zuschläge.

10.3 Lohnabzüge

Bruttolohn ist der dem Arbeitnehmer zustehende tatsächliche Lohn ohne Abzug der Steuern und Sozialversicherung.

Nettolohn ist die zur Auszahlung kommende Lohnsumme nach Abzug von Steuern und Sozialversicherung.

Die Lohnsteuer ist von der Bruttolohnsumme und der Steuerklasse abhängig. Sie ist aus Lohnsteuertabellen zu ermitteln.

Der Solidaritätszuschlag wird mit 5,5 % von der Lohnsteuer berechnet.

Die Kirchensteuer wird in einem Prozentsatz von der Lohnsteuer berechnet und ist in der Höhe je nach Bundesland verschieden:
8 % in Bayern, Baden-Württemberg, Bremen, Hamburg,
9 % in allen übrigen Bundesländern.

Als Sozialversicherung gelten alle Beiträge an die Krankenkasse, die Arbeitslosen-, die Renten- und die Pflegeversicherung.

10.4 Beiträge für den Arbeitnehmer zur Sozialversicherung ab 2001.

>	Rentenversicherung	9,55 %
>	Krankenversicherung nach der jeweiligen Satzung, z.B.	6,80 %
>	Pflegeversicherung	0,85 %
>	Arbeitslosenversicherung	3,25 %
	Gesamtsumme Beiträge	**20,45 %**

Einen gleichen Prozentsatz (20,45 %) trägt der Arbeitgeber.

Nur die Beiträge zur gesetzlichen Unfallversicherung (Berufsgenossenschaft) trägt der Arbeitgeber allein. Die Höhe richtet sich nach der Gefahrenklasse des Betriebes und der Anzahl der Beschäftigten.

Lohnzahlung. Das Arbeitsentgelt ist vom Arbeitgeber monatlich zu zahlen. Abschlagszahlungen können nur für bestimmte Zeiträume vereinbart werden. Die regelmäßige wöchentliche Arbeitszeit beträgt 39 Stunden, durchschnittlich werden im Monat 164 Stunden gerechnet. Tatsächlich geleistete Stunden werden in den betrieblichen Arbeitsnachweisen aufgeführt und diese dem Arbeitgeber ausgehändigt.

Steuerklassen. Unbeschränkt einkommensteuerpflichtige Arbeitnehmer werden in Steuerklassen eingestuft. Wichtige Kriterien dafür sind z.B. der Familienstand und die Zahl der Kinder.

Tabelle **10**.5 Lohnsteuerklassen (§ 38b EStG)

Steuerklasse	Voraussetzungen
I	a) Ledige b) Verheiratete, Verwitwete oder Geschiedene, bei denen die Voraussetzungen für die Steuerklasse II oder IV nicht erfüllt sind c) Beschränkt steuerpflichtige Arbeitnehmer mit mindestens 1 Kind
II	Die in der Steuerklasse I bezeichneten Arbeitnehmer, wenn bei ihnen der Haushaltsfreibetrag (§ 32 Abs. 7 EStG) zu berücksichtigen ist
III *)	a) Verheiratete, wenn beide Ehegatten unbeschränkt einkommensteuerpflichtig sind und nicht dauernd getrennt leben und aa) der Ehegatte keinen Arbeitslohn bezieht oder bb) der Ehegatte auf Antrag in die Steuerklasse V eingereiht wird

Tabelle **10**.5 Lohnsteuerklassen (Fortsetzung)

Steuerklasse	Voraussetzungen
III *)	b) Verwitwete, wenn sie und ihr verstorbener Ehegatte im Zeitpunkt seines Todes unbeschränkt einkommensteuerpflichtig waren und in diesem Zeitpunkt nicht dauernd getrennt gelebt haben, für das auf das Todesjahr folgende Kalenderjahr c) Geschieden, wenn aa) im Kalenderjahr der Auflösung der Ehe beide Ehegatten unbeschränkt einkommensteuerpflichtig waren und nicht dauernd getrennt gelebt haben und bb) der andere Ehegatte wieder geheiratet hat, von seinem neuen Ehegatten nicht dauernd getrennt lebt und er und sein neuer Ehegatte unbeschränkt einkommensteuerpflichtig sind für das Kalenderjahr, in dem die Ehe aufgelöst worden ist
IV *)	Verheiratete, wenn beide Ehegatten unbeschränkt einkommensteuerpflichtig sind und nicht dauernd getrennt leben und der Ehegatte des Arbeitnehmers ebenfalls Arbeitslohn bezieht
V	Arbeitnehmer - wie bei Steuerklasse IV bezeichnet - falls der eine Ehegatte in die Steuerklasse III eingereiht wird
VI	Arbeitnehmer mit einem zweiten oder weiteren Dienstverhältnis

*) Gilt nur für Personen, die die Voraussetzungen des § 1 Abs. 1 oder 2 oder § 1a EStG erfüllen.

10.4 Lohnberechnungen

Grundlagen für die Beispiele sind der Tarifvertrag für das Land Hessen (Juli 2001).
Die für die Beiträge zur Zusatzversorgungskasse abzuziehende Lohnsteuer (1 %) und Kirchensteuer wurden bei den Aufgaben nicht berücksichtigt.

Die Berechnungsbeispiele sind allgemeine Lohnberechnungen, sie berücksichtigen nicht individuelle Freibeträge.

Bruttolohn abzüglich Lohnsteuer (Lst), Solitaritätszuschlag (SolZ), Kirchensteuer (Kst) und Sozialversicherungsbeiträge (SozVers) ergibt den Nettolohn.

Beispiel 1 Ein Geselle, 34 Jahre, ledig, kein Kind, ev., Steuerklasse I, Gruppe III a (Geselle mit ordnungsgemäßer Ausbildung, 14. Beschäftigungsjahr) arbeitet 172 Std./Monat, Stundenlohn 13,47 €.

172 Std. · 13,47 € = Bruttolohn 2.316,84 €/Monat

Berechnung Nettolohn:

Bruttolohn		2.316,84 €
Abzüge:		
Lst	388,71 €	
SolZ	21,38 €	
Kst	34,98 €	
SozVers	473,79 €	
Abzüge gesamt:	918,86 €	
Nettolohn		**1.397,98 €**

Beispiel 2 Ein Geselle, 34 Jahre, verheiratet, zwei Kinder, rk., Steuerklasse III, Gruppe III a, arbeitet 172 Std./Monat, Stundenlohn 13,47 €.

172 Std. · 13,47 € = Bruttolohn 2.316,84 €/Monat

Berechnung Nettolohn:

Bruttolohn		2.316,84 €
Abzüge:		
Lst	136,09 €	
SolZ	0,00 €	
Kst	12,25 €	
SozVers	473,79 €	
Abzüge gesamt:	622,13 €	
Nettolohn		**1.694,71 €**

Beispiel 3 Eine Gesellin, 26 Jahre, verheiratet, kein Kind, o.K., Steuerklasse IV, Gruppe III b, arbeitet 43 Std. in der Woche (39 Normalstunden und 4 Überstunden), Stundenlohn 12,83 €, Zuschlag für Mehrarbeit 25 %.

43 Std. · 12,38 € = 551,69 € + 4 Std. · 3,21 € = Bruttolohn 564,53 €

Berechnung Nettolohn:

Bruttolohn		564,53 €
Abzüge:		
Lst	98,42 €	
SolZ	5,41 €	
Kst	0,00 €	
SozVers	115,45 €	
Abzüge gesamt:	219,25 €	
Nettolohn		**364,25 €**

Beispiel 4 Ein Geselle, 21 Jahre, ledig, kein Kind, rk., Steuerklasse I, Gruppe III d, arbeitet 39 Std./Woche, davon 12 Stunden Gerüstbauarbeiten, Stundenlohn 11,54 €, Zuschlag für Gerüstbauarbeiten 10 %.

39 Std. · 11,54 € = 450,06 € + 12 Std. · 1,15 € = Bruttolohn 463,86 €

Berechnung Nettolohn:

Bruttolohn		463,86 €
Abzüge:		
Lst	67,42 €	
SolZ	3,71 €	
Kst	6,06 €	
SozVers	94,86 €	
Abzüge gesamt:	172,05 €	
Nettolohn		**291,81 €**

Beispiel 5 Eine Auszubildende, 3. Lehrjahr, 19 Jahre, ledig, kein Kind, ev., Steuerklasse I, Ausbildungsvergütung 589,00 €.

Berechnung Nettolohn:

Bruttolohn		589,00 €
Abzüge:		
Lst	106,49 €	
SolZ	5,85 €	
Kst	9,58 €	
SozVers	120,45 €	
Abzüge gesamt:	242,37 €	
Nettolohn		**346,63 €**

Für die folgenden Aufgaben sind, wenn notwendig, die gültigen Lohnsteuertabellen der Finanzämter zu verwenden.

Aufgaben

1. Auf einem Wochenstundenzettel sind folgende Arbeitsstunden notiert: Montag 8 ¼ Std., Dienstag 7 Std., Mittwoch 8 ¾ Std., Donnerstag 9 ½ Std., Freitag 7 ¼ Std.
   Der Stundenlohn beträgt 11,54 €, (Gruppe III d).
   Wie hoch ist der Bruttowochenlohn?

2. Ein Geselle arbeitet 39 Stunden in der Woche, sein Stundenlohn beträgt 12,83 € , (Gruppe III b).
   Berechnen Sie den Bruttolohn/Woche.

3. Der Juli hat 18 Arbeitstage mit 8 Stunden und 4 Tage mit 7 Stunden. Stundenlohn der Gesellin 13,47 € (Gruppe III a).
   Berechnen Sie den Bruttolohn.

4. Ein Geselle arbeitet in einem Monat an 18 Tagen 8 Stunden und an 5 Tagen 7 Stunden, Lohngruppe III c.
   Berechnen Sie den monatlichen Bruttolohn.

5. Eine Gesellin im 1. Beschäftigungsjahr arbeitet 156 Stunden im Monat.
   Wie hoch ist der Bruttolohn?

6. Ein Lackierergeselle arbeitet pro Woche 39 Stunden. Er vereinbart mit seinem Arbeitgeber pro Woche zusätzlich 4 Überstunden zu leisten. Der Stundenlohn beträgt 12,83 €. Der Zuschlag für jede Überstunde beträgt 25 % vom Stundenlohn.
   Wie hoch ist der Bruttolohn des Gesellen nach 4 Wochen?

7. Der Fachvorarbeiter Gruppe I arbeitet wöchentlich 49 Stunden.
   Berechnen Sie den Bruttolohn für 4 Arbeitswochen unter Berücksichtigung der Mehrarbeit.

8. Für einen Arbeitnehmer ohne abgeschlossene Berufsausbildung, 8 Jahre Betriebszugehörigkeit, fallen in einer Woche 6 Überstunden und 8 Stunden Erschwernis für das Tragen einer Schutzmaske an.
   Wie hoch ist der Bruttolohn in dieser Woche?

9. Ein Fahrzeuglackierer, Lohngruppe III a, arbeitet 4 Wochen je 39 Stunden, zusätzlich arbeitet er an 3 Samstagen je 6 Stunden.
   Berechnen Sie den Bruttolohn.

10. Der Stundenlohn für einen Gesellen beträgt 13,47 € bei 39 Wochenarbeitsstunden. Von seinem Bruttolohn werden ihm für Sozialversicherung und Steuern 38,1 % abgezogen.
    Wie hoch ist sein Nettolohn?

11. Ein Geselle der Gruppe III b bekommt einen Monatslohn von 1.881,01 € brutto. Abzüge Lohn-, Kirchensteuer und Solidaritätszuschlag 336,27 € sowie Sozialversicherung 20,45 %.
    Wie viel € erhält der Geselle netto?

12. Ein Geselle im 2. Beschäftigungsjahr arbeitet 164 Stunden im Monat, Steuerklasse III, verheiratet, ohne Kind, ev.
Wie hoch ist die Summe der steuerlichen Belastung?

13. Ein Geselle, Gruppe III a, erhält bei regulärer Arbeitszeit 2.102,39 € im Monat. Hinzu kommen in diesem Monat 8 Stunden Nachtarbeit und Zuschlag für 12 Stunden Ablaugarbeiten.
a) Wie hoch ist die Bruttolohnsumme?
b) Wie viel € erhält der Geselle Netto, bei folgenden persönlichen Vorgaben: Steuerklasse III, 1 Kind, katholisch?

14. Ein Geselle, Gruppe II b, ohne Kind, arbeitet im November 171 Stunden und erhält 2.300,37 €. Im Dezember erhält er für 164 Stunden 2.209,08 € und eine Sondervergütung (Weihnachtsgeld) von 50 Ecklöhnen = 641,50 €. Der Geselle hat die Lohnsteuerklasse IV, er ist evangelisch.
Berechnen Sie die Nettolöhne der beiden Monate. Vergleichen Sie prozentual den Unterschied zwischen den Brutto- und Nettolöhnen.

15. Drei Gesellen:
ein Fachvorarbeiter 14,75 €/Std.,
ein Geselle 13,47 €/Std.,
ein Geselle 12,19 €/Std. führen zusätzlich zu ihrer normalen Arbeitszeit an einem Wochenende in einer Arztpraxis Malerarbeiten aus. Es fallen je Geselle am Samstag 9 Std. und am Sonntag 8 Std. an.
a) Berechnen Sie die anfallenden Lohnkosten für die Gesellen.
b) Um wie viel € ist die Lohnsumme gegenüber einer Ausführung der Malerarbeiten während der regulären Arbeitszeit höher?

16. Ein Malergeselle hat in einem Monat den Bruttolohn von 2.051,73 €.
a) Berechnen Sie den Nettolohn, Steuerklasse IV, 1 Kind, konfessionslos.
b) Er benutzt auf Anordnung des Arbeitgebers während der Arbeitszeit sein eigenes Fahrzeug. Er fährt 486 km, die steuerfreie Kilometerpauschale beträgt 0,29 €.
Wie hoch ist der gesamte Nettolohn?

17. Ein Malerlehrling hat die praktische Gesellenprüfung nicht bestanden. Er bekommt von seinem Arbeitgeber 8,98 €/Std. Arbeitslohn. Der zweite Lehrling hat die Prüfung bestanden, er wird entsprechend der Gruppe III d mit 11,54 €/Std. entlohnt.
a) Um wie viel € liegt der monatliche Bruttolohn – bei 164 Std. – des Gesellen höher als der des Hilfsarbeiters?
b) Wie hoch ist der Nettolohn bei beiden, (Steuerklasse I, rk.)?

18. Ein Malermeister erhält als Monatslohn 3.013,00 € brutto. Auf seiner Lohnsteuerkarte ist ein Freibetrag von 182,50 € eingetragen. Die Lst beträgt 22,50 %, SolZ 5,5 %, Kst 9 %, SozVers 23,45 %.
Berechnen Sie den Nettolohn.

19. Ein Arbeitnehmer erhält für seinen Jahresurlaub von 29 Arbeitstagen ein Urlaubsentgeld von 3.046,74 €. Als zusätzliches Urlaubsgeld stehen ihm 25 v.H. des Urlaubsentgeldes zu.
a) Berechnen Sie die Bruttosumme, die ihm für seine Urlaubszeit zusteht.
b) Wie viel € verbleiben als Nettolohn, wenn für Lst 19,5 %, SolZ 5,5 %, Kst 8 % und SozVers 22,45 % abzuziehen sind?

20. An einer auswärtigen Baustelle müssen die Gesellen übernachten. Damit haben sie Anspruch auf Auslösung. Die Auslösung beträgt pro Tag zwei Ecklöhne (Tab. **10**.1).
a) Berechnen Sie die Auslösung von 3 Gesellen für 23 Kalendertage.
b) Um wie viel € erhöht sich der Bruttolohn eines Gesellen von 2.316,84 €.

21. Der Monat Juni hat 19 Arbeitstage mit 8 Std. und 4 Tage mit 7 Std.. Bei einem Fachvorarbeiter, Stundenlohn (Tab. **10**.1), sind zusätzlich 5 Überstunden und 6 Stunden Nachtarbeit angefallen. Die Steuer- und Sozialversicherungsabzüge betragen 35,74 %.
Wie viel € bekommt der Fachvorarbeiter ausbezahlt, wenn er schon 750,00 € Vorschuss erhalten hat?

22. Ein Verputzer als Spezialfacharbeiter, Lohnsteuerkl. III, rk., hat einen Stundenlohn von 14,72 €. Er arbeitet im Monat 162 Std. plus 12 Überstunden.
a) Berechnen Sie den Bruttolohn.
b) Wie hoch ist der Nettolohn?

10.5 Urlaubskasse

Die rechtlichen Grundlagen für die Urlaubskasse und die Zusatzversorgungskasse im Maler- und Lackiererhandwerk sind durch **allgemeinverbindlich** erklärte Tarifverträge geregelt. Unter das Urlaubskassenverfahren fallen **alle** gewerblichen Arbeitnehmer, technische und kaufmännische Angestellte und **alle** Arbeitgeber im Maler- und Lackiererhandwerk.

Jugendliche Arbeitnehmer und Auszubildende nehmen an dem Verfahren nicht teil.

Die Arbeitgeber erbringen die Mittel für die tariflich festgelegten Leistungen der Urlaubskasse (uk) und der Zusatzversorgungskasse (zvk) durch den Beitrag.

Die Beiträge sind der Urlaubskasse in einer Summe zu melden und zu zahlen.

Die Beiträge sind wie folgt festgelegt:

Beitrag uk	17,0 %
Beitrag zvk	1,0 %
Gesamt	**18,0 %**

Grundlage für die Beitragsberechnung ist die lohnsteuerpflichtige Bruttolohnsumme ohne Berücksichtigung von persönlichen Freibeträgen.

Die Angabe der Bruttolohnsummen und die Beitragsmeldung erfolgt auf Meldeformularen, die für jeden Monat abzugeben sind, spätestens bis zum 15. des folgenden Monats.

10.6 Die Meldung

GEMEINNÜTZIGE URLAUBSKASSE FÜR DAS MALER- UND LACKIERERHANDWERK
John-F.-Kennedy-Str. 6 · 65189 Wiesbaden

DUPLIKAT für den Arbeitgeber

ZUSATZVERSORGUNGSKASSE DES MALER- UND LACKIERERHANDWERKS VVaG
John-F.-Kennedy-Str. 6 · 65189 Wiesbaden

Muster

Firma HEID KG Fulda

765234/7
Betriebskonto-Nr.

Meldung **für den Abrechnungszeitraum** Januar 2001 0497

6
Anzahl **gewerbl. Arbeitnehmer**

Euro | Cent: 1 3 6 1 1 | 8 4
lohnsteuerpflichtige Bruttolohnsumme der **gewerbl. Arbeitnehmer**

davon 18,0% Beitrag = Beitrag der gewerbl. Arbeitnehmer

Euro | Cent: 2 5 1 8 | 1 9

+

1
Anzahl der **techn. und kfm. Angestellten**

X 13,00 €

Monatsbeitrag = Beitrag der Angestellten: 1 3 | 0 0

=

Gesamtbetrag 2 5 3 1 | 1 9

Werden keine gewerblichen Arbeitnehmer oder keine techn. und kfm. Angestellten beschäftigt, dann sind die entsprechenden Felder mit einer "0" zu versehen.

Einsendung dieser Meldung und Einzahlung der Beträge bis
Bei verspätetem Eingang werden Verzugszinsen berechnet.

Unterschrift

Stempel und rechtsverbindliche Unterschrift

Ort: Fulda den 16.08.2001

Der Beitragssatz von 18,0 % gliedert sich auf in 17,0 % für die Urlaubskasse und 1 % für die Zusatzversorgungskasse.

Jeder gewerbliche Arbeitnehmer - ausgenommen Lehrlinge - hat eine Lohnnachweiskarte. Die Lohnnachweiskarte für den Urlaub und die Zusatzversorgung gehört zu den Arbeitspapieren. Eintragungen in die Lohnnachweiskarte werden nur durch die Arbeitgeber im Maler- und Lackiererhandwerk vorgenommen.

Der Urlaubsanspruch der gewerblichen Arbeitnehmer bemisst sich nach Alter und Betriebszugehörigkeit. Samstage zählen nicht als Urlaubstage.

Urlaubsanpruch
Der Jahresurlaub beträgt seit 1. Januar 1995:

	Arbeitstage	% vom Bruttolohn
für Arbeitnehmer über 18 Jahre	26	9,9 %
für Arbeitnehmer über 18 Jahre, bei ununterbrochener mindestens 5-jähriger Betriebszugehörigkeit	29	11,0 %
für Arbeitnehmer über 35 Jahre	29	11,0 %
für Arbeitnehmer über 35 Jahre, bei ununterbrochener mindestens 5-jähriger Betriebszugehörigkeit	30	11,4 %

Berechnung des Urlaubsentgeltes

Das Urlaubsentgelt tritt während des Urlaubs an die Stelle des Lohnes.
Es beträgt bei einem Urlaubsanspruch (lt. Rahmentarifvertrag)

- von 26 Arbeitstagen 9,9 %
- von 29 Arbeitstagen 11,0 %
- von 30 Arbeitstagen 11,4 %

des lohnsteuerpflichtigen Bruttolohnes.

Zusätzliches Urlaubsgeld

Zusammen mit dem Urlaubsentgelt hat der Arbeitnehmer Anspruch auf ein zusätzliches Urlaubsgeld.

Es beträgt 25 % vom auszuzahlenden Urlaubsentgelt und ist gleichzeitig mit diesem auszuzahlen.

Die Abgeltungssumme ist im Auszahlungsmonat als Bruttolohn zu melden und daraus ist entsprechend der Beitrag zu zahlen.

Beispiel Geselle Klaus Müller

Vorgaben:

Alter des Arbeitnehmers:	36 Jahre
im Betrieb beschäftigt seit:	12 Jahre
Jahresurlaubsanspruch:	30 Tage
Urlaubsprozentsatz:	1,4 %
durchschnittlicher Verdienst:	103,12 €/Tag und 105,06 €/Tag (ab 01.06.2001)
Resturlaubsentgelt aus Vorjahr:	852,79 € = 8 Urlaubstage

Urlaub 16 Tage im Juni

Ermittlung der Bruttolohnsumme für die Abrechnung Juni 2001

Steuerbrutto Januar bis Mai 2001	
11.144,46 € · 11,4 %	1.270.46 €
Resturlaub aus Vorjahr	+ 852,79 €
Summe Urlaubsanspruch bis Mai	**2.123,25 €**

Abgerechneter Urlaubsanspruch im Juni 2001	
16 · 103,12 €	1.649,92 €
+ 25 % zusätzliches Urlaubsgeld	+ 412,48 €
Gesamt	**2.062,40 €**

Bruttolohnsumme Juni 2001	
Steuerbrutto ohne Urlaubsgeld (5 Tage)	515,60 €
Steuerbrutto Urlaubsgeld	+ 2.062,40 €
Gesamt Steuerbrutto Juni	**2.578,00 €**

Urlaub 12 Tage im Dezember

Ermittlung der Bruttolohnsumme für Abrechnung Dezember 2001

Steuerbrutto Januar bis November 2001	
24.897,80 € · 11,4 %	2.838,34 €
Resturlaub aus Vorjahr	+ 852,79 €
Abgerechneter Urlaubsanspruch Juni	− 1.649,92 €
Summe Urlaubsanspruch bis November	**2.041,21 €**

Abgerechneter Urlaubsanspruch im Dezember 2001	
12 · 105,06 €	1.260,79 €
+ 25 % zusätzliches Urlaubsgeld	+ 315,20 €
Gesamt	**1.575,99 €**

Bruttolohnsumme Dezember 2001	
Steuerbrutto ohne Urlaubsgeld (9 Tage)	993,38 €
Steuerbrutto Urlaubsgeld	+ 1.575,99 €
Gesamt Steuerbrutto Dezember	**2.569,37 €**

Ermittlung des Resturlaubsentgeltes und der Resturlaubstage zum 31.12.2001

Steuerbrutto bis November	24.897,80 €
Steuerbrutto Dezember	+ 2.569,37 €
Gesamt Steuerbrutto 31.12.01	**27.467,17 €**

Urlaubsanspruch	
(27.467,17 € · 11,4 %)	3.131,26 €
Resturlaub aus Vorjahr	+ 852,79 €
Urlaub im Juni	− 1.649,92 €
Urlaub im Dezember	− 1.260,79 €
Resturlaubsentgelt	**1.073,34 €**

Resturlaub für nächstes Jahr	**10 Tage**

10.7 Lohnnachweiskarte 2001 Teil C

Lohnnachweiskarte 2001 Teil C **ist der Urlaubskasse nach Abschluß, spätestens im Januar 2002 einzusenden (Hinweise auf Blatt 2 beachten)**

Arbeitgeber Unterschrift und Stempel	Betriebskonto-Nr. / Arbeitsverhältnisse während 2001 vom	bis	Bruttolohn €	Urlaubsentgeltanspruch aus Bruttolohn bzw. Ausgleichsbeträge % Satz	€	Kennz. Ausgleichsbeträge*	davon gewährter Urlaub: Urlaubsentgelt €	zusätzliches Urlaubsgeld €	Summe 5 a + 5 b = Bruttobetrag €
	2		3	4	4 a	4 b	5 a	5 b	6
1 HEID KG Fulda	765234/7		Resturlaubsentgelt aus dem Jahre 2000 ▶		852,79				
2	765234/7 01.01.	31.12.	27.467,17	11,4	3.131,26		2.910,71	727,68	3.638,39
3									
4									
5									

Beim Abschluß der Lohnnachweiskarte bitte die Spalte 4 a und die Spalte 5 a addieren und die Ergebnisse voneinander abziehen.

3.983,99 Summe 4 a abzüglich 2.910,71 Summe 5 a = 1.073,28 Resturlaubsentgelt

* Kennz. Ausgleichsbeträge: A = Kündigung wegen schlechter Witterung B = Weiterbildung K = Krankheit W = Wehrübung E = Ehrenamtstätigkeit Z = Kurzarbeit

Erstattung

Mit der Zahlung des Urlaubsentgeltes und des zusätzlichen Urlaubsgeldes an den Arbeitnehmer entsteht dem Arbeitgeber ein Erstattungsanspruch gegenüber der uk.

Die Erstattungsforderung wird mittels den Erstattungsunterlagen - Einlöseschein und Zusammenstellung - geltend gemacht.

Auf dem Formular „Zusammenstellung" wird auf die ausgewiesene Bruttosumme ein Zuschlag von 32 % für die auf den Arbeitgeber entfallenden Sozialaufwendungen errechnet.

Aus dem Bruttobetrag (Urlaubsentgelt und zusätzliches Urlaubsgeld) und dem Zuschlag ergibt sich die Erstattungs-Gesamtsumme für den Betrieb.

10.8 Formular Erstattung

Die Nummer dieser Zusammenstellung muß bei Erstattungsanforderungen im Lastschriftverfahren mit der Nummer auf dem Lastschriftbeleg übereinstimmen.

Zusammenstellung Nummer: 000

HEID KG Fulda

für Erstattungsanforderungen der Firma

765234/7

Betriebskonto-Nummer:

Maler- und Lackiererhandwerk uk
nd Lackiererhandwerks zvk
i 11/76 30 - 298

Hier wird der auf dem Einlösungsschein festgestellte Bruttobetrag aus Urlaubsentgelt und zusätzlichem Urlaubsgeld eingetragen.

	Name	Vorname	Urlaubsentgelt und zusätzl. Urlaubsgeld = Bruttobetrag Euro	Cent
1	Imhof	Wolfgang	2.062	40
2				
3				
4				
27				
28				
29				
30				

10.07.2001
Datum

Unterschrift
Unterschrift

Summe des Urlaubsentgeltes einschl. zusätzl. Urlaubsgeldes / Zwischensumme	31	2.062	40
davon 32 v. H. Zuschlag	32	+ 658	97
Gesamtsumme	33	= 2.722,37	

Ein Auszubildender fällt nicht unter die Urlaubskasse doch hat er Anspruch auf ein zusätzliches Urlaubsgeld von 25 % auf seine Ausbildungsvergütung. Diese 25 % gelten als Berechnungsgrundlage nur, wenn der Auszubildende seinen Urlaub an einem Stück nimmt.

Zur Berechnung des Urlaubsgeldes bei nicht zusammenhängendem Urlaub kann folgende Tabelle **10**.9 verwendet werden:

10.9 Berechnung des Urlaubsgeldes für Auszubildende

Auszubildender Alter zu Beginn des Kalenderjahres	Jahresurlaubsanspruch Arbeitstage	Zusätzliches Urlaubsgeld je Urlaubstag in % der monatlichen Ausbildungsvergütung
bis 15 Jahre	25	1,00%
16 Jahre	23	1,09%
17 Jahre	21	1,19%
ab 18 Jahre	21	1,19%

Beispiel: Ein Auszubildender, Alter 16 Jahre, im ersten Lehrjahr, nimmt 15 Tage Urlaub. Die Ausbildungsvergütung im 1. Lehrjahr beträgt monatlich 417,00 €. Wie hoch ist das zusätzliche Urlaubsgeld?

Jahresurlaubsanspruch:	23 Tage = 109 %		
Zusätzliches Urlaubsgeld:	109 % von 417,00 €	=	4,96 €/T
4,96 €/Tag · 15 Tage		=	**74,40 €**

Aufgaben

1. Wie viel beträgt der Gesamtbetrag, den ein Auszubildender, 17 Jahre, im 2. Lehrjahr erhält, wenn er den vollen Jahresurlaub (Tab. **10**.9) an einem Stück nimmt?
   Die Ausbildungsvergütung beträgt 455,00 €.

2. Wie viel € zusätzliches Urlaubsgeld erhält ein Lehrling, 19 Jahre, pro Tag, bei 589,00 € Ausbildungsvergütung (3. Lehrjahr) im Monat?

3. Eine gewerbliche Arbeitnehmerin mit 7-jähriger Betriebszugehörigkeit hat einen durchschnittlichen Bruttoverdienst aus den letzten 3 Monaten von 5.433,18 €. (Arbeitstage in den drei Monaten = 65).
   Berechnen Sie das zusätzliche Urlaubsgeld, wenn die Arbeitnehmerin 16 Tage Urlaub nimmt.

4. Berechnen Sie für einen Gesellen das Urlaubsentgelt und das zusätzliche Urlaubsgeld für 18 Urlaubstage.
   Persönliche Daten:
   Alter des Arbeitnehmers 23 Jahre,
   im Betrieb beschäftigt 2 Jahre,
   durchschnittlicher Verdienst 96,35 €/Tag.

5. Eine Malergesellin, 37 Jahre, 20 Jahre Betriebszugehörigkeit, hat bis zu ihrem Urlaub ab 01. Oktober ein Steuerbrutto von 20.124,18 €. Sie hat noch Resturlaub aus dem Vorjahr mit einem Betrag von 1.052,55 €.
   a) Berechnen Sie die Summe ihres Urlaubsanspruchs bis Oktober.
   b) Wie viele Tage Urlaubsanspruch hat die Malergesellin, wenn ihr durchschnittlicher Verdienst 104,12 €/Tag beträgt?

6. Ein Malergeselle, 29 Jahre, Lohngruppe III, wechselt häufiger den Betrieb. Er nimmt 20 Tage Urlaub im Juli, sein Steuerbrutto beträgt bis dahin 12.778,68 €.

   a) Wie hoch ist sein gesamtes Urlaubsgeld (Urlaubsentgelt + 25 % zusätzliches Urlaubsgeld)?
   b) Wie hoch wäre das gesamte Urlaubsgeld, wenn der gleiche Malergeselle 6 Jahre im selben Betrieb gearbeitet hätte?
   c) Wie viel Prozent Urlaubsgeld mehr bekommt der Geselle mit der längeren Betriebszugehörigkeit?

7. Eine Gesellin, 27 Jahre, 8 Jahre Betriebszugehörigkeit, die abwechselnd Maler- und Putzarbeiten ausführt, hat für den Monat Mai Urlaub beantragt.
   Es steht ihr noch eine Summe Resturlaub aus dem Vorjahr von 972,00 € zu.
   Steuerbrutto Januar bis April = 8.944,08 €.

   Berechnen Sie die Summe ihres Urlaubsanspruchs bis Mai.

8. Berechnen Sie den Beitrag für den Monat August, den ein Malerbetrieb an die Urlaubskasse zu zahlen hat.
   Betriebliche Daten:
   12 gewerbliche Arbeitnehmer,
   1 technischer Angestellter,
   1 kaufmännische Angestellte,
   28.802,08 € lohnsteuerpflichtige Bruttolohnsumme.

9. Berechnen Sie das Resturlaubsentgelt und die Rest-Urlaubstage für einen Fachvorarbeiter. Persönliche Daten:

Alter 54 Jahre,	
Betriebszugehörigkeit 36 Jahre,	
Jahresurlaubsanspruch (siehe S. 183),	
Urlaubsprozentansatz (siehe S. 183),	
durchschnittl. Verdienst	115,05 €/Tag,
Resturlaubsentgelt Vorjahr	652,00 €,
Bruttolohn in diesem Jahr	30.028,05 €,
erhaltener Urlaub	26 Tage.

10. Berechnen Sie für eine Gesellin das Urlaubsentgelt und das zusätzliche Urlaubsgeld für 26 Urlaubstage.
    Persönliche Daten:
    Alter der Gesellin 25 Jahre,
    im Betrieb beschäftigt seit 2 Jahren,
    durchschnittlicher Verdienst 102,45 €/Tag.

11. Wie viel bekommt ein Malerbetrieb von der uk erstattet bei folgenden Eintragungen auf einem Erstattungsformular.

    Arbeitnehmer Urlaubsentgelt + zusätzliches Urlaubsgeld.

	Bruttobetrag
Bämpfer Wolfgang	2.642,70 €
Kremser Dolf	2.048,12 €
Reith Sabine	1.842,15 €
Hendler Thomas	2.121,12 €

11 Kalkulation

Vielleicht haben Sie schon erfahren, wie viel der Betrieb für eine Gesellenstunde berechnet. Und wie viel bekommt der Geselle die Gesellin tatsächlich davon? Ist der darüber liegende Betrag nun der Gewinn des Meisters, der Meisterin?
Sie wissen, dass der Betrieb die Hälfte der Sozialversicherungs-Beiträge und die Unfallversicherung allein trägt. Außerdem hat der Unternehmer im Maler- und Lackiererhandwerk noch viele andere Kosten zu tragen, z. B. Urlaubsgeld, Lohnfortzahlung im Krankheitsfall, vermögenswirksame Leistungen, Weihnachtszuwendungen, Zusatzversorgungskasse. Hinzu kommen Betriebs- und Materialkosten.

11.1 Kalkulationsgrundlagen

Die Abwicklung eines Auftrages im Maler- und Lackiererhandwerk erfordert den Einsatz von Arbeitskräften, Werkstoffen und Kapital. Diese Produktionsfaktoren verursachen Aufwendungen, die als Lohn-, Material- und Gemeinkosten zu veranschlagen sind.

Löhne, also die im Abschnitt 10 behandelten Lohnkosten mit Zuschlägen und die Ausbildungsvergütungen. Der Arbeitgeber zahlt sie allein = direkte (produktive) Lohnkosten.

Werkstoffe, nämlich Kosten für die verarbeiteten Werkstoffe mit einem prozentualen Zuschlag auf den Einkaufspreis = Verkaufspreis.

Das Maler- und Lackiererhandwerk ist ein lohnabhängiges (lohnintensives) Handwerk, d. h. die Lohnkosten liegen höher als die Werkstoffkosten. Änderungen in der Lohnhöhe machen sich beim Kalkulieren bemerkbar.

Gemeinkosten (nicht Unkosten) ergeben sich sowohl bei den Löhnen als auch bei den Werkstoffen.

Lohnabhängige Gemeinkosten sind z. B. indirekte Lohnkosten (wie Vorbereitung der Werkstoffe, Wege zwischen Arbeitsstellen, Proben ansetzen), die Arbeitgeberanteile an der Sozialversicherung, Arbeitsbefreiungen bei besonderen Anlässen nach dem Rahmentarifvertrag (z. B. Hochzeit, Todesfall, Urlaubstage). Dazu gehören auch der Fuhrpark des Betriebs, Büro- und Werkstattkosten, wobei die Kosten für Heizung, Stromverbrauch, Beleuchtung und Reinigung besonders in Lackierwerkstätten sehr hoch sind.

Werkstoffabhängige Gemeinkosten sind u. a. Kosten für Porto, Fracht und Gebühren, bestimmte Anteile für Räume (z. B. Lagerräume), Lohnanteile (z. B. Fahrer der Werkstofftransporte) sowie der Schütt- und Schwundverlust.

Die Prozentsätze für lohn- und werkstoffabhängige Gemeinkosten werden einmal jährlich vom Betriebsinhaber ermittelt, wozu z. B. das Institut für Betriebsberatung des deutschen Maler- und Lackiererhandwerks Planwerte bekannt gibt.

Schütt- und Schwundverlust ist der Verlustanteil bei Werkstoffen, der sich durch Aus- und Umfüllen, Eintrocknen, unvermeidbare Reste, Spritzverlust (besonders hoch) und andere Ursachen ergibt. Er wird vom Betrieb bei der jährlichen Inventur (Bestandsaufnahme) in einem Prozentsatz ermittelt und beträgt etwa 5 bis 10 % der Werkstoffkosten.

Selbstkosten. Lohn- und Werkstoffkosten und die lohn- und werkstoffabhängigen Gemeinkosten sind reine Selbstkosten. Sie enthalten noch keinen Gewinn.

Wagnis und Gewinn werden mit einem Prozentsatz von 4 bis 12 % auf den Selbstkostenpreis kalkuliert. Gewinn ist das eigentliche Ziel eines Unternehmens. Doch muss außerdem ein Betrag für Anschaffung im Betrieb (Investitionen) angesetzt werden, damit der Betrieb leistungsfähig und damit wettbewerbsfähig bleibt. Hierzu gehören auch Kosten der Werbung.
Wagnis ist ein Zuschlag, der gewisse Unsicherheiten in der Arbeitsdurchführung finanziell absichern soll (z. B. unbekannte Untergrundmängel, Wetterschäden bei Außenbeschichtungen, Nachbesserungen).
Schema **11**.1 zeigt die Grundlagen der Kalkulation in einem schematischen Aufbau zusammengefasst. Da die hinzukommenden Summen einem vorherigen Ergebnis zugeschlagen werden, nennt man diese Kalkulationsart die Zuschlagskalkulation.

	Lohnkosten
+	lohnabhängige Gemeinkosten
+	Werkstoffkosten
+	werkstoffabhängige Gemeinkosten
=	Selbstkosten
+	Wagnis und Gewinn
=	Angebotspreis netto ohne MwSt.
+	Mehrwertsteuer
=	Angebotspreis inkl. MwSt.

11.1 Kalkulationsaufbau (Zuschlagskalkulation)

Gewinn ist der Zweck eines Unternehmens. Er soll aber auch notwendige Rücklagen für Erhaltung und Verbesserung des Betriebs bringen.
Das Wagnis ist ein Entgelt für das Risiko eines Auftrags mit oft nicht vorausberechenbare Gegebenheiten und Betriebsverlusten.

11.2 Lohn- und Werkstoffpreis

Der Lohnpreis ist einer der beiden wichtigsten Bestandteile der Kalkulation, denn steigende Lohnkosten führen zu höheren Selbstkosten.

Beispiel		Ecklohn seit 01.07.2001	12,83 €
	+	181 % lohnabhängige Gemeinkosten	23,22 €
	=	**Selbstkosten**	**36,05 €**
	+	10 % Zuschlag für Wagnis und Gewinn	3,61 €
	=	**Nettolohnpreis für 1 Std.** (netto = ohne Mehrwertsteuer)	**39,66 €**

Die Lohnminute ist die Kalkulationsgrundlage zur Lohnberechnung der einzelnen Arbeitsgänge pro m², m oder Stück. Die entsprechenden Zeitwerte der Leistungsbeschreibung weisen die Handbücher für das Maler- und Lackiererhandwerk aus.

$$\textbf{Lohnminute} = \frac{\textbf{Lohnpreis je Stunde}}{\textbf{60 Minuten}} = \frac{\textbf{39,66 €}}{\textbf{60}} = \textbf{0,66 €}$$

Lohnmalnehmer (Lohnmultiplikator). Der Lohnpreis lässt sich auch mit dem Lohnmalnehmer berechnen.

	Tariflohn	100,00
+	181 % Zuschlag für lohnabhängige Gemeinkosten	181,00
=	**Selbstkosten**	281,00
+	10 % Zuschlag für Wagnis und Gewinn	28,10
=	**Lohnpreis/Stunde**	309,10

$$\text{Lohnmalnehmer} = \frac{309{,}10}{100} = 3{,}091$$

Mit dem Lohnmalnehmer errechnet sich der Nettolohnpreis je Stunde aus obigem Beispiel zu:

Lohn/Stunde · Lohnmalnehmer = 12,83 € · 3,091 = 39,66 €

Beispiel Berechnen Sie die Lohnkosten für 1,00 m² Dispersionsfarbenbeschichtung außen.

	Min./m²
Fläche reinigen, Putzstellen ausbessern	14
mit Grundbeschichtungsstoff grundieren	5
mit Dispersionsfarbe 2 mal beschichten	12
	31

31 Min./m² · 0,66 € = **20,46 €/m² Lohnkosten** netto

Der Werkstoffpreis ist der andere Kalkulationsbestandteil. Zum Einkaufspreis (Einstandspreis) kommen folgende Zuschläge: Kosten der Beschaffung (Fracht, Porto), Schütt- und Schwundverlust, werkstoffabhängige Gemeinkosten, Wagnis und Gewinn.

Beispiel

	Einkaufspreis für 10 l Dickschichtlasur	74,39 €
+	5 % Beschaffungskosten	3,72 €
+	8 % Schütt- und Schwundverlust	5,95 €
=	**Einstandspreis**	**84,06 €**
+	20 % werkstoffabhängige Gemeinkosten	16,81 €
=	**Selbstkosten**	**100,87 €**
+	10 % Wagnis und Gewinn	10,09 €
=	**Nettowerkstoffpreis** (ohne MwSt.) für 10 l Lasur	**110,96 €**
	Werkstoffpreis netto ohne MwSt. für 1 l Lasur	**11,10 €**

Bei der Werkstoffpreisberechnung muss besonders auf die Unterscheidung zwischen Gewichts- und Volumeneinheiten geachtet werden. Der Werkstoffverbrauch wird in g, kg oder l angegeben.

Werkstoffmalnehmer (Werkstoffmultiplikator). Der Werkstoffpreis lässt sich auch mit dem Werkstoffmalnehmer berechnen.

	Einkaufspreis	100,00
+	5 % Beschaffungskosten	5,00
+	8 % Schütt- und Schwundverlust	8,00
=	**Einstandspreis**	113,00
+	20 % werkstoffabhängige Gemeinkosten	22,60
=	**Selbstkosten**	135,60
+	10 % Wagnis und Gewinn	13,56
=	**Werkstoffpreis**	149,16

$$\text{Werkstoffmalnehmer} = \frac{149{,}16}{100} = 1{,}492$$

Mit dem Werkstoffmalnehmer errechnet sich der Werkstoffpreis je Stunde aus obigem Beispiel zu:

Einkaufspreis · Werkstoffmalnehmer = 74,39 € · 1,492 = 110,99 €

Geringfügige Differenzen im Endergebnis entstehen durch das unterschiedliche Runden.

Aufgaben

1. Setzen Sie die folgenden Zahlen ins Kalkulationsschema ein und berechnen Sie den Angebotspreis brutto:
846,78 €, lohnabhängige Gemeinkosten 180 %, Werkstoffkosten 118,33 €, werkstoffabhängige Gemeinkosten 20 %, Wagnis und Gewinn 10 %, Mehrwertsteuer 16 %.

2. Für einen Auftrag sind folgende Kostenbestandteile einzusetzen:
Lohnkosten 913,10 €, lohnabhängige Gemeinkosten 178 %, Werkstoffkosten 315,02 €, werkstoffabhängige Gemeinkosten 28 %, Wagnis und Gewinn 8 %, Mehrwertsteuer 16 %. Wie hoch ist der Angebotspreis brutto?

3. Für einen größeren Auftrag ist der Angebotspreis inkl. Mehrwertsteuer zu berechnen:
Lohnkosten 2.030,45 €, lohnabhängige Gemeinkosten 184 %, Werkstoffkosten 463,23 €, werkstoffabhängige Gemeinkosten 24 %, Wagnis und Gewinn 10 %, Mehrwertsteuer 16 %.

4. Berechnen Sie die Nettolohnstunde und Lohnminute. Stundenlohn Gruppe I (**10**.1) = 14,75 €, lohnabhängige Gemeinkosten 181 %, Wagnis und Gewinn 10 %.

5. Stundenlohn Gruppe III a) (**10**.1) = 13,47 €, lohnabhängige Gemeinkosten 178 %, Wagnis und Gewinn 12 %. Wie viel kostet die Nettolohnstunde und -minute?

6. Stundenlohn für einen Maler ohne abgeschlossene Ausbildung 7,69 €, lohnabhängige Gemeinkosten 160 %, Wagnis und Gewinn 8 %. Berechnen Sie die Lohnminute für die anstehende Kalkulation.

7. Ein Malergeselle führt einen Auftrag in 52 Stunden aus. Sein Stundenlohn wird mit 12,83 € angesetzt, die lohnabhängigen Gemeinkosten betragen 175 %, für Wagnis und Gewinn werden 12 % angesetzt.
Berechnen Sie
a) den Lohnmalnehmer,
b) die Lohnminute.

8. Der Einkaufspreis für 100 l Fassadenfarbe beträgt 429,69 €. Hinzu kommen die Beschaffungskosten 5 %, Schütt- und Schwundverlust 8 %, werkstoffabhängige Gemeinkosten 25 %, Wagnis und Gewinn 10 %. Wie hoch ist der Werkstoffpreis?

9. Einkaufspreis für 50 l Vorlack weiß 309,89 €, Schütt- und Schwundverlust 8 %, Beschaffungskosten 6 %, werkstoffabhängige Gemeinkosten 30 %, Wagnis und Gewinn 12 %. Welcher Werkstoffpreis je Liter ergibt sich?

10. 10 kg Kleber kosten im Einkauf 40,38 €, Beschaffungskosten 4 %, Schütt- und Schwundverlust 10 %, werkstoffabhängige Gemeinkosten 20 %, Wagnis und Gewinn 12 %.
Berechnen Sie:
a) den Werkstoffmalnehmer,
b) den Werkstoffpreis für 1 kg Kleber.

11. Berechnen Sie den Einheitspreis für die Schlussbeschichtung von 1,00 m² Betonoberfläche ohne Mehrwertsteuer.
Stundenverrechnungssatz 39,60 €, Beschichtungszeit 6 Lohnminuten/m², Materialverbrauch 480 ml/m².
Einstandspreis Material 8,45 €/l, Werkstoffmalnehmer 1,3.

12. Berechnen Sie den Rechnungspreis einer Lackierarbeit inkl. MwSt. nach folgenden Angaben:
Direkte Lohnkosten 575,51 €, direkte Werkstoffkosten 438,05 €, Lohnmalnehmer 2,8, Werkstoffmalnehmer 1,1, Mehrwertsteuer 16 %.

13. Einkaufspreis für 25 l Acrylautolack 613,60 €, Schütt- und Schwundverlust 15 %, werkstoffabhängige Gemeinkosten 25 %, Wagnis und Gewinn 12 %. Berechnen Sie die Werkstoffkosten für 1 Liter Autolack.

14. Infolge falscher Schätzung beträgt bei der Aufgabe 13 der Schütt- und Schwundverlust 25 %. Um wie viel € wirkt sich das auf den Angebotspreis aus?

15. 6,25 m² des raumhohen Fünfeckpfeilers werden in Glättetechnik gestaltet. Für 1,00 m² werden 75 Minuten kalkuliert. Die Lohnminute wird mit 0,67 € berechnet. Berechnen Sie den Lohnpreis für die Glättetechnik.

Der Rechnungspreis für einen kompletten Auftrag setzt sich aus dem Lohnpreis für die verschiedenen Arbeitsgänge und dem Werkstoffpreis zusammen. Beide Summen sind zu addieren. Da im Nettolohnpreis und Nettowerkstoffpreis die Gemeinkosten und alle übrigen Zuschläge bereits enthalten sind, ist zum Netto-Gesamtpreis nur noch die Mehrwertsteuer zu addieren.

Beispiel (angenommen sind 85,50 m² Bearbeitungsfläche)

Lohnkosten Arbeitsgang	Min./m²	**Werkstoffkosten** Werkstoff	Angebots-Preis €/l	Menge l	€
Fläche reinigen, ausbessern	6	Grundbeschichtungsstoff Verbrauch 100 ml/m²	3,60	8,55	30,78
Grundierung	5	Kunststoff-Dispersionsfarbe	1,98		
1. Zwischenbeschichtung	6	KD-Farbe Verbrauch 300 ml/m² }	}		
2. Zwischenbeschichtung	5	KD-Farbe Verbrauch 250 ml/m² }	}	68,40	135,43
Schlussbeschichtung	5	KD-Farbe Verbrauch 250 ml/m² }	}		
	27				**166,21**

Lohnstunde 39,66 €
Lohnminute 0,66 €

5 Arbeitsgänge:

27 Min./m² · 85,50 m² = 2.308,5 Min.

$$2.308{,}5\ \text{Min.} \cdot 0{,}66\ \frac{€}{\text{Min.}}$$

Lohnpreis netto = **1.523,61 €**

Werkstoffpreis netto	166,21 €
+ Lohnpreis netto	1.523,61 €
Nettopreis	1.689,82 €
+ 16 % MwSt.	270,37 €
Rechnungspreis	**1.960,19 €**

$$\text{Preis je m}^2 = \frac{1.960{,}19\ €}{85{,}50\ \text{m}^2} = \mathbf{22{,}93\ €}$$

Aufgaben

16. Zwei gleiche Treppenhäuser von je 128,50 m² sind mit Kunststoffputz zu beschichten.
Grundbeschichtungsstoff 4,05 €/l Nettopreis, Verbrauch 125 ml/m².
Kunststoffputz: Einkaufspreis 1,25 €/kg, Verbrauch 3,000 kg/m², Beschaffungskosten 5 %, Schütt- und Schwundverlust 6 %, werkstoffabhängige Gemeinkosten 20 %, Wagnis und Gewinn 10 %.
Berechnen Sie den Werkstoffpreis für den Auftrag.

17. Es sind 110,00 m² Fassade mit Dispersionsfarbe zu beschichten.
Arbeitsgänge:

Fläche reinigen, ausbessern	8 Min./m²,
Grundbeschichtung	6 Min./m²,
1. Zwischenbeschichtung	8 Min./m²,
2. Zwischenbeschichtung	6 Min./m²,
Schlussbeschichtung	6 Min./m²,
Lohnminute	0,66 €.

Werkstoffe:
Grundbeschichtungsstoff netto Verbrauch 125 ml/m² 4,05 €/m²,
KD-Farbe netto, Verbrauch für 3 Beschichtungen 900 ml/m² 5,85 €/l,
Mehrwertsteuer 16 %.
a) Berechnen Sie den Nettolohnpreis und
b) den Nettowerkstoffpreis.
c) Wie hoch ist der Rechnungspreis?
d) Wie viel kostet 1,00 m² der Beschichtung?

18. 20 neue Fenster 2,10 m · 1,40 m sind beidseitig zu beschichten.

Arbeitsgänge:

Reinigen, Äste absperren	3 Min./m²
Holzschutzgrund allseitig beschichten	8 Min./m²
Grundbeschichtung mit Alkydharz-Lackfarbe	10 Min./m²
Spachteln von Löchern und Rissen	5 Min./m²
Zwischenbeschichtung	10 Min./m²
Schlussbeschichtung	14 Min./m²

Lohnminute 0,70 €

Werkstoffe:

Schleifpapier, Sperrgrund netto	0,06 €/m²
Spachtelmasse netto	0,04 €/m²
Imprägniergrund netto (Verbrauch 80 ml/m²)	6,32 €/m²
Alkydharz-Lackfarbe für außen	10,46 €/m²
(Verbrauch:	
Grundbeschichtung	100 ml/m²
1. Zwischenbeschichtung	80 ml/m²
Schlussbeschichtung	90 ml/m²)

Mehrwertsteuer 16 %

a) Berechnen Sie den Nettolohnpreis und
b) den Nettowerkstoffpreis.
c) Wie hoch ist der Rechnungspreis?
d) Was kostet 1,00 m² Fensterbeschichtung?

19. Acht bereits beschichtete Türen sind beidseitig zu erneuern.
Türblatt 0,885 m · 2,11 m, Abwicklung der Türfutter und -bekleidung 36,5 cm.

Arbeitsgänge:

Altbeschichtung anschleifen und reinigen	6 Min./m²
stellenweise grundbeschichten und beispachteln	8 Min./m²
Zwischenbeschichtung mit Alkydharz-Lackfarbe	10 Min./m²
Schlussbeschichtung wie zuvor	12 Min./m²
Lohnminute	0,60 €

Werkstoffe:

Schleifpapier netto	0,06 €/m²
Grundbeschichtungsstoff (Verbrauch 80 ml/m²)	10,26 €/l
Alkydharz-Lackfarbe (Verbrauch 100 ml/m²)	10,86 €/l
Alkydharz-Lackfarbe seidenglänzend (Verbrauch 170 ml/m²)	13,16 €/l

Mehrwertsteuer 16 %

a) Berechnen Sie den Rechnungspreis für den Auftrag.
b) Was kostet 1,00 m² Türbeschichtung?

20. Es sind 56,40 m² beschichtete Stahltüren, leicht angerostet, zu renovieren.

Arbeitsgänge:

Entrosten und reinigen	12 Min./m²
stellenweise grundbeschichten mit Rostschutz-Primer	10 Min./m²
Zwischenbeschichtung mit Alydharz-Lackfarbe	12 Min./m²
Schlussbeschichtung wie zuvor	12 Min./m²
Lohnminute	0,66 €

Werkstoffe:

Schleifpapier, Drahtbürsten, Lösemittel usw. netto	0,59 €/m²
Rostschutz-Primer (Verbrauch 100 ml/m²)	5,30 €/l
Alkydharzlack (Verbrauch: Zwischenbeschichtung 90 ml/m², Schlussbeschichtung 100 ml/m²)	8,94 €/l

Mehrwertsteuer 16 %

a) Berechnen Sie den Rechnungspreis für die Stahltüren.
b) Wie viel € kostet 1,00 m² Türfläche?

Fahrzeuglackierung. Außer nach den Abrechnungssystemen (Abschn. **9**, S. 168) werden Fahrzeuge in der handwerklichen Lackierung auch nach dem üblichen Schema der Zuschlagskalkulation berechnet.

Beispiel Neulackierung eines Mittelklassewagens (einschließlich Räder und Türfalze), leicht verwitterte Altlackierung, Lackierung mit Zweikomponenten-Acryllack bei 60 °C Trocknung in der Kabine.

Lohnkosten

Arbeitsgang	Std. [1)] 45,16 €	Lohnkosten €
Mattschliff, nachspülen, trockenledern, ausblasen	6,50	293,54
Abdecken	1,50	67,74
Füller spritzen	1,00	45,16
nass schleifen, nachspülen, abledern	6,00	270,96
Lackierung	2,00	90,32
Ofentrocknung	1,25	56,45
Räder und Türfalzen lackieren	1,50	67,74
Abschlussarbeiten, Montage	2,50	112,90
	22,25	1.004,81

Beispiel Fortsetzung

1) Stundenlohn 12,83 €, lohnabhängige Gemeinkosten 220 %, Wagnis und Gewinn 10 %. Nettolohnpreis 45,16 €, Lohnminute 0,75 €.
2) Werkstoffmalnehmer 1,72

Werkstoffkosten

Werkstoff	Menge l	Einkaufspreis €/l	Angebotspreis/Liter netto 2)	Gesamtpreis €
Schleifmittel				12,77
Abdeckmaterial				15,69
2K-Füllprimer	2,0	16,54	28,45	56,90
Härter, Mischung 4:1	0,5	14,29	24,58	12,29
2K-Acryllack	3,0	24,02	41,31	123,93
Verdünnung, Mischung ca. 4:1	1,0	5,74	9,87	9,87
				231,45

Werkstoffpreis netto	231,45 €
+ Lohnpreis netto	1.004,81 €
Nettopreis	1.236,26 €
+ 16 % MwSt.	197,80 €
Rechnungspreis	**1.434,06 €**

Beachten Sie die höheren lohnabhängigen Gemeinkosten in der Fahrzeuglackiererei. Im Beispiel finden Sie die Lohnkosten für die einzelnen Arbeitsgänge ausgerechnet. Lohnmalnehmer ist zu berechnen und der Werkstoffmalnehmer ist gegeben.

Aufgaben

21. Ein Mittelklassewagen ist einschließlich Räder und Türfalze mit 2K-Acryl-Autolack neu zu lackieren. Lufttrocknung bei 20°C. Die Altlackierung ist hart und nicht angeschliffen.

Arbeitsgänge:
Gründlich reinigen, Silikonentferner 4 Std., abdecken 2 Std., grundieren mit 2K-Füllprimer 1 Std., Füllprimer-Nassschliff, reinigen 6,5 Std., lackieren 2 Std., trocknen und ausbessern 1 Std., Räder und Türfalze lackieren 2 Std., Abschlussarbeiten und Montage 2,5 Std.
Lohnstunden:
1 Auszubildender 3. Lehrjahr = 18,5 Std. je 18,35 €/Std. und ein Geselle mit 2,5 Std., Lohnstunde 45,16 €.

Werkstoffe:
Reinigungsmittel, Silikonentferner netto 8,44 €, Abdeckmaterial netto 16,87 €, 2K-Füllprimer 15,02 €/l (Verbrauch 2 l), Zusatzlösung 7,31 €/l (Verbrauch 2 l), 2K-Acryl-Autolack 24,66 €/l (Verbrauch 2 l), Zusatzlack 17,76 € (Verbrauch 1 l), 25 % Schütt- und Schwundverlust, 25 % werkstoffabhängige Gemeinkosten und 10 % Wagnis und Gewinn.

a) Rechnen Sie die Lohnkosten für den Auszubildenden, den Gesellen und den Lohnpreis netto aus.
b) Berechnen Sie die Werkstoffkosten.
c) Wie viel kostet die Neulackierung?

22. Ein Mittelklassewagen erhält eine Metallic-2-Schichtlackierung einschließlich Räder und Türfalze. Die thermoplastische Altlackierung muss restlos entfernt werden. Trocknung des Überzugslacks bei 60°C Kabinentrocknung.
Arbeitsgänge:
Abbeizen und abschleifen 16 Std., nachwaschen, abledern und ausblasen 3 Std., ab decken 1,5 Std., Reaktionsfüller spritzen 1 Std., Füller nass schleifen, nachspülen und reinigen 8 Std., Metallic-Basislack spritzen 2 Std., Kabinentrocknung 1 Std., Räder und Türfalze lackieren 3 Std., Abschlussarbeiten und Montage 3 Std.
Lohnstunden:
30 Gesellenstunden je 45,16 €. Ein Auszubildender 2. Lehrj. 10,5 Std. je17,42 €/Std.
Werkstoffe:
Abbeiz- und Schleifmittel netto 37,00 €, Abdeckmaterial netto 17,00 €, Reaktionsfüller 17,10 €/l (Verbrauch 2 l), Zusatzlösung 16,25 €/l (Verbrauch 1 l), Metallic-Basislack 42,42 €/l (Verbrauch 2,5 l), Verdünnung 9,86 €/l (Verbrauch 2 l), Überzugslack 31,34 €/l (Verbrauch 2 l), Härter 30,47 €/l (Verbrauch 1 l).
a) Rechnen Sie die Lohnkosten für den Auszubildenden, den Gesellen und den Lohnpreis aus.
b) Rechnen Sie die Werkstoffkosten aus.
c) Wie viel kostet die Metallic-2-Schichtlackierung?
d) Wie viel Prozent des Nettopreises betragen die Nettolohnkosten?

23. Ein Pritschenwagen (**5**.21, S. 93) soll ohne Plane lackiert werden. Fahrerhaus und Untergestell haben eine unterrostete Altlackierung, die Holzpritsche hat eine teilweise lose Altbeschichtung. Das ganze Fahrzeug ist mit 2K-Acryl-Autolack einschließlich Räder und Türfalze bei 20°C Lufttrocknung zu lackieren.
Arbeitsgänge:
Fahrerhaus und Untergestell:
Rostnester entfernen, nachschleifen und vorbehandeln 8 Std., restliche Altlackierung anschleifen und reinigen 4 Std., abdecken 1 Std., EP-Grundierfüller spritzen 1 Std., Füller schleifen und nachwaschen 4 Std.
Pritsche:
Lose Beschichtung entfernen, schleifen und reinigen 5 Std., EP-Grundierfüller stellenweise vorstreichen und einmal ganz spritzen 3 Std., Füller schleifen und nachwaschen 2 Std., 2K-Acryl-Autolack spritzen 3 Std., Pritschenunterbodenbearbeitung insgesamt 3 Std., Räder und Türfalze lackieren 3 Std., Abschlussarbeiten und Montage 2 Std.
Lohnstunden:
Ein Geselle mit Lohnstunde 45,16 € und ein Auszubildender 3. Lehrjahr, Lohnstunde 18,35 €, je zur Hälfte der Arbeitsstunden.
Werkstoffe:
Schleifpapier, Rost- und Reinigungsmittel netto 47,00 €, Abdeckmaterial netto 14,10 €, EP-Grundierfüller 16,20 €/l (Verbrauch 4,5 l), Härter 23,22 € (Verbrauch 1,5 l), 2K-Acryl-Autolack 37,30 € (Verbrauch 5 l), Acrylverdünnung 8,45 €/l (Verbrauch 2 l).
a) Berechnen Sie den Lohnpreis,
b) den Werkstoffpreis.
c) Was kostet die Neulackierung des Pritschenwagens?

11.3 Maschinenkosten

Im Zuge der stetig fortschreitenden Mechanisierung und des damit verbundenen verstärkten Einsatzes technischer Geräte im Maler- und Lackiererhandwerk erhält die gesonderte Verrechnung der Maschinenkosten einen höheren Stellenwert.

Die Maschinenstunde gibt die Kosten für den Gebrauch einer Maschine in einer Stunde an. Sie bildet die Grundlage für die Kalkulation von Maschinen. Für jede Maschinenart muss die Maschinenstunde gesondert berechnet werden.

Abschreibungen sind Wertminderungen eines Gegenstandes, die durch seine Benutzung im Betrieb entstehen. Dabei wird ein Teil des Vermögens durch Abnutzung verzehrt. Die Höhe der Abschreibung wird für die einzelnen Gegenstände in jährlichen Prozentsätzen vom Anschaffungspreis ausgedrückt.

Verzinsung ist der Geldzuwachs, der entstanden wäre, wenn das Geld nicht für die Anschaffung ausgegeben, sondern zinsbringend angelegt worden wäre.

Instandhaltung sind alle Aufwendungen, um den Betrieb eines Gerätes oder einer Maschine aufrechtzuerhalten (z. B. Schmiermittel, Reparaturen, Ersatzteile).

Beispiel Berechnung der Jahreskosten für ein Airless-Spritzgerät mit Antrieb über Elektromotor.

Anschaffungswert	2.630,50 €
Stromverbrauch	1,0 kW/Stunde
Stromkosten	0,25 €/kWh
Betriebszeit (200 Tage · 5 Std.)	1.000 Stunden
Betriebskosten (1.000 Std. · 1 kW · 0,25 €/kWh)	250,00 €
Nutzungsdauer lt. AfA-Liste	5 Jahre
Verzinsung	6 %
Instandhaltungskosten	10 %
Gemeinkosten	10 %

Berechnung:

Abschreibung für 1 Jahr	20 % von 2.630,50 € =	526,10 €
Verzinsung	6 % von 2.630,50 € =	157,83 €
Gemeinkosten	10 % von 2.630,50 € =	263,05 €
Instandhaltungskosten	10 % von 2.630,50 € =	263,05 €
Betriebskosten	=	250,00 €
Kosten für 1.000 Maschinenstunden im Jahr		**1.460,03 €**

1 Maschinenstunde kostet: $\frac{1.460{,}03\ €}{1000}$ = **1,46 €**

Maschinen müssen von Betriebsangehörigen bedient werden. Darum werden Lohnkosten hinzugerechnet. Es wird dafür in der Regel der Ecklohn eines Gesellen, einer Gesellin genommen.

	Ecklohn seit 01.07.2001	12,83 €
+	181 % lohnabhängige Gemeinkosten	23,22 €
=	**Selbstkosten**	**36,05 €**
+	Kosten der Maschinenstunde	1,46 €
=	**Nettopreis für 1 Maschinenstunde**	**37,51 €**
	Nettopreis für 1 Minute	0,63 €

Maschinenkosten werden mit Hilfe des Anschaffungswertes und der buchmäßigen Abschreibungskosten, der Betriebszeit, des Strom- bzw. Treibstoffverbrauchs, der Verzinsung, der Instandhaltung und Gemeinkosten je Stunde berechnet. Hinzu kommt bei Bedarf der Stundenlohn eines Gesellen, einer Gesellin (Ecklohn) mit den davon abhängigen Gemeinkosten.

Aufgaben

1. Ein Rutscher mit Staubabsaugung kostet 308,50 €. Stromverbrauch 0,5 kW/Std., Stromkosten 0,30 €/kWh, Betriebszeit 200 Tage je 6 Stunden.
   20 % jährliche Abschreibung, 6 % Verzinsung, 10 % Gemeinkosten, 8 % Instandhaltungskosten jeweils vom Anschaffungswert.
   a) Berechnen Sie den Satz für eine Maschinenstunde.
   b) Was kostet die Maschinenstunde einschließlich Gesellenlohn?
   (Ecklohn 12,83 €/Std. + 180 % lohnabhängige Gemeinkosten + 10 % Wagnis und Gewinn)

2. Eine Spritzanlage kostet 1.390,00 €. Stromverbrauch 0,8 kW/Std., Stromkosten 0,35 €/kWh, Betriebszeit 180 Tage je 5 Std. Jährliche Abschreibung 20 %, Verzinsung 6 %, Gemeinkosten 10 % und Instandhaltungskosten 8 % jeweils vom Anschaffungswert.
   36,05 € Selbstkosten für eine Gesellenstunde.
   Berechnen Sie den Satz für eine Maschinenstunde und den Zuschlag für eine Gesellenstunde.

3. Ein Hochdruckreiniger zur Fassadenreinigung kostet komplett 6.210,90 €. Stromverbrauch 5,5 kW/Std., Stromkosten 0,36 €/kWh, Heizölverbrauch 11 l/Std., Heizölkosten 0,38 €/l, Betriebszeit jährlich 200 Stunden. 5 Jahre Abschreibung, 8 % Verzinsung, 12 % Gemeinkosten, 10 % Instandhaltungskosten jeweils vom Anschaffungswert.
   a) Berechnen Sie die Maschinenstunde.
   b) Berechnen Sie den Zuschlag für eine Gesellin nach Gruppe III a (S. 179) und lohnabhängigen Gemeinkosten von 178 %.
   c) Berechnen Sie die Maschinenstunde mit Bedienungspersonal bei 10 % Wagnis und Gewinn.

4. Ein Tapeten-Kleistergerät kostet mit Fußgestell und elektrischem Antrieb 3.375,00 €. Stromverbrauch 100 W/Std., Stromkosten 0,25 €/kWh, Betriebszeit 200 Tage je 6 Std. jährlich.
   Jährliche Abschreibung 33 1/3 % und 7,5 % Verzinsung jeweils vom Anschaffungswert, 337,50 € Gemeinkosten und 270,00 € Instandhaltungskosten.
   Wie viel kostet eine Maschinenstunde?

5. Eine kombinierte Lackier- und Trockenanlage kostet einschließlich Mehrwertsteuer 124.800,50 €.
   Stromverbrauch für Zuluft 5,5 kW/Std.,
   Stromverbrauch für Abluft 5,5 kW/Std.,
   Beleuchtung 1,2 kW/Std.,
   Stromkosten 0,35 €/kWh,
   Heizölverbrauch 12,5 l/Std.,
   Heizölkosten 0,38 €/l,
   Betriebszeit 250 Tage je 5 Stunden.

   Vom Anschaffungswert werden berechnet:
   Jährliche Abschreibung 10 %,
   Gemeinkosten 12 %
   Instandhaltungskosten 10 %

   Wagnis und Gewinn 12 %.
   Berechnen Sie die Kosten der kombinierten Anlage für eine Betriebsstunde.

6. Berechnen Sie die Kosten für eine Spritzwand mit beheizter Zuluftanlage.
   Anschaffungskosten 43.550,00 €.
   Betriebszeit 840 Stunden. Stromkosten: 8,04 kW/Std. zu 0,25 € pro kW.
   Heizung: 6 l Heizöl zu 0,40 €/l in der Stunde.
   Wartungskosten 1.150,00 €.

   Abschreibung 12,5 % vom Anlagenwert,
   Verzinsung 6,5 % vom Anlagenwert,
   Gemeinkosten 7,8 % vom Anlagenwert.
   Betriebliche Umlagen 354,00 €,
   Kosten für Reinigung und Filtermaterial 925,00 €.
   Stundenverrechnungssatz für das Bedienungspersonal 63,00 €.
   Wagnis und Gewinn 12 %.

   a) Ermitteln Sie den Stundenverrechnungssatz (netto) für die Spritzwand.
   b) Ermitteln Sie den Stundenverrechnungssatz (netto) für die Spritzwand inkl. Lohnkosten für das Bedienungspersonal.

Anhang

Formblatt k-Wert-Berechnung

①	②	③	④	⑤
Lfd. Nr.	**Bauteilaufbau** (von innen nach außen)	**Dicke** **d**	**Wärmeleitfähigkeit** λ	**Wärmedurchlasswiderstand** $d : \lambda$ ③ : ④
—		m	$\frac{W}{m \cdot K}$	$\frac{m^2 \cdot K}{W}$
$\frac{1}{\alpha_i}$	Wärmeübergangswiderstand innen			0,13
1				
2				
3				
4				
5				
6				
$\frac{1}{\alpha_a}$	Wärmeübergangswiderstand außen			0,04
	Wärmedurchgangswiderstand vorhanden $\frac{1}{k}$		Summe ⑤ = ⑥	
	Wärmedurchgangswiderstand gewünscht $\frac{1}{k}$		⑦	
			Differenz ⑦ – ⑥	
	Erforderliche Dämmplattendicke		Differenz x 0,04 ⑧	
	Vorhandener k-Wert		$\frac{1}{⑥}$	
	Erreichter k-Wert		$\frac{1}{⑧ : 0{,}04 + ⑥}$	

Formblatt Lackierkostenermittlung

eurotaxSCHWACKE **Lackierkosten-Ermittlung** Aufnahme - Kalkulation

Kunde bzw. Fahrzeughalter	______	Fzg.-Typ: ______ EZ: ______ ______ Fgst.-Nr.: ______ Farb-Code: ______	
Versicherung	______	**Lackart:** Uni / Metallic 1-Schicht ☐ Uni / Metallic 2-Schicht ☐ Wasserbasislack ☐ Berater: ______ Datum: ______	**Auftrag-Nr.**

Was wird lackiert?		Wie wird lackiert?									Mit welchem Aufwand wird lackiert?	
					Lackierstufen für Metallteile							
					–	–	I	II	III	IV		
					Lackierstufen für Kunststoffteile							
					K1R	K1N	K1G	K2	K3	–	Lackierzeit	Lackiermaterialkosten
Pos.-Nr.	Teil- bzw. Partie-Bezeichnung	Teil aus Kunststoff	Teil wird abgebaut vorlackiert	Teil wird abgebaut lackiert							Std.	DM

"Vorbereitung zur Lackierung" von Hauptarbeit ▶		
ggf. "Vorbereitung zur Lackierung" von Verbundarbeit ▶		
ggf. Lack anmischen mit Mischanlage ▶		
ggf. Farbmuster und endgültige Farbtonfindung ▶		
Zwischensumme (Lackmaterial) ▶		
ggf. Zuschlag auf Lackmaterial (z.B. Pearl, usw.) (%) ▶		
Summen		

Das Formblatt ist zum Preis von DM 40.-- zzgl. Versand und Verpackungskosten sowie Mwst. für 5 Blöcke à 50 Blatt erhältlich über die

EurotaxSchwacke GmbH
Wilhelm-Röntgen-Strasse 7
63477 Maintal
Telefon (0 61 81) 4 05-125
Telefax (0 61 81) 4 05-136

Hier rechnen Sie mit Ihrem eigenen Stundenverrechnungssatz und Material-Index weiter

x Stundensatz DM	x Index
=	=
DM	DM
€	€

Umrechnung in Euro
DM / 1, 95583

Gesamt-Lackierkosten o. MwSt. ______

Tabellenverzeichnis

Sachwortverzeichnis